工业文化研究 2022年 第5辑

工业文化与企业史：多样的探索

Study of Industrial Culture 2022 No.5

彭南生 严 鹏 主编

上海社会科学院出版社
SHANGHAI ACADEMY OF SOCIAL SCIENCES PRESS

本书编委会

卷首语

彭南生

《工业文化研究》2022 年第 5 辑的主题是“工业文化与企业史：多样的探索”。企业史是工业文化的重要组成部分，是企业宝贵的精神文化财富，既记录着企业自身的成败得失，以昭来者；又激励着企业延续辉煌，向前迈进。为了展示工业文化的多样性，也为了表明企业史研究具有多样的探索，本刊特组织本辑专题，所收录文章大多与企业史有关。

专栏“企业史研究”收录三篇文章。林立强的《管理学范式：中国企业史研究的新视野》极具新意，启示学界中国企业史研究可以采取管理学范式，以更好地与实践相结合。褚芝琳的《战时封锁下的工业发展——以中央电工器材厂为例（1939—1945）》立足于档案等原始史料，对企业史个案进行了扎实、规范的研究。2022 年是中国民族工商业先驱招商局成立 150 年，张云飞的《2012—2022 年招商局史研究综述：兼论近年中外学界企业史研究的趋势》对这家具有开创性的中国企业的最新研究进行了回顾，并展示了中外学界的某些新动向。

专栏“茶业史研究”收录两篇文章。在我国工业遗产中，茶业占有重要地位，华中师范大学中国工业文化研究中心与福建安溪茶厂等国家工业遗产地建立了紧密的合作关系，本刊将组织力量陆续发表与茶业史有关的文章。陈文佳的《宜都红茶厂的创建与生产经营研究（1950—1955）》以《宜都红茶厂史料选》为基础，对湖北宜都红茶厂这一老厂的创建史进行了研究。朱程军的《〈宜都红茶厂史料选〉探析》则对这套目前学界利用尚不多的史料集进行了介绍。

专栏“富冈制丝厂研究”收录了三篇文章。华中师范大学中国工业文化研究中心自2019年与日本世界遗产富冈制丝厂建立合作关系后，一直致力于介绍该工业遗产申遗、管理与利用的经验。本辑除收录经验介绍、背景知识介绍性质的文章外，还收录了日本工业文化重要史料《富冈日记》的译介，相信会有益于中国各界增进对富冈制丝厂这一世界遗产的了解。

专栏“工业遗产研究”收录了两篇文章。严鹏的《从工业到文化的储能与辐射：工业遗产保护与利用的成都“红仓模式”初探》对成都市成华区工业遗产“红仓模式”的分析，探讨了工业遗产如何嵌入地区经济循环的重构。黄蓉的《工业遗产语境下广州协同和机器厂的活化利用》研究了广州协同和机器厂工业遗产，重在剖析其历史价值与活化利用。

专栏“工业文化教育”收录了两篇文章。何淳的《企业博物馆研究综述：以历史教学视角为中心》对企业博物馆这一工业文化重要载体的研究情况，从中学历史教学的角度进行了回顾。毛春晖的《类型教育视域下职业院校建设工业文化研学教育的必要性与建设构想》从中等职业教育的实践出发，对在职业院校实施工业文化研学教育进行了多方探讨。

受2022年疫情等因素的影响，本辑实际出版时间大大晚于计划，目前本刊亦面临优质稿源不足等诸多困难，今后的出版周期可能会相对变长。无论如何，只要本刊能征集到优质稿件，就会一直办下去，为中国的工业文化事业尽绵薄之力。

目　录

管理学范式：中国企业史研究的新视野[①]

林立强*

摘要：长期以来，中国企业史研究隶属于经济史研究范畴，其传统研究范式为史学范式与经济学范式，并无实质意义上的管理学范式。鉴于企业史与管理学的关系十分密切，中国企业史研究应在原有企业史两个传统研究范式基础上，引入管理学范式这一新视野。据此，本文在梳理西方企业史管理学范式的形成与演变过程基础之上，从WHAT、WHY与HOW三个层面进行讨论：WHAT层面探究管理学范式的概念与具体框架问题；WHY层面探究中国企业史学界为什么要引入管理学范式问题；HOW层面探究中国企业史学界应如何运用管理学范式问题，并对如何建设以马克思主义理论为指导思想、多学科研究范式并存、兼具中国特色与国际化视野的新时代中国企业史学提出若干思考。

关键词：企业史；管理学范式；经济史；学术评述

一、引　言

中国企业史研究一直是属于经济史研究的范畴，因此，某种程度上企业

① 本文中所出现的“管理学”皆为“企业管理学”的简称，故此处管理学范式实为企业管理学范式，下同。

* 林立强，福建师范大学社会历史学院。

史研究范式等同于经济史学研究范式，即史学范式与经济学范式并存。学术创新的关键在于方法的创新，由于企业史研究的对象是企业，企业性质的复杂性决定了研究它的方法必然是多学科的，而与企业史研究相关学科除了历史学、经济学等以外，最密切的当属企业管理学。但长期以来，国内企业史学者与管理学科缺乏深度互动，研究成果中难觅管理学范式的踪影。

中国学界很早就注意到1927年在哈佛商学院诞生的企业史学科，但起初学者们均未发现该学科与企业管理的联系。陈振汉是国内最早介绍美国企业史的经济史学家，1982年在《经济史学概论讲义初稿》中，他对管理学范式的代表人物格拉斯（Norman Scott Brien Gras）等进行了初步介绍。[①] 此后很长一段时期，国内对企业史学家的研究集中在美国著名企业史家钱德勒（Alfred D. Chandler, Jr.）一人身上，并未将其与管理学范式联系起来。进入21世纪以来，部分学者开始注意到管理学对企业史研究的意义，如高超群注意到从20世纪八九十年代开始中国企业史研究关注企业制度与公司治理机制，认为在研究方法上或许需要我们更多地借鉴管理学等学科的方法和成果；[②] 林立强近年来发表系列文章，以中西比较的视野，通过梳理西方企业史学的发展演变，认为未来中国的企业史研究应借鉴管理学的研究方法与理论，逐步形成具有全球视野与中国特色的企业史研究管理学范式。[③] 相比之下，国外企业史研究则对管理学范式十分重视，论述企业史与管理学关系最具代表性的著作如2008年基平（Kipping）与尤斯迪肯（Üsdiken）撰写的《企业史与管理研究》。[④]

① 参见陈振汉：《经济史学概论讲义初稿》，《步履集：陈振汉文集》，北京：北京大学出版社，2005年。

② 高超群：《中国近代企业史的研究范式及其转型》，《清华大学学报（哲学社会科学版）》2015年第6期。

③ 参见林立强：《严谨性（rigor）和实用性（relevance）：管理学视域下的企业史研究》，“范式与方法：首届中国企业史研究 Workshop”会议论文，2017年；林立强、陈守明：《中西比较视域下的中国企业史管理学范式研究》，《东南学术》2020年第1期；林立强：《美国企业史方法论研究：缘起、现状与趋势》，《福州大学学报（哲学社会科学版）》2019年第5期；林立强：《关于企业史研究与管理学关系的思考》，《中国经济史评论》2021年第1辑；林立强：《商学院屋檐下的Clio：美国早期企业史学的产生与发展（1927—1962）》，中国美国史研究会第十八届年会会议论文，2021年；林立强：《中国企业史管理学范式再思考》，《东南学术》2022年第1期；林立强、赖江坤：《从企业管理学视野反思中国企业史研究》，《中国社会科学报》2022年1月19日；林彦樱、林立强：《企业史与管理学的互动——以日本经营史研究为中心的考察》，（待发表），等等。

④ Jones, G., Jonathan Zeitlin, eds., The Oxford Handbook of Business History, Oxford: Oxford University Press, 2008.

2010年奥沙利文（O'Sullivan）和格雷厄姆（Graham）在《回顾与展望：企业史与管理研究》一文中讨论了企业史与管理学科的相互关系问题。[①] 2017年，琼斯（Geoffrey Jones）等人在《企业史方法论之讨论》中对企业史研究方法论包括管理学范式进行了系统的论述。[②]目前西方管理学范式的影响力正在逐渐扩大，不但管理学界开始呼吁“历史学转向”，而且在管理学院任职的历史学者逐渐增加，大有超越其他范式之势。

基于上述认知，我们认为中国企业史学界亟须对管理学范式进行进一步了解与研究，以加快企业史研究的范式创新步伐，打破原有的过于强调传统范式的局面。本文拟围绕“管理学范式”这一新视野，通过分析管理学范式的形成与变迁，将其分为WHAT、WHY与HOW三个层面进行系统的梳理：WHAT层面探究管理学范式的概念与具体框架问题，WHY层面探究中国企业史学界为什么要开始提倡管理学范式问题，HOW层面探究中国企业史学界应如何运用管理学范式问题。最后结合管理学范式这一新视野，对如何构建具有全球广度、中国深度的国内企业史研究的话语体系提出若干思考。

二、管理学范式的形成与变迁

为探求与把握上述三个层面的核心问题，特别是第一个WHAT层面的问题，首先有必要梳理一下哈佛商学院企业史管理学范式的形成与演变过程。鉴于管理学范式是企业史学科发展的产物，因此，可以从背景关联的角度来分析之。企业史学科产生与发展的背景关联可分为外部关联与内部关联两个层次。外部关联指企业史学科与社会背景、时代思潮以及相关学科发展之间的互动，内部关联则指企业史学科内各种范式之间的互动。

首先，管理学范式的形成与企业史学科的外部关联因素密不可分，是多重外部环境共同作用的结果。第一，社会背景。19世纪末的美国刚刚完成农

① Mary O'Sullivan and Margaret B. W. Graham, “Moving Forward by Looking Backward: Business History and Management Studies,” Journal of Management Studies, vol.47, no. 5 (2010): pp. 775 - 790.

② Geoffrey Jones , “Walter Friedman, Debating Methodology in Business History” , Business History Review, (Jan. 2017), pp.443 - 455.

业社会向工业社会的转变，垄断与竞争加剧了人们与大企业之间的矛盾与冲突，被社会公众视为英雄或偶像的成功企业家的形象开始崩塌。此时的企业史已然成为攻击大企业的强力武器，出现了一些揭露丑闻式的企业史著作。随着"进步主义史学"的出现，一部分历史学家认为必须抛弃政治或意识形态倾向，反对将历史研究作为宣传工具，认为学术研究应尽可能地全面与客观，并呼吁由专业的企业史学者来书写企业的历史。第二，时代思潮。随着 19 世纪末实用主义在美国社会大行其道，美国高等教育的办学理念随之转变，开始重视实用专业，注重专业性人才的培养。1908 年，哈佛商学院正式成立，师承德国经济学历史主义学派代表人物施穆勒（Gustav von Schmoller）的经济史学家盖伊（Edwin Francis Gay）担任第一任院长，开启了历史主义学派对商学院的渗透模式。第三，相关学科的发展。19 世纪末 20 世纪初，在埃利（Richard Theodore Ely）与阿什利（William James Ashley）的共同努力下，美国的经济史学开始成形并建立了自己的历史主义风格，形成了与新古典经济学分庭抗礼的局面。1919 年，哈佛商学院第二任院长多纳姆（Wallace B.Donham）希望在商学院推行当时在哈佛法学院实施成功的"案例教学"。于是，他把商学院推行案例教学的重任寄托在历史学方法上，间接促成了企业史学科的诞生。此外，以泰勒（Frederick Winslow Taylor）的名著《科学管理原理》（1911 年）以及法约尔（Henri Fayol）的名著《工业管理和一般管理》（1916 年）为标志的现代管理学在美国形成，它的问世在一定程度上加速了历史学与管理学的合作。

其次，管理学范式的形成与企业史学科内部关联因素密不可分。以下从美国全国范围内企业史研究与哈佛商学院内部企业史研究这两个层面出发，考察 1927 年之后管理学范式的形成过程。在宏观层面，美国全国范围的企业史学家群体的共同特征是具有历史学背景，但因工作于不同学科院系，导致研究范式不同，主要分为三种类型：① 以担任哈佛商学院 Isidor Straus 企业史教席教授职位的钱德勒等为代表的管理学范式；② 以哈佛大学经济系熊彼特（Joseph A. Schumpeter）和科尔（Arthur H. Cole）设立的企业家史研究中心为代表的经济史学范式；③ 以在美国各著名高校历史系任职的兰得斯（David S.Landes）、科克伦（Thomas C. Cochran）等为代表的史学范式，该范式与哈佛企业史管理学范式之间有着频繁的互动，并一度被国内经济史学界认为是美国企业史研究的主流。

在微观层面，哈佛商学院于1925年正式成立了哈佛企业史学会（Business Historical Society），随后商学院设立了Isidor Straus企业史教席教授职位并确保了资金。在盖伊的举荐下，格拉斯于1927年就任企业史教席教授；科尔于1929年就任贝克图书馆行政馆长。此后，哈佛企业史学派内部的两种主流范式——格拉斯领衔的“准”管理学范式①与科尔领衔的经济史学范式之间既相互竞争又相互融合。在这两种学派的张力推动下，或者说是两种学派所采用方法论的互相牵制和矫正下，共同推动了美国早期企业史研究的发展，进而奠定了20世纪60年代后美国企业史研究的基础。究其背后更深层次的原因，正是这两个学派背后的支撑学科经济学与管理学的张力作用，决定着管理学范式的形成与演变。这一点可以从经济学打开企业“黑箱”前后出现的两种范式的此消彼长情况来验证：打开“黑箱”之前，新古典经济理论把企业视为一个外生给定的、追求利润最大化的生产函数$Y=f(X)$，而管理学理论则坚持公司的异质性，格拉斯学派认为这种异质性是以进化的方式产生的。科斯（Ronald H.Coase）打开“黑箱”之后，微观经济学企业理论飞速发展，进而在企业研究方面不断蚕食管理学的领地，于是管理学范式与经济学范式开始出现既融合又独立发展的态势。

由上述分析可知，管理学范式的形成与企业史学科在内外多种关联因素作用下的影响有直接关系，其发展轨迹共经历了以下四个阶段：

第一，初创阶段（1927—1948年）。1927年，格拉斯就任哈佛商学院企业史教席教授标志着学术型的企业史学科正式确立，同时为企业史学科贴上鲜明的管理学标签。格拉斯明确指出企业史是对企业管理发展的研究，决定了其未来的走向是与管理学越来越密切的合作。格拉斯的研究团队成员有拉森（Henrietta Larson）、海迪等。本阶段由于受到德国历史主义学派以及兰克史学的影响，带有极强的历史学烙印，如注重企业档案资料的收集，认为依

① “准”管理学范式是处于管理学范式萌芽阶段的一种形式。历史学背景的格拉斯虽竭力将其企业史研究符合哈佛商学院案例教学的需要，把研究的主题重点放在企业内部管理上，但使用的研究方法仍然属于传统史学范畴。

靠原始档案才能真正做到“如实直书”；继承历史学家对唯一的、特殊的、个体的事件感兴趣的偏爱，注重对公司个案的研究；宣称企业史与经济史是不同的两个学科，急剧向管理学转向。这是管理学范式的萌芽期，是传统经济史学家在商学院试图将历史学与管理学科融合的初期阶段。

第二，多学科研究法共存阶段（1948—1962 年）。格拉斯的转向引起了经济史学家的不满，科尔遂于 1948 年成立了哈佛大学企业家史研究中心。在该中心存活的十年间，不但聚集了当时已经成名的如格申克龙（Alexander Gerschenkron）、兰德斯、雷德利希（Fritz Redlich）、科克伦等经济学家、历史学家、社会学家，而且吸引了一些年轻学者如钱德勒、诺斯（Douglass C. North）等。与此同时，格拉斯的管理学范式也产生了不少研究成果。该阶段的最大特点是再次把经济史与企业史联系起来；跨学科交叉研究已然成为本阶段学术研究的重点；走折衷主义路线，不排斥企业管理学的方法，把管理学、经济学、社会学和历史学等学科都融合在一起。

第三，钱德勒大企业模式阶段（1962—2002 年）。20 世纪 50 年代，美国的管理学开始科学化转向，主流管理学引入新实证主义研究方法，导致以上两个学派陷入低迷。此时深受熊彼特、科尔、雷德利希与社会学家帕森斯（Talcott Parsons）影响的钱德勒，结合社会学、经济学、管理学等方法，以企业组织变革为核心内容，开启了大企业研究模式，这种研究方法影响了美国、日本、欧洲等许多国家的企业史学家，一时间钱氏大企业研究模式风靡全球。至此，钱德勒开启了企业史对管理学的影响力，甚至比他在历史学的影响力更大，并被尊称为管理学大师。1989 年，麦克劳接替钱德勒担任企业史的教席教授。由于他是钱德勒模式的坚定支持者，故钱德勒、麦克劳二人任职阶段，亦是企业史对管理学影响力最大的阶段。

第四，关注当代企业管理阶段（2002 年至今）。2002 年，琼斯就任哈佛商学院企业史教席教授，企业史研究开始进入“后钱德勒”时代。此时，钱德勒的大企业史范式的影响力开始消退甚至受到质疑，一些新的方法论如定量研究方法、反事实假设、资本主义史、文化研究、性别研究等陆续出现，尤其是微观经济学企业理论的蓬勃发展，挤压了管理学范式的一些研究空间，企业史研究受到一些学者的质疑。但由于哈佛商学院在管理学界的影响力，以及该院企业史研究在全球企业史研究中的引领作用，其以企业管理为导向的传统得以延续。本阶段的突出特点是关注当代企业史研究，关注企业管理的核心问题与情境。如哈佛学派认为，“企业史在增进我们对当代管理和企业管理关键问题的理解方面发挥着核心作用”①。

综上，企业史管理学范式已走过近百年的曲折发展历程，其最具代表性的钱德勒模式一度赢得了经济学界、管理学界乃至经济史学界的认同。目前，关于企业史与管理学关系的学术讨论还在继续，如库恩所言的“公认”的“成就”以及“一批坚定的拥护者”已在各国学界出现。

三、什么是管理学范式

现在进一步探讨“什么是管理学范式”问题。特别需要指出的是，由于对“是什么”此类元问题的研究从不同的侧重点出发可能会出现不同的答案，而本文仅侧重于方法论层面的探讨，乃一家之言。为了解该问题的全貌，还需未来学界在本体论、认识论等层面对之进行全方位、多角度的深入研究。

由于目前国内的企业史研究多为近代企业史研究，故近代史研究范式对其具有一定的参照作用。如左玉河提出，在借用范式概念时不能完全墨守库恩的定义，必须照顾到社会科学的特点。他认为范式主要体现为一种研究视角，如果借用“范式”概念容易产生歧义的话，不妨改用取向、视角、模式等概念。② 借鉴这种说法，企业史管理学范式或可称为“管理学取向”“管理学视角”“管理学解释体系”“管理学诠释构架”等，代表着一种从“管理学”的视角观察、解释中国企业史的模式。由此而来，凡是使用管理学理论作为分析框架来研究企业史，都应视为企业史研究的管理学范式。

上述管理学范式的笼统解析看似并无多大的问题，常被视作理所当然，

---

① 对 Jones 的访谈：03 MAY 2004，Business History around the World，by Cynthia Churchwell. https://hbswk.hbs.edu/item/business-history-around-the-world.

② 左玉河：《中国近代史研究的范式之争与超越之路》，《史学月刊》2014 年第 6 期。

但对于我们深入理解管理学范式而言，却显得过于宽泛与松散。它既缺乏在方法论层面对管理学范式进行深入的分析与引导，也没有提出任何管理学范式的范例供仿效，这就在很大程度上削弱了国内企业史学界对这一新视野的了解与使用。因此，要回答“管理学范式是什么”这个问题，仅凭一句“凡是使用管理学理论作为分析框架来研究企业史，都应视为企业史研究的管理学范式”是远远不够的，而应该深入范式内部，对该范式的具体细节进行进一步的解读与分析。1969年，库恩撰写了《科学革命的结构》的后记，文中阐述了范式的四种成分（component），分别为“符号概括”（symbolic generalizations）、“共同承诺”（shared commitments）、“共有价值”（shared values）与“共有范例”（shared exemplars）。[①]本文根据企业史学科的特点，把管理学范式内部构成分为如下四个方面进行分析。

第一，概念框架。笔者认为，在管理学范式中，其概念框架可以围绕着企业内部的经营管理活动来构建，侧重研究企业内部经营管理如计划（决策）、组织、领导、控制、创新等过程的历史演变，亦包括对企业决策者即企业家的研究以及可能影响企业内部经营活动的外部因素的研究。做这样的界定是基于如下考虑：

其一，企业史三种主要范式的研究对象虽然都是企业，但不同范式中研究的“企业”的内涵是不一样的，如史学范式侧重研究“历史中的企业”（business in history），而经济学范式与管理学范式侧重研究“企业的历史”（history of business）。[②] 后者还可以进一步区分，这是由于经济学与管理学在学科上的差异导致研究的侧重点不同。黄群慧等认为，经济学和管理学对企业组织研究领域存在明显分工，二者的研究对象不同，即使是经济学中企业理论的产生和迅速发展也未改变这种“分工契约”。[③]

---

① 参见库恩：《科学革命的结构（第四版）》，北京大学出版社，2012年，第152—157页。

② 以晋商研究为例，“历史上的晋商”主要是通过史料钩沉把历史上的晋商发展的状况搞清楚，基本上属于史学范畴。“晋商的历史”则主要运用经济学和管理学理论对晋商企业制度的史料进行逻辑分析，探究晋商活动各种经济因素的内在联系，揭示晋商经济活动的运行方式及其机制。参见刘建生等：《明清晋商制度变迁研究》，太原：山西人民出版社，2005年，第6—7页。此外，管理学范式的积极倡导者格拉斯亦称后者为 the business history of business men and firms（Gras，1934）。

③ 参见黄群慧、刘爱群：《经济学和管理学：研究对象与方法及其相互借鉴》，《经济管理》2001年第2期，第62—68页。

其二，这是由管理学科的特点决定的。周三多指出，管理是为了实现组织的共同目标，在特定的时空中，对组织成员在目标活动中的行为进行协调的过程。决策、组织、领导、控制、创新这五种职能是一切管理活动最基本的职能。[①] 企业管理学是以企业的各种经营管理活动以及在管理工作中普遍适用的原理和方法作为研究对象。

其三，将企业史研究的对象聚焦于企业的内部管理（administration）[②]是哈佛企业史管理学范式的一贯传统。早在1934年，格拉斯就首次提出"企业史结合了规章制度史和行政管理史（administrative history），正如目前为止它关注的是企业的规章制度和控制。"1947年，拉森指出："企业史也许可以被定义为对过去企业的行政管理（administration）和经营（operation）的研究。"[③] 1962年，钱德勒在一举奠定企业史对管理学影响力的名著《战略与结构》中明确指出："行政管理（administration）作为（企业史）比较历史的实验对象看起来是最有前途的。企业管理（business administration）对今天的企业家和学者有着特别的意义。"[④]

第二，方法论。管理学范式采用的方法与传统史学范式相比既有很大的差异又有相同之处，这与管理学科兼具科学性与人文性的属性密切相关。差异之处主要包括强调构建理论过程中概述方法、比较方法、借鉴管理学科研究现代企业的方法等，相同的地方为经验叙事方法，类似管理学经验主义学派采用的方法。以下是管理学范式最具代表性的几种：

其一，概括。历史学者擅长特殊与偶然事件的描述，一般不会提炼出普遍性的结论。对此，钱德勒认为，传统企业史学家面临的新挑战之一，就是要发展"概括和概念"（generalizations and concepts）："虽然这些概念来自特定时间和地点发生的事件和行动，但却适用于其他时间和地点。"只有在积累了大量的案例研究之后，才能做出不拘泥于特定时

---

① 周三多等编著：《管理学（第七版）》，上海：复旦大学出版社，2018年，第7页、第9页。

② 这里涉及administration的中文翻译、界定以及该词与management的辨析问题，可参见相关的权威百科全书与英文词典。

③ Henrietta M. Larson, "Business History: Retrospect and Prospect", Bulletin of the Business Historical Society, Vol. 21, No. 6 (Dec., 1947), p. 173.

④ Alfred D. Chandler, Strategy and Structure: Chapters in the History of the American Industrial Enterprise, Cambridge: The MIT Press, 1963.

间和地点的概括和概念，这是管理学范式区别于传统企业史范式最大的特征。[①]

其二，比较。只有通过比较，才有可能推导出不与特定时间、地点相联系的概括和概念，这也是钱德勒十分推崇的方法。他在考察美国大企业的演变时，就提出了比较的三个层次："① 美国最大的工业企业组织结构之间的比较；② 这种类型的工商企业在不同行业之间的不同发展阶段的比较；③ 这种机构在不同国家经济发展中成长的比较。"[②]

其三，企业实践经验总结。主要体现在企业与企业家的个案研究，尤其在由企业家亲自参与撰写的传记上。之所以把由优秀企业家总结企业管理经验的传记亦称为管理学范式，是由于此类传记与诸多宣传公关类自传以及由财经作家所撰写的传记完全不同，它对编撰者或编撰团队有着极为苛刻的要求，如是著名大公司的企业家，在业内具有极高的知名度与认可度，具备丰富管理经验等等。此外，编撰团队中是否有企业史学家的参与是传记作品成功的质量保证。

其四，借鉴管理学科研究现代企业的方法。现代企业史研究迟迟未能取得进展的一个重要原因在于企业档案获取的难度，现代企业一般很少会愿意将其内部资料公之于众。为了打开现代企业史的研究通道，就必须广开渠道，解决企业档案资料的来源问题，而管理学科收集信息的方法值得借鉴，如实验方法、调查研究、案例研究、实地访谈，以及在具体分析方法中，定性与定量研究交替使用等。

第三，学术共同体。学术共同体形成的前提是研究者自觉认同和共同持有的一套信念、原则和标准，在共同体内大家可以用相同的概念、相似的理论方法便利地进行沟通与交流。目前，这样的学术共同体在世界企业史学界已经形成：

其一，已经有了一批以管理学范式进行研究的学者。他们多是在商学

① AD Chandler Jr., Comparative business History, Enterprise and history: essays in honour of Charles Wilson edited by D.C. Coleman and Peter Mathias, Cambridge University Press, 1984, p.3.

② AD Chandler Jr., Comparative business History, Enterprise and history: essays in honour of Charles Wilson edited by D.C. Coleman and Peter Mathias, Cambridge University Press, 1984, pp.10－11.

院工作的历史学者或具有历史学思维的管理学者（如欧洲企业史学家大多数在商学院工作），[①] 还包含少量在经济学院与历史学院工作的具有管理学思维的学者，并经常参加美国企业史学会、日本经营史学会、欧洲企业史学会以及世界企业史大会等国际学术交流活动。笔者赴美参加 2016 年美国企业史学会年会期间，也曾参加了由主办方举办的名为“在管理学院任职的企业史学家午餐会”（Business Historians at Business Schools Lunch）的交流活动。

其二，在美国、日本、欧洲等地的企业史研究组织中，均有一定数量的在管理学院任教的会员。美国企业史学会 2003 年度的 411 名成员中有 30% 在历史系，22%在商学院，18%在经济系，7%在商业、技术或经济史的部门或项目，23%在其他部门、项目或相关职业（如法律部门、政府机构和档案馆）。[②] 笔者还调查了 1971 年到 2021 年 50 年间担任美国企业史学会历届主席的 50 位学者，发现历史系共 24 位，占总人数的 48%；管理学院共 16 位，占总人数的 32%；经济学院共 8 位，占总人数的 16%；其余单位为 2 人，占总人数的 4%。

其三，随着近年来管理学界开始关注历史学方法，世界管理学界的权威期刊通过设立专刊等形式，陆续刊登了运用历史学方法研究管理类话题的相关文章，如 2012 年的《管理研究杂志》（*the Journal of Management Studies*）；2014 年的《组织》（*Organization*）；2016 年的《管理学会评论》（*Academy of Management Review*）；2018 年《组织研究》（*Organization Studies*）；2020 年的《战略管理杂志》（*Strategic Management Journal*）等期刊，这些在管理学刊物上发表的企业史管理学范式文章都遵循了管理学论文的规范与格式。

第四，范例。库恩认为比起范式内涵的其他成分，应当更注重范例的讨论。[③] 对那些有意加入这个学术共同体的“新手”而言，他们更关心哪些是

---

① Jones, G., Jonathan Zeitlin, eds., The Oxford Handbook of Business History, Oxford: Oxford University Press, 2008, p.97.

② William J. Hausman, Business History in the United States at the End of the Twentieth Century, Business History around the World, New York: Cambridge University Press, 2003, p.84.

③ 库恩：《科学革命的结构（第四版）》，第 156—157 页。部分词语笔者根据英文原著进行了重译，参见 Thomas S. Kuhn, The Structure of Scientific Revolutions, Chicago: University of Chicago Press, 1996, p.187。

管理学范式群体共同遵守的学术规范？这些学术规范何人所作？库恩指出：范式应该“包罗了最早提出这些公认事例的经典著作，最后又囊括了某一特定科学共同体成员所共有的一整套承诺”[①]。基于以上认识，本文提出以下三部经典著作作为范例，分别对应上述第二点的四种“方法论”，如钱德勒《战略与结构：美国工商企业成长的若干篇章》（1962 年）范例对应“概括与比较”，斯隆（Alfred Pritchard Sloan，Jr.）《我在通用汽车的岁月》（1964 年）范例对应“企业实践经验总结”，琼斯《盈利与可持续发展：一部关于全球绿色企业家的历史》（2017 年）范例对应“借鉴管理学科研究现代企业的方法”。[②] 特别需要说明的是，每一个范例不仅仅只有这一个特征。如以钱德勒的著作为例，该书除了“概括与比较”以外，它在“企业实践经验总结”与“借鉴管理学科研究现代企业的方法”方面的成就也同样可圈可点。这三个范例均在不同程度上体现了管理学范式要么“顶天”（理论高度）或“立地”（实践导向）、要么“顶天”与“立地”兼顾的特点。当然，代表性的范例绝非所提到的三个，以钱德勒为例，他的《战略与结构》与后来完成的《看得见的手：美国企业的管理革命》（1977 年）、《规模与范围：工业资本主义的动力》（1990 年），被学界誉为钱德勒三部曲。此外，目前，世界企业史研究的三大学术期刊为《哈佛企业史评论》（*Business History Review*，美）、《企业与社会》（*Enterprise & Society*，美）、《企业史》（*Business History*，英），其中《哈佛企业史评论》与《企业史》历年发表的企业史论文多为管理学范式，为我们提供了企业史研究管理学范式的学术论文写作范例，初学者可按图索骥。相比之下，国内管理学范式的论文还极其少见，如经济史权威刊物《中国经济史研究》等只刊登传统范式的企业史文章。

---

① 库恩指出，“我所谓的‘范例’，首先指的是学生们在他们的科学教育一开始就遇到的具体问题的解决方法（problem-solutions）。……此外，这些共有范例至少还得加上某些在期刊文献中常见的技术性问题的解决方法，这些文献为科学工作者在毕业后的研究生涯中所必读，并通过实验示范他们的研究应怎么做。比起学科基质中的其他种成分，各组范例之间的不同更能提供给共同体以科学的精细结构。”参见库恩：《必要的张力》，“序言”，X.。

② 钱德勒：《战略与结构：美国工商企业成长的若干篇章》，北京天则经济研究所、北京江南天慧经济研究公司译，昆明：云南人民出版社，2002 年；斯隆：《我在通用汽车的岁月》，孙伟译，北京：机械工业出版社，2021 年；Geoffrey Jones，Profits and Sustainability：A History of Green Entrepreneurship，Oxford：Oxford University Press，2017。该书已经琼斯授权，由笔者与闽江学院黄蕾副教授翻译为中文，即将由商务印书馆正式出版。

四、为什么要引进管理学范式

目前中国企业史研究学术共同体中学者主要通过史料的挖掘获取历史的真相，擅长叙事性的描述，运用理论概括的不多。20世纪90年代以后，在海外制度经济学的传播与国内企业制度改革的双重背景下，一部分学者开始用制度变迁、交易费用、产权等新制度经济学理论研究中国企业史，出现了一批经济学范式的成果。但从总体看，绝大多数学者均为传统史学或经济史学背景，造成这种情况的其中一个重要原因，与我国管理学科比较年轻有很大的关系。因为直到1998年专业目录调整之后，管理学才成为与经济学并列的独立学科门类，之前管理学教育的各个专业授予经济学或工学学位。①

目前以历史学与经济学方法为重的学科存在一定的局限性。如历史学方法仰赖史料的描述与建构，缺乏理论的支撑。经济学方法则倾向于忽略研究对象的个性，利用各类理论框架论证某些假设与观点，采取抽象、演绎的方式寻求研究对象的共性。即便是打开企业"黑箱"的制度经济学，以及宣称深度嵌入企业管理内部的企业理论，总体来说还是研究企业具有普遍意义的共性内容。因此在企业史研究中，不论是历史学还是经济学方法都缺乏一种对"真实企业"的现实关怀，从而导致企业史研究囿于"象牙塔"的传统经济史研究中，很难与企业实践发生有机联系。与上述两种范式相比较，作为一种从"管理学"的视角观察、解释中国企业史的模式，存在如下特点：

其一，该范式注重研究成果的可用性，强调从企业管理实践中发现问题、解决问题。从历史的视角研究总结企业管理的一般规律和特殊现象，是共性和个性的综合，既有与经济学研究类似的多数组织共有的规律研究，也有与历史学个体研究取向类似的案例研究。

其二，该范式本质上就是以企业管理实践运用为导向的特定的思考模式，强调理论贡献是它的一个重要特征。这是因为管理学界特别重视理论的实践指导意义。在众多管理学者的推动下，当前管理学研究的一个重要特征

---

① 陈佳贵：《新中国管理学60年》，北京：中国财政经济出版社，2009年，第259页。

就是“理论崇拜”，研究要求“顶天立地”（兼有理论高度和实用性）。① 其三，该范式体现史学研究特点，以历史学视野的纵向研究为基本方法，基本研究史料为企业档案，辅以口述档案，强调“随时间演变”（Change over time）对企业史研究的重要性。因此，目前在国内企业史学界倡导管理学范式的研究，具有一定的学术意义与现实意义。

第一，有利于克服目前国内企业史研究的危机。这些危机主要表现在：长期以来漠视方法论的问题未解决，研究范式单一，一些企业史学家还习惯用传统的依赖企业档案的方式研究。这意味着在其他学科中习惯了其他科学化方法的学者，无法判定企业史研究的学术质量；研究课题过于发散导致无法聚焦，有学者指出钱德勒范式为何得到认可的最重要原因，是那一个阶段企业史学界聚焦大企业问题形成的合力所致；企业史研究与企业管理实践严重脱节，企业家群体漠视企业史研究，更准确地说漠视学术性的企业史研究等。因此，管理学范式作为从“管理学”视角审视、解释企业史的模式，是一种围绕当代企业管理为核心的实践导向很强的方法论，亦是应对危机的一种手段。

第二，对国内以往企业史研究进行反思，促进范式创新。目前国内研究企业史的相当一部分学者认为对企业档案的爬梳剔抉，用描述性的手法还原企业日常经营行为的微观研究方法就是使用管理学的方法。如吴承明在总结近代企业史成果中提及“90 年代，本学科的研究向企业管理学和经营学方面发展”，李玉称近代企业史研究中开始普遍着力于企业的经营史分析。② 这种所谓的管理学或经营学方法实际上只是对企业日常经营管理活动进行“叙事”性描述的史学方法，并未使用管理学特有的分析框架，更谈不上深入分析、概括以致构建新理论，故不是真正意义上的管理学范式。因此，厘清何为“真正的”管理学范式，溯本清源，是企业史研究范式创新的需要。

第三，与企业实践更紧密地相结合，把企业史的影响力扩大到管理学界

① 参见郭重庆：《直面中国管理实践，跻身管理科学前沿——为中国管理科学的健康发展而虑》，《管理科学学报》2012 年第 12 期。

② 参见吴承明：《序》，刘兰兮《中国现代化过程中的企业发展》，福州：福建人民出版社，2006 年；李玉：《近代企业史研究概述》，《史学月刊》2004 年第 4 期。

与企业界。目前国内企业史学界存在这样的情形，一方面企业史研究囿于"象牙塔"之中，企业史学者不了解企业的真实情况，缺乏管理学理论的引导以及与管理学者、企业家的交流渠道，导致目前国内的企业史研究成为"黑板企业史"，而不是"真实世界的企业史"。[①] 另一方面，在管理学院任职的绝大部分学者对企业史研究不关注甚至还不了解存在企业史学科，常常把历史学方法等同于纵向研究。随着管理学者对历史学方法的关注度逐渐增大，以及经济史学者在商学院任职人数的逐渐增多，有必要加强两个群体之间的沟通与合作，强调企业史管理学范式的实用性，开辟一个"以企业实践为导向"的企业史研究新领域。

第四，实现与国际企业史学界主流范式的接轨。在西方，企业史主要有历史学、经济学、管理学等范式，而管理学范式在这几种类型范式研究中影响力已经居于前列，如担任哈佛商学院历届 Isidor Straus 企业史教席教授职位的格拉斯、海迪（Ralph W. Hidy）、钱德勒、麦克劳（Thomas K. McCraw）、琼斯（Geoffrey Jones）等群体，就是当今世界企业史研究的主流。因此，对大有超越传统范式之势的管理学范式进行深入研究，有助于把握世界企业史研究前沿，对预测国内企业史研究的未来趋势也具有参考与借鉴作用。

综上，笔者认为，引入管理学范式可以促进中国企业史研究的发展。历史学、经济学和管理学不同的研究范式是由不同的研究目的诉求决定的。为管理学科构建新理论以及为企业管理实践服务是企业史管理学范式的根本诉求，追求共性和个性的结合、理论和实践的统一是其最重要的特征。如企业史管理学范式面向管理实践应用，其研究成果可以指导企业管理者的管理工作，这样就可以重新激起管理实践者对企业史研究成果的兴趣，改变当前企业史研究被边缘化的窘境。因此，企业史管理学范式可作为其他两种范式的重要补充，共同构成中国企业史学的话语体系。

---

① "真实世界的企业史"的提法借鉴了周其仁在《真实世界的经济学》一书的思考。他认为，研究企业理论就要获得进入"真实企业"的机会，做"接地气"的企业调查，拿更多可观察的事实来检验"似乎有解释力的理论"。参见周其仁：《真实世界的经济学》，北京：北京大学出版社，2006 年，"作者序言"第 1—9 页。此外，高超群也提出了要对"经济史中的企业史"与"企业的企业史"进行区分的观点。参见高超群：《企业史与中国经济史研究》，《中国经济史评论》2021 年第 1 辑。

五、如何运用管理学范式

未来适合进行企业史管理学范式研究的学者分为两种类型，第一类称之为“具有管理学思维的历史学家”，是指那些受过历史教育和训练，但在研究中倾向于使用管理学范式的人。他们一部分在历史系与经济系，另一部分在商学院，目前后者的人数有逐渐增加的趋势，是未来该范式研究的主力；[①] 第二类称为“具有史学思维的管理学家”，是指那些教育背景是管理学，但在研究中倾向于使用历史学方法的人。在实际使用过程中，经常会出现难以区分的情况，一方面是具有历史学与管理学双重学术背景学者数量的增加，另一方面是随着二者学科间互相渗透、互相交流的加强，开始形成“你中有我，我中有你”的现象。

“具有管理学思维的历史学家”从事企业史管理学范式研究可能的形式有两种：第一，利用历史学科的特点，寻求在管理学一些适合质性管理方法的研究领域的合作研究。黄群慧指出，中国正在加快构建中国特色的企业管理学。近年来，中国管理学界一方面出现了大量对中国企业管理案例的研究；另一方面，理论工作者开始重视对中国情境进行具体分析，提出中国管理理论创新研究的方向和领域。[②] 文中论及的“情境”与“个案”是管理学领域需要质性管理的两个重要内容，相对于管理学者在研究对象时间跨度的“短时段”，企业史学者研究企业的跨度一般都很长，具有“中时段”“长时段”的特点，且对企业所处的政治、经济、法律、文化等背景有比较深入的了解。可以说，目前管理学界提倡的中国情境下的中国特色管理学话语体系研究，尤其在情境化研究与案例研究方面，给了双方合作对话的空间。第二，加强当代企业史的研究，改变目前中国学界“企业史研究基本等同于近代企业史研究”的现象。竭力主张企业史与经济史分离的格拉斯早在 1938

---

① 如美国企业史学会（Business History Conference）下设分部，专门用于协助推进“在商学院任教的企业史学家”（business historians teaching at business schools）的研究工作。参见 http://thebhc.org/index.php/mission-history.

② 黄群慧：《改革开放四十年中国企业管理学的发展——情境、历程、经验与使命》，《管理世界》2018 年第 10 期。

年就指出，经济史与企业史的区别之一，在于“经济史研究的是过去既成的事实，而企业史则研究即将完成或管理的过程”。[①] 钱德勒把他从社会学以及管理学者中所获得的信息比从新经济史学家获得的多的原因归结于后者的数据太陈旧：“到目前为止，计量经济学家们倾向于关注 1860 年以前的那段时期，……我所敦促的是，新经济历史学家要把他们的才能和注意力放在更近的时期，在这个时期，数据更丰富，基本问题更复杂。”[②] 当代企业史研究如果关注当代企业管理存在的问题，围绕企业管理的关键问题确定选题，就要特别注意时效性。如倡导改革开放以来中国企业史的研究，时间区间为近四十年。再如美国关注“研究创新和增长领域”的企业史学者，其所研究的内容时间跨度多聚焦于“近期（近二十年内）”[③]。

现在讨论“具有史学思维的管理学家”的企业史管理学范式研究。管理学研究领域除了情境、案例研究等适合历史学研究的领域之外，其他诸多研究范围均为长期受科学化浸淫、历史学家难以涉及的领域。近年来，其中的一些领域如组织领域的学者开始讨论历史学方法，为历史学方法介入管理学领域开辟了另外一个通道。以下两个领域，是管理学界适合使用历史学研究方法产出企业史成果集中的领域，也是企业史学家未来需要高度重视的研究内容。第一，国际商务（International Business）。国际商务领域在所有的管理学研究范围中是与企业史关系最密切的一个，也是企业史对之贡献最多、最为人知的一个领域，企业史学家亦是研究跨国公司的早期推动者。对国际商务而言，已经不用讨论“历史是否重要”的观点，而是要讨论如何让该话题更重要的问题了。[④] 第二，企业家精神（Entrepreneurship）。企业史学家是企业家精神研究的先驱。[⑤] 企业史学家的研究一方面提供了令人信服的证据，

---

① N. S. B. Gras. “Why Study Business History?”, The Canadian Journal of Economics and Political Science / Revue canadienne d' Economique et de Science politique, 4, 3 (Aug., 1938), p. 324.

② 参见 AD Chandler Jr.. “Comment on the New Economic History”, The Essential Alfred Chandler — Essays toward a Historical Theory of Big Business, Boston: Harvard Business School Press, 1988, p.298。

③ 沃尔特·弗里德曼：《当代美国企业史研究的三大主题》，《东南学术》2017 年第 3 期。

④ Geoffrey Jones, Tarun Khanna. “Bringing History into International Business,” Journal of International Business Studies, (February 2006).

⑤ G. Jones et al. “The future of economic, business, and social history,” Scandinavian Economic History Review, 60, 3 (2012), p.226.

证明环境（企业家行为所处的经济、社会、组织或机构环境）对评估企业家精神的重要性。另一个方面，企业史通过研究国家、地区和行业的不同层面，对企业家精神的研究作出了重要贡献。自 20 世纪 80 年代以来，企业家精神开始成了全球学界研究的宠儿，成为管理学者和社会科学家越来越感兴趣的话题，并一直持续至今。从目前情况看，在该领域应该重拾企业史研究，以作为其他社会科学理论的重要补充。

国外企业史学界近年来所聚焦的创新（Innovation）、全球化（Globalization）、企业与环境（Businesses and the Environment）、政府的角色（Role of Governments）、企业民主（Business and Democracy）等研究方向也有不少与管理学界可以重叠的内容。此外，战略管理领域一些学者也对现在该领域研究中历史感的缺失表示不满，并反复强调历史对学科研究的重要性。[①] 对国内企业史学界而言，管理学范式情景化、面向“真实企业”以及实用性的特点，要求我们在引进西方管理学范式体系的过程中不能脱离中国的社会历史文化背景，如关注中华传统文化对企业特质的影响、中国共产党与企业治理的关系、新兴领域与数字经济中企业的创新性、国有企业的历史传承、改革开放后私营企业的发展等中国经验问题，做具有中国特色的企业史研究。管理学范式倡导“以企业实践为导向”的概括与比较研究方法，将改变以往我们一直用中国的经验去验证西方理论正确性方面的现象，在把中国经验变成中国理论过程中发挥重要作用。

此外，如何处理好学术研究与现实服务的关系是摆在每个企业史学家面前的重要课题。宋史专家虞云国认为史学功能可分为学术功能和社会功能的两个层面。史家在学术功能基础上通过创造性的再劳动，完成学术功能向社会功能的转移，便是应用史学的职责任务。[②] 因此，管理学范式需要探索为企业与企业家、为大众能够接受的形式。例如在中国，由财经作家撰写的企业史已经俨然成为“企业史”的代名词，甚至达到只知财经作家的企业史，

① Perchard, Andrew; MacKenzie, Niall G.; Decker, Stephanie; Favero, Giovanni, “Clio in the business school: Historical approaches in strategy, international business and entrepreneurship,” Business History, 59, 6 (2017), p.4.

② 虞云国 :《中华读书报》2015 年 11 月 4 日，第 10 版。

而不知有学术型企业史的程度。加大企业史在非学术人群的推广已经成为各国企业史学界的共识,[①] 未来企业史研究的公共史学化应是中国企业史研究实用性的重要体现。

六、余　论

近年来，随着企业史研究在中国经济史学界逐渐升温，企业史范式话题的讨论开始提上议事日程。[②] 企业管理学范式是中国企业史研究的一个新视角，如何正确理解这个“新”字的含义，对构建具有“全球视野”（国际化视野）与“中国经验”（中国特色，深入企业实践）的新时代中国企业史研究的话语体系意义深远。

第一，这个“新”只是相对于企业史在我国发展的阶段而言。在国外，注重管理学方法早已不是什么新话题。如前所述，美国企业史研究从 1927 年诞生之日就带有强烈的管理学特征。日本经营史研究亦如此，如日本管理学界代表性学者伊丹敬之就曾在《经济史学 50 年》刊文，对经营学与经营史合作的前景表示乐观。[③] 有学者统计收集了日本经营史学会的学会期刊《经营史学》上自 1966 年创刊以来到 2015 年的所有论文，发现主要使用管理学概念和理论的论文最多，占总数的 58%。[④] 而近 25 年来，原先趋向于经济史的英国企业史研究亦有向管理学靠拢的趋势。[⑤] 中国企业史学界与管理学界如要快速与世界学术最前沿接轨，对国际企业史学界管理学范式的了解应摆上议事日程。此外，要认识到目前相当一部分管理学理论是在西方商业管理实践基础上发展而来的，与中国管理文化还有很大差距，我们在运用时

---

① 如琼斯指出，“从拉森到钱德勒再到莱尔德（Laird），将企业史带入非学术性读者中的渴望从未停止过，我认为实现这一目标是当前的首要任务”。参见 Geoffrey Jones, Why Business History Matters, Fujian Normal University,（March 14 2017）。

② 参见林立强、刘成虎：《企业史研究的趋势与展望》，《中国经济史研究》2021 年第 1 期。

③ 伊丹敬之：「経営史と経営学」，経営史学会编：『経営史学の50 年』，日本経済評論社，2015 年，第 42—51 頁。

④ 参见林彦樱、井泽龙：《日本“产业经营史”研究的源流》，《福州大学学报（哲学社会科学版）》2019 年第 5 期。

⑤ 黒澤隆文：「世界の経営史関連学会の創設・発展史と国際化」，『経営史学』49 卷 1 号，2014 年，第 23—50 頁。

要充分考虑到中国独特的社会历史文化背景。

第二，这个“新”意味着一开始就要极力避免重蹈管理学界长期以来存在的理论与实践脱节的覆辙，即如何正确处理好严谨性（rigor）和实用性（relevance）之间的关系，强调企业史研究在企业实践中的影响力。管理学原本是一门实践性非常强的学科，后来受科学化的影响而日益“学术化”。美国管理学界已经发现这个问题的严重性，《管理学会杂志》（Academy of Management Journal，简称 AMJ）和《管理科学季刊》（Adminisrative Science Quarterly，简称 ASQ）分别在 2001 年、2002 年和 2007 年曾以专辑的形式对此进行了深入的讨论。中国管理学在引入西方尤其是美国管理学理论时，一并引入了这一“管理学尴尬”。2004 年，国家自然科学基金委员会管理科学部郑重提出中国的管理科学工作者必须面向中国的管理实践开展理论研究的问题，[①] 此后十余年，该观点持续成为管理学界争论的焦点并日益成为中国管理学者的共识。为此，企业史管理学范式可细分为两种类型：“学术导向”的研究以工具化、科学性、规范性为重点，针对学术界，专注解决理论问题，属“基础性研究”；“实践导向”的研究针对实务界（企业家），专注解决企业发展过程出现的实践问题，属“应用性研究”。研究者既可以根据自己的学术背景与研究兴趣二选一，[②] 也可以深入探讨实现二者兼顾的最佳解决方案。限于篇幅，上述问题有待笔者以“何为‘好的’中国企业史管理学范式”为题专文阐述。

第三，这个“新”不能取代企业史已有的其他研究范式。目前世界各国商学院、经济系、历史系、社会学系等部门都活跃着一批企业史学家。这种多种范式并存的现象，拓展了企业史研究的广度和深度，已成为各国企业史研究的常态。此外，随着多学科跨界方法的推广，学科间的界限也愈加模糊，如经济学与管理学呈现紧密融合的趋势，甚至出现“经济学家管理学化”与“管理学家经济学化”的现象。本文讨论的企业史管理学范式只是

① 《直面中国管理实践，催生重大理论成果》，《管理学报》2005 年第 2 期。

② 管理学大师詹姆斯·马奇（James G. March）认为，想法的美感比它本身是否有用更重要。而另外一位管理学大师亨利·明茨伯格（Henry Mintzberg）则持不同观点，他认为管理科学应该更加重视解决现实世界的需要。参见谭劲松：《关于中国管理学科发展的讨论》，《管理世界》2007 年第 1 期。

具有中国特色的企业史研究话语体系的一部分，并不意味着企业史的其他范式或者学术型企业史研究没有存在的必要。恰恰相反，以马克思主义理论为指导思想，历史学、经济学、管理学、社会学、人类学等多种研究范式并存，相互借鉴，取长补短，共同促进学科的发展，乃是中国企业史研究的必经之路。

值得一提的是，由于管理学范式需要“使用管理学理论作为分析框架来研究企业史”，这对目前国内企业史学界绝大多数具有历史学与经济学背景的学者来说无疑具有相当的难度。因此，中国企业史研究要实现“全球视野”与“中国经验”融合与交汇的最终目标，与管理学界的合作至关重要。现国内企业史仍隶属于理论经济学类的经济史以及历史类的专门史，如管理学科另将企业史纳入麾下与管理史、管理思想史并列，无疑将为企业史管理学范式提供一个更广阔的发展空间。此外，是否可以仿效历史社会学、历史政治学创建一种以“历史管理学”命名的新的研究方法与视角?[①] 参照这个思路，无论是管理学本位的“历史管理学”，还是历史学本位的“历史管理学”，或许都能够为中国企业史研究范式创新注入新的生机与活力。当然，“历史管理学”的提法有待进一步论证，但其在理论与实践层面显然具有一定的可行性，是未来管理学与中国企业史研究深入互动与交融的重要研究视角，可促进管理学本土化研究向深层次发展。

---

① 笔者参考了历史社会学（Historical sociology）、历史政治学（Historical politics）等的译法，把“历史管理学”这个新词对应的英文译作“Historical management”。

战时封锁下的工业发展

——以中央电工器材厂为例（1939—1945）

褚芝琳[*]

摘要：全面抗战爆发后，日本对国统区实施了封锁政策，这使得大后方的工业发展计划愈加艰难。面对封锁困局，国民政府加大了对国有企业在研产销上的扶持力度，一定程度上激发了这些企业的自力更生能力，而中央电工器材厂就是其中的代表之一。在艰难的封锁环境下，中央电工器材厂尽管面临资金短缺，海外原料及设备输入困难以及技工流动频繁等发展难题，但战时需求也诱导该厂发展了部分高端技术，创制出了一些前所未有的产品，并用合理的激励办法提升了产量与质量。作为国有企业，国民政府的支持使得该厂在封锁状况下能够稳定成本与售价，并掌握了广阔的国内市场，但与民营企业在部分产品上的竞争不利也暴露出了这种支持的双面性。该厂的发展经历为透视战时封锁状态下工业的发展状况提供又一视角。

关键词：战时封锁；国有企业；中央电工器材厂；恽震

全面抗战爆发不久，日本就对国统区实施了更苛刻的封锁，尽管这种封锁并非全面彻底，但是对于工业基础薄弱的后发展国家来说，依然是沉重的打击，这意味着之前仰赖的进口物资都将受到严重的限制，而自力更生无疑是难上加难。因此关于战时中国的工业发展，部分学者对此较多持悲

---

* 褚芝琳，清华大学人文学院历史系。

观的论调。[①] 事实上，封锁未必完全产生负面影响。严鹏在他的代表性著作中导入了经济学理论，阐释了封锁状态对工业发展产生了特殊的激励效应，并以装备制造业中部分代表性行业的发展历程进行佐证。[②] 但是装备制造业内行业繁多，行业所属企业存在国有、民营之分，对于封锁下工业发展的大话题，仍然需要更多个案的检验。

本文选取的研究对象为中央电工器材厂，它隶属于国民政府资源委员会，为电工业方面的国有领军企业。与同为中央国企且从事大型机器制造的中央机器厂相比，中央电工器材厂更侧重于中小型装备的制造，而以往关于该厂的个案研究十分有限。[③] 在前人研究的基础上，本文主要基于原始档案以及该厂的厂刊《电工通讯》，通过对中央电工器材厂这一典型个案的考察，在微观层次上完善战时封锁状态下工业发展的图景，并对该厂的发展予以评析。

一、中央电工器材厂的创设

全面抗战爆发前，我国的电工器材工业大部分设立在沿海一带，尤其集中在上海。其中最具实力的是美、日的外资企业，如美国通用电气公司的中

① 代表性学者及成果如［美］托马斯·罗斯基:《战前中国经济的增长》，唐巧天等译，杭州：浙江大学出版社，2009 年；Kent Deng, China's *Political Economy in Modern Times: Changes and Economic Consequences*, *1800 – 2000*, New York: Routledge, 2012；袁成毅:《现代化视野中的抗日战争》，袁成毅、荣维木等:《抗日战争与中国现代化进程研究》，北京：国家图书馆出版社，2008 年等。

② 严鹏:《战争与工业：抗日战争时期中国装备制造业的演化》，杭州：浙江大学出版社，2018 年。

③ 目前关于中央电工器材厂的系统研究成果为李姣的《资源委员会中央电工器材厂研究》（重庆：西南大学，硕士学位论文，2020 年），该篇论文梳理了中央电工器材厂从筹备酝酿到新中国成立的经营管理状况，但对战时该厂的发展特点聚焦不够。张维缜与吴布林在讨论近代中美技术贸易合作时，以中央电工器材厂为例，研究了战时该厂与美国亚克屈勒电子管公司的合作，指出双方的合作具有一定成效，对抗战有积极作用。（张维缜、吴布林:《战时中美技术贸易之一例：以资源委员会与美国亚克屈勒电子管公司的合作为中心》，《暨南史学（第 6 辑）》，广州：暨南大学出版社，2009 年）此外，有关中央电工器材厂的研究也散见于资源委员会的研究成果中，如郑友揆、程麟荪等:《旧中国的资源委员会：史实与评价》，上海：上海社会科学院出版社，1991 年；薛毅:《国民政府资源委员会研究》，北京：社会科学文献出版社，2005 年；郭红娟:《资源委员会经济管理研究》，北京：中国社会科学出版社，2009 年；［美］卞历南:《制度变迁的逻辑：中国现代国营企业制度之形成》，杭州：浙江大学出版社，2011 年等。

国奇异安迪生灯泡厂等。这些外资企业依仗在华特权，占据了技术和资本上的绝对优势，基本形成了在电工器材工业上的垄断地位。

与这些外资企业相比，中国的民族资本电器制造工厂数量不少。但它们的规模极小，资本额在10万—50万元以上的仅有11家。[①] 在20世纪前期，这些民营的电器制造工厂处于外国资本、官僚资本的双重挤压下，处境艰难，它们的制造基础也十分薄弱，首先就体现为成品简单。尤其重要的一点还在于，它们所用的原料和半制品，差不多完全是外国货。譬如，制造各种电器所需要的电线和制造各种无线电所需要的真空管，都是进口产品。[②] 因此，电工器材工业在国民经济中的整体水平中，仍然十分幼弱。

而中央电工器材厂（以下简称“电工厂”）正是在外资垄断、民族资本弱势的环境下成长起来的。1936年，国民政府通过了资源委员会提交的工业建设三年计划，其中就包括成立电工厂。作为由国民政府授意、资源委员会主导的大型国有企业，电工厂的定位与一般的民营企业大不相同：其把“制造一切电工器材，供应全国电工需要”作为主要目标，[③] 积极发展之前所无法创制的各类电工产品，对已有的公私企业采取互助提携的办法，并吸纳外国技术，以谋求我国电工事业的整体进步。在主任翁文灏授意下，留学归国的高级工程师恽震以总经理的身份积极筹备发展电工厂。

由于对日本发动全面侵略战争的速度估计不足，设立在湘潭的电工厂尚未正式建成就不得不搬迁至西部大后方。全面抗战爆发后，电工厂正式组建完成，生产制造方面，以出品性质分为电线、电管泡、电话机及电机电池四大类，并按照出品种类划分为第一厂、第二厂、第三厂及第四厂。第四厂又因为地域关系，分设昆明及桂林两厂（以下简称“昆四厂”“桂四厂”）。各室处设主任，各厂设厂长，总经理恽震主持各厂一切事宜。此外，该厂还

① 《中国电器工业发展史》编辑委员会编：《中国电器工业发展史》（综合卷），北京：机械工业出版社，1989年，第19页。

② 郑家觉：《中国电工器材工业》，《电工通讯》第43期，1945年5月号，第2页。

③ 恽震：《资源委员会中央电工器材厂成立三周年献辞》，《电工通讯》第18期，1942年7—8月号，第1页。

设置协理一人，与总经理同驻一地，协助总经理调度一切。各单位表里一体，并非附属关系，电工厂对外营业，完全为一元制——外界向电工厂购买货品，不问其来自哪一分厂。[①]

1939年一切准备就绪，电工厂正式投入了运营，但很快面临了更为严峻的挑战。在日本挑起全面侵华战争之后，便有计划地对国统区和根据地实施贸易封锁，以摧毁我国的经济基础。在珍珠港事件爆发之前，日本与西方列强的关系尚未撕破，故而我国的进出口渠道尚有部分得以保全。而该事件之后，日本正式对英美宣战，并对我国实施了更加完全的封锁政策，我国的对外贸易几乎完全被打断，这对工业基础本就薄弱的我国来说尤为不利，故而电工厂在封锁期间面临了不小的发展难题。

二、封锁下的发展困局

任何工业得以发展的关键要素之一就是资金，但因为军事上的巨大花销，国民政府的国库资金严重吃紧，虽对工业建设抱有极大期许，但是在资金调拨上免不了滞缓与顾此失彼。而封锁使得以往依赖的进口原料及设备都输入困难，加上后方艰苦的生活又造成了技工的频繁流动，这些都使得电工厂总体生产的推进极为艰难。

（一）资金短缺

对于任何企业的发展来说，资金都是生命链。与民营企业自主谋求发展资本不同，中央电工器材厂作为资源委员会下属的国有企业，它最主要的资金来源是国库拨款，其次是国有银行短期贷款与投资。[②] 但是这并不意味着其没有资金方面的后顾之忧，由于国民政府对电力、能源等行业投以极大的关注，电工行业所处的地位往往处于尴尬的境地，如表1所示：

---

① 《论评：说本厂之组织》，《电工通讯》第15期，1942年3月号，第1页。
② ［美］卞历南：《制度变迁的逻辑：中国现代国营企业制度之形成》，第73页。

表1　资源委员会1938—1940年度拨款及其在不同工业之间的分配

（单位：千元）

年度	电力	钢铁	燃料	电工	化学	机器	预备费	总数	按1936年价格
1938	1 170	3 692	783	1 129	160	1 060	6	8 000	5 333
1939	4 100	5 200	1 450	2 000	1 530	1 600	120	16 000	5 333
1940	6 050	2 350	3 450	1 430	2 850	1 540	330	18 000	2 250
总计	11 320	11 242	5 683	4 559	4 540	4 200	456	42 000	12 916
所占百分比	26.95%	26.77%	13.53%	10.85%	10.81%	10%	1.09%	100%	/

说明：1938年与1939年数据来自《资源委员会二十八年度概算书》以及《修正二十八年度重工业事业费概算说明书》，中国第二历史档案馆藏档4/ 1888。1940年数据来自《资源委员会二十九年度重工业经费举办各事业计划概要》，中国第二历史档案馆藏档4/15262。（转引自［美］卞历南：《制度变迁的逻辑：中国现代国营企业制度之形成》，第72页。）

由表1可知，电工行业在抗战初期所得拨款仅占10.85%，基本处于中等靠后水平。而在抗战后期，国民政府的拨款更加倾向于石油、能源行业，在1936—1944年这9年时间里，石油工业获得资金为10.9亿元，占资委会全部资金的40.83%，处于绝对的优势地位。而电工行业的资金占比已经不再进行单独统计，而是被划归到其他行业当中，其所获资金显然居于劣势地位。

因此，电工厂在抗战阶段有着不小的资金问题，其所获资金与其他行业相比本就不占优势，再加上国库拨款总是难以顺利到位，这使得其经营愈发艰难。尽管部分档案显示资源委员会拨款给中央电工器材厂的预算款项不少。1936—1938年预算拨给资金634万元，1939年、1940年度预算拨给200万元与498万元。[①] 但在该厂的实际经营中，这些款项明显没有真正得到落实。

① 《资源委员会二十八年度重工业经费举办各事业修正计划概要》，中国第二历史档案馆藏档4/15389；《资源委员会二十九年度重工业经费举办各事业计划概要》，中国第二历史档案馆藏档4/15262；《资源委员会及各附属机构历年预算总表（1936年—1945年）》，中国第二历史档案馆藏档28/2361（转引自［美］卞历南：《制度变迁的逻辑：中国现代国营企业制度之形成》，第73页。）；恽震：《中央电工器材厂二十八年度事业总报告》，《资源委员会月刊》第2卷第4—5期合刊，1940年5月，第10—22页。

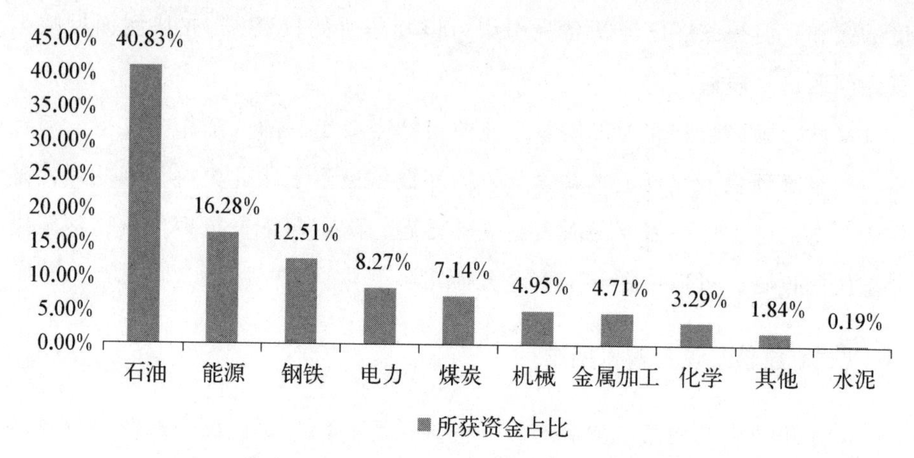

图1　资源委员会1936—1944年间各行业所获资金占比

说明：资料来源于《资源委员会复员以来工作述要》，1948年1月，中国第二历史档案馆编：《中华民国史档案资料汇编》第5辑第3编财政经济（五），南京：江苏古籍出版社，2000年，第98页。

1937年，在试验筹备之中，电工厂颇有亏蚀，历年投资计共50万元，而资产多有“不实不尽”之处。[①] 由于第四厂电机厂需款更多，而战事方酣，领不到额定的款项。这使恽震、许应期二人焦虑不已，无法汇款到欧美去购买设备。[②] 到了正式运营的1939年度，就常感“现金不敷”，创营两种经费均属不够周转。因此盈余所得不仅转入材料，且有转为固定资产者。[③] 到了1941年度，因现金短少，不敷周转，该厂就不得不通过抵押借款的方式来运营。该厂将机器质押给中国银行，以透支借款国币300万元。[④] 而创业费预算共518万元，却只到位247万元，尚不足半数。资源委员会及国库署拨款均甚迟缓，因此财务调拨方面“至感困难”。由于一厂绩效尚好，因此原定一厂使用的透支借款100万元被挪用给二、三、四厂使用。这三个厂在短短数月之间，支出数额也达到了292万元，[⑤] 几乎用完了透支款项，而即将于1942年推进的新三年计划或可使得该厂的流动资金压力得到一定程

① 《中央电工器材厂电机厂报告》，1938年，重庆市档案馆藏档0215—1—05300。
② 《电力电工专家恽震自述（一）》，《中国科技史料（第21卷）》2000年第3期，第201页。
③ 《中央电工器材厂第66次干部会议纪录》，1940年4月2日，重庆市档案馆藏档0215—1—17400。
④ 《第79次干部会议纪录》，1941年4月23日，重庆市档案馆藏档0215—1—41300。
⑤ 《第82次干部会议纪录》，1941年9月25日，重庆市档案馆藏档0215—1—41300。

度的缓和。但是该厂已经筹备吸引银行以及华侨的投资，[①] 亦从侧面反映出资金问题这一短板。

显然，国民政府着力发展重工业的目标需要足够的资金作为支持，但在战时的艰难环境下，资金本就紧张，国库拨款免不了顾此失彼，因此即便是作为国企的电工厂亦需要面对资金周转难题，除了向银行抵押借款，甚至要寻求民间投资，可以说在寻求资金方面实属不易。

（二）原料及设备输入困难

对于工业生产而言，原料与设备的地位不言而喻。然而在战时的封锁环境下，由于海陆交通受阻，生产电工器材所需的进口原料与设备的大部分运输路线遭到阻断，其中“原料运输困难尤甚”。而国内各方仰赖中央电工器材厂出品，这就使得电工厂面临了“市场需要过旺，材料来源不丰，终难充分供应”[②] 的挑战之中。

1939年欧战爆发，电工厂出品供不应求，前途似乎一片乐观。但是困难点就在于“材料来源不易，运输窒碍，价格不定”[③]。太平洋战争爆发后，原料来源越发困难。[④] 具体来看，1941年全年经营超过计划产量的有裸铜线、绝缘皮线、发信管、变压器及单节电池五项，其余亦多数达到70%以上。但有些重要产品出量甚微，如军用被覆线、铅包线、用户保安器等，皆“因材料缺乏之故”。[⑤] 另一典型案例就是昆四厂的矽钢片紧缺事件。1943年，由于原料难以输入，电工厂最迫切所需的矽钢片（连黑铁皮在内）存量将罄，昆四厂10月初即将面临无料再做零件的局面。到年底则电动机、变压器制造将全部停顿，而桂四厂存料较昆四厂约可多做3个月，但之后也难以支持。[⑥]

① 《恽震关于1940年度事业报告事项致许应期（转资委会指示）》，1941年11月4日，重庆市档案馆藏档0215—1—163000。

② 《三十一年度本厂营业概况》，《电工通讯》第23期，1943年3月号，第6页。

③ 《中央电工器材厂第58次干部会议》，1939年9月6日，重庆市档案馆藏档0215—1—08500；《资源委员会昆明各厂矿业务谈话会纪录（第5次会议）》，1939年10月12日，云南省档案馆藏档35—7—1。

④ 《桂四近讯》，《电工通讯》第15期，1942年3月号，第6页。

⑤ 恽荫棠：《新年谈话——三十一年一月三日对昆明全体职员讲》，《电工通讯》第14期，1942年2月号，第2页。

⑥ 《第93次干部会议纪录》，1943年8月31日，重庆市档案馆藏档0215—1—117400。

为应急需，电工厂所需各项材料，大部分仍在国内市场上设法搜购。经济部工矿调整处及资源委员会材料处，亦有一部分材料供给电工厂。此外一部分急需用而在国内不易采购之材料，设法由印度运入国内。向美国方面所购各批材料，除极少数由美直接航运者已经到达，其余大部分仍运到印度，尚待陆续运入。[①] 显而易见，电工厂时常处于“因待料而停工，因缺料而得罪客户”[②] 的焦灼局面中。

相较于他厂，电工厂对于进口设备有着更深的依赖，以1940年度该厂每月进口器材最低量为例，数值高达150吨，远超其他国企。二厂信管组的实习生阚兴汉曾对该组的设备做过仔细地考察，除了简单的煤气发生装置，抽气台、试验台、玻璃吹接车床等均系美国知名公司进口。[③] 而四厂的工作机器，如冲槽机、压炭条机、打包机等也均由国外运入，四厂于1944年深感“不敷应用”，虽向外国订购，但因交通阻断，无运入希望，而外界公私工厂亦无出品。[④] 恽震曾在1943年无奈地感慨：“我们为设备及材料所限，

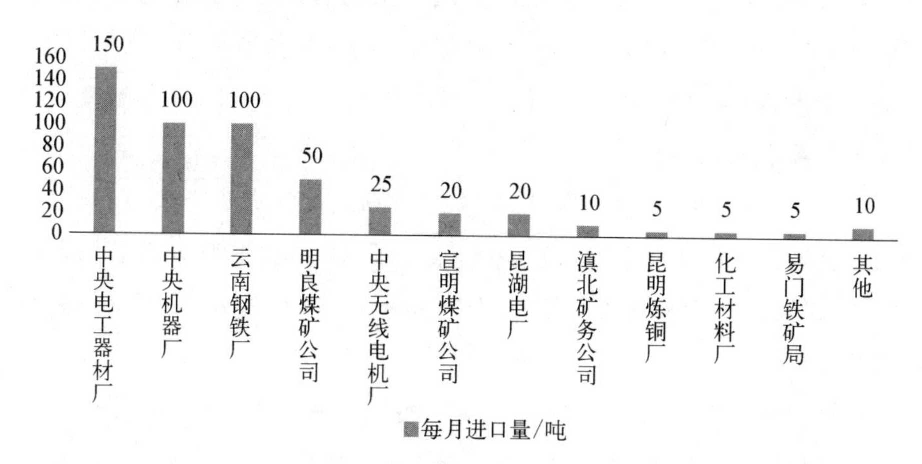

图2　1940年资源委员会各厂矿进口器材最低量

说明：资料来源于《资源委员会昆明各厂矿业务谈话会纪录（第11次会议）》，1940年7月4日，云南省档案馆藏档35—7—1。

① 张坚：《一年来之统筹购料》，《电工通讯》第37—38期，1944年9—10月号，第1页。

② 恽震：《资源委员会中央电工器材厂成立四周年献辞》，《电工通讯》第26期，1943年6—7月号，第1页。

③ 《第二厂信管组工作实习报告》，1939年7月31日，重庆市档案馆藏档0215—1—11100。

④ 《中央电工器材厂桂林第四厂实习报告》，1944年8月，重庆市档案馆藏档0215—1—1111000。

三十二年的计划生产量，不能高于三十一年，这是我们很抱憾的。”① 显然，原料及设备的缺乏都将严重影响到电工厂的生产。

（三）技工的频繁流动

在封锁状况下，由于生活环境等多方面原因，造成技工流动颇为频繁。当时厂内工程师李文渊曾感慨道：

> 大家都知道“员工离去”的情绪是那么的普遍……环境恶劣，才更应该大家着手做别人做不到的事情。因为我们乃是一个完好的厂，每年有数千万元的生产。前方后方皆急切地期待着我们，我们自不能不想种种方法来维持增加生产。记得有一天在一个集会里恽总经理说：材料到了，机器还没有，机器运来了，材料又缺了不少，机器材料都到了，人跑光了。这句话是沉痛的。②

李文渊翻译的《充满了友情的工厂》，对美国西部电力公司霍桑工厂（Western Electric's Hawthorne Plant）和谐奋进的工作氛围给予了高度评价，认为工作环境促成了厂内的“友情”。对比之下，电工厂内技工频繁流动的现实状况就颇为令人痛心。

电工厂对于1941年技工流动状况的多方面统计反映出了这一问题的严重性。首先是技工的流动率。通过分析表2可知，表内1941年度各厂离厂技工人数均超过了新雇技工人数，非但不能补充，反而减少，而昆四厂离厂百分比竟高达42.54%。

此外，进一步的统计还表明，在离厂的技工中，多数技工仅工作2—4个月，甚至低于2个月，这侧面反映出技工流动速率之高，往往某一岗位的技工还未操作熟练就选择离厂，这对各厂的正常工作有很大的干扰。其中昆四厂新雇技工工作未满两个月离厂的就高达51人，同样创下了最高纪录。比较来说，6个月以上的技工离厂率逐渐减少。

---

① 恽震：《民国三十二年之计划与目标》，《电工通讯》第21期，1943年1月号，第1页。

② 李文渊：《充满了友情的工厂（译自“LOOK”杂志）》，《电工通讯》第13期，1942年1月号，第6页。

表 2　1941 年度中央电工器材厂昆明部分技工流动率统计表

厂　别	雇工总数			离厂总数	每月平均离厂人数	离厂百分比
	二十九年原有技工	三十年新雇技工	总数			
第一厂	69	13	82	15	1.3	18.29%
第三厂	71	24	95	38	3.2	40.00%
昆四厂	120	61	181	77	6.4	42.54%
合　计	260	98	358	130	10.8	36.31%

说明：资料来源于《厂闻汇志：工作近况》，《电工通讯》第 17 期，1942 年 5—6 月号，第 5 页。

表 3　1941 年度中央电工器材厂昆明部分技工在厂时间统计表

在厂工作时期	第一厂	第三厂	昆四厂	合　计
2 个月以下	6	17	51	74
2—4 个月	2	11	14	27
4—6 个月	6	7	8	21
6—8 个月	/	2	4	6
8—10 个月	1	1	/	2
合　计	15	38	77	130

说明：资料来源于《厂闻汇志：工作近况》，《电工通讯》第 17 期，1942 年 5—6 月号，第 5 页。

造成技工频繁流动的极大原因在于当时普遍存在的“挖工”。由于国有企业在待遇问题上受规章限制，技工待遇有一定限额，当时对待遇问题颇为不满的技工绝不在少数，加上封锁环境中生活艰苦，技工数量奇缺，这就使得很多企业通过提高待遇的方式去引诱他厂的技工来本厂工作。电工厂在总结营业状况时，亦指出了技工因被“吸引”而“流动”的事实。① 为了挽留技工，只能提高待遇以及完善福利，这间接造成了成本的增加，可也并不能防止工人逃亡与跳厂。② 能否在有限的人力条件下创造出最大的生产效益，

① 《厂闻汇志：厂务记要》，《电工通讯》第 21 期，1943 年 1 月号，第 6 页。
② ［美］卞历南：《制度变迁的逻辑：中国现代国营企业制度之形成》，第 200 页。

这也是电工厂在封锁下面临的又一发展难题。

三、封锁下的技术突破

显而易见的是，电工厂在战时所处的环境并不乐观，封锁造成了一系列发展的困难，这对电工厂的总体运营构成了巨大的挑战。但电工厂的出品对于战时的军需又有着重要的意义，之前电工行业的基础薄弱，许多民营企业能生产的仅为日用商品，要满足战时需求，必须要克服困难从头做起。其中重要技术的突破就显得尤为重要，只有先攻克技术难关，才能导向规模化生产。因而推动技术研发的重任就落在了各分厂工程师的肩上，恽震曾慷慨激昂地指出战时工程师的责任之一就是要在经济封锁的环境内，“开发资源，创制代用品，以打破敌人的封锁”①。为了配合抗战，促成军事的胜利，电工厂的技术研发在封锁环境下如火如荼地开展起来。

（一）技术合作

战时封锁状况下，要在技术方面取得突破，寻求合作不可或缺。在资金有限的情况下，电工厂有选择性地引进了部分先进技术。同时，为了能够更加直接地学习国外公司的技术方法，电工厂亦派人员赴海外实习，并积极开展与国内高校的合作，吸纳高校优秀毕业生扩充后备力量。在多方面的努力下，电工厂在技术层面取得了显著进步。

1. 引进国外先进技术

资源委员会向来对引进国外资金以及技术持大力支持的态度。② 恽震亦认为要先从国外工业发达国家引进先进的技术、经过消化，然后再谋进一步的发展。③ 正因如此，中央电工器材厂自筹备之初就与英国、美国、德国订

---

① 恽震：《中国工程师学会第九届年会特辑：中国工程师在抗战期内的责任》，《政教旬刊》第 8 期，1940 年，第 5 页。

② 可参见翁文灏：《经济建设方针》，《大公报》1938 年 1 月 28 日，《经济部公报》第 1 卷第 1 期；钱昌照：《钱昌照回忆录》，北京：东方出版社，2011 年，第 171、191 页。

③ 恽震：《资源委员会的技术引进工作》，《回忆国民党政府资源委员会》，第 148 页。

立技术合作契约。该厂为我国与欧美公司技术合作之滥觞。[①] 在前期，电工厂下属的一、二、三厂主要与英、美、德三个国家展开技术合作。

一厂方面的技术合作主要与英国的公司进行。该厂厂长张承祜于1937年初到英国，与英国绝缘电缆公司（British Insulated Cables，Ltd.）在内的三家技术公司商订技术转让合同。[②] 根据合同，英方派遣工程师1人或若干人来华负责装置机器及监督以后出品之制造，所有此项服务费用，概归电工厂方面负担。英方后派工程师布莱克（A. L. Blake）来华，电工厂方面出年俸1 000英镑，[③] 于1939年完成装机工作。

二厂主攻电子管生产。当时无线电通讯及广播已盛行一时，独缺收发讯的电子管生产机构。为了解决电子管生产难题，二厂朱其清早于1936年冬到纽约。在多方协助下，电工厂与阿克图斯公司（Arcturus）商订技术转让合同，接收设计工艺资料和一些设备。[④] 一切都得到较为顺利的开展。正是得益于引进国外先进技术，二厂工程师最终合力研发出了全系列的收发讯电子管，于1939年才正式成批投产，各方面的军民用户都对该产品感到满意。

相比于一、二厂，三厂与外国的技术合作有一些波折。当时钱昌照告知恽震，说宋子文建议资委会向美国公司购买专有技术许可证。显而易见的是，这是宋子文的“关系户”，而恽震向来对“权势豪门”的指挥有反感，同时询价比较下来，他认为德国西门子霍尔斯克公司（Siemens Halske Co.）条件比美国厂家优惠，技术水平相同，就决定舍美而取德。恽震在1937年全面抗战爆发前，呈请政府派三厂厂长黄修青赴德谈判并授权他负责签订技术引进合同，在德购机器设备。[⑤] 随着战争爆发，国民政府与德国的友好关系中断，但战前引进的相关技术，却极大地助力了电工厂在电话方面的生产与研发。

毫无疑问的是，引进国外的先进技术是最为直接快速的方式，但是由于政治因素的渗入，部分过程并非十分顺利，引进的技术有很大的局限性。恽

---

① 《厂闻汇志：厂务记要》，《电工通讯》第21期，1943年1月号，第6页。
② 《电力电工专家恽震自述（一）》，《中国科技史料》第21卷，2000年第3期，第202页。
③ 《聘请英国电线厂工程师》，1938年1月5日，云南省档案馆藏档35—6—9。
④ 《电力电工专家恽震自述（一）》，《中国科技史料》第21卷，2000年第3期，第201页。
⑤ 《电力电工专家恽震自述（一）》，《中国科技史料》第21卷，2000年第3期，第200页。

震晚年也认为这是一种“有限的技术引进”[①]。不过这也侧面激励了电工厂在这种环境下去发挥自力更生的能力，一定程度上促进了电工厂的技术进步。

2. 选派人员赴美实习

尽管已经引进了国外部分的先进技术，但是在关键技术等问题上，与国外的先进水平仍有差距，因此派遣人员赴美实习考察，直接学习技术方法成为了战时资源委员会的重要决策之一。而这与资源委员会的“人才观”有很大关联。[②] 因此，由资源委员会派赴美国考察和实习的技术人员，先后有七批之多。[③] 1942年，恽震保荐褚应璜、汤明奇、林津、单宗肃、潘福莹等赴美实习，后在昆明考取英美留学的俞恩瀛、孟庆元在毕业以后也进入到西屋公司实习。[④]

在这些赴美实习人员中，褚应璜的经历颇为引人注意。他于1931年毕业于上海交通大学电机工程系，后入职昆四厂（电机厂），任该厂电机组组长。与恽震一样，褚应璜颇具爱国精神，愿“牺牲一切为国营事业而效力”，[⑤] 故褚应璜赴美实习，除了致力于电机研究，更将学习研究近代生产方法、管理制度之考察并人员训练之研究视为第一目标。但是在美实习并不顺利，褚应璜起先经常被安排“狭窄且琐碎的工作”。后因导师急患心脏病，才得以尽量“窃取记录”。[⑥] 1942年12月开始，褚应璜绘制完成最新式交流感应电动机的构造图图样，加紧赶画“防爆型”的新设计也已经大致完成。以上两种为西屋公司最新且最负盛名的出品，搜集之后，足以解决国内自造电动机的困难。但是绘图较抄记录更为不易，因图样均借散，凑全不易，实习生又不得自由索取，因此效率极低，褚氏只能全力以赴。

同样主攻电机电器生产的还有昆四厂开关设备组组长林津，他亦毕业于上海交通大学。林津赴美实习的主要研究对象为各类电器开关，他于1942年7月—10月被安排在开关设备部工程部内（设计）进行实习。设计室内

① 《电力电工专家恽震自述（二）》，《中国科技史料》第21卷，2000年第4期，第261页。
② 可参见吴福元：《资源委员会的人事管理制度》，全国政协文史资料研究委员会工商经济组编：《回忆国民党政府资源委员会》，第203页；钱昌照：《钱昌照回忆录》，第80页。
③ 吴兆洪：《我所知道的资源委员会》，全国政协文史资料研究委员会工商经济组编：《回忆国民党政府资源委员会》，第103页。
④ 《电力电工专家恽震自述（一）》，《中国科技史料》第21卷，2000年第3期，第205页。
⑤ 《褚应璜致恽震函》，1942年12月18日，重庆市档案馆藏档0215—2—1491000。
⑥ 《褚应璜致恽震函》，1942年7月30日，重庆市档案馆藏档0215—2—1491000。

的图样、设计标准、材料标准及方法标准，林津均得自由翻阅，但开关设备，多属机构问题，设计结果均为图样，抄录不易，仅能择其构造有特点的一部分，作草图备供参考。林津认为电工厂倘若拟定仿制，仍以购一开关为样品较为有用。但由于各工程师分工甚细，无一人能知全部手续，故林津仅能得到不完全的材料。此外，林津的工作部分不包括工场，故而其无法看到各类开关的制造。还好仰赖某位热心的工程师协助，使其能随这位工程师进入开关部的工场内，这才得以窥见各类开关的制造。①

褚应璜、林津二人的实习经历可以说是无数赴美工程师的缩影。美方公司不会直接将最核心、最机要的技术方法传授给他们，故而诸多技术的学习颇为不易，只能“投机取巧”。不过毫无疑问的是，这些赴美工程师在电工厂的技术研发上起到了重要的作用，除了自身专业技能上的进步，他们向电工厂输送回的学习心得与研究方法对于厂内的研发也起到了极大的助益。如俞恩瀛表示赴美之前偏重电机制造事业，在加州理工时，除读学位之必修课程外，也曾选变压器设计，但因时间短促未能作专深的研究。后进奇异公司工程人才训练班，依照其规定顺序调派各分厂任电机出厂的试验工作，一年以来“自感得益至多，增广不少”。② 二厂副工程师单宗肃于1941年10月入美国无线电公司实习电子管制造，一年以来心得颇多。电工厂认为其来信所陈述的实习心得“极有价值”，足供厂内制造上的参考改进需要。③ 林津曾将图样、设计原理、制造方法等详细记载发给电工厂，④ 亦有极大帮助。此外，这些赴美工程师经常来信详细地介绍美国各大电器公司的组织架构与工作办法，如单宗肃曾来信介绍美国无线电公司概况⑤，汤明奇曾撰写多篇介绍文，介绍西屋公司和奇异公司训练员工、人事考核等诸多问题，⑥ 以求为

---

① 《林津致恽震函》，1942年7月4日，重庆市档案馆藏档0215—2—1491000。

② 《俞恩瀛致恽震函》，1942年10月8日，重庆市档案馆藏档0215—2—1491000。

③ 《厂闻汇志：人事动态》，《电工通讯》第19期，1942年9—10月号，第5页。

④ 《林津致恽震函》，1942年10月2日，重庆市档案馆藏档0215—2—1491000。

⑤ 单宗肃原稿，程欲明摘译：《美国无线电公司概况》，《电工通讯》第24期，1943年4月号，第9页。

⑥ 详见汤明奇：《美国奇异电气公司人员训练班概况》，《电工通讯》第26期，1943年6月号，第2—3页；《旅美通讯：奇异怎样训练员工》，《电工通讯》第31期，1944年1月号，第8页；《实习见闻》，《电工通讯》第35期，1944年7月号，第2页；《奇异公司的人事考核》，《电工通讯》第39—40期，1944年11—12月号，第2页。

电工厂提供相关借鉴。

显然，电工厂选派赴美实习的人员在合作企业中“边干边学”，相当于电工厂在海外设置了研发机构，这在一定程度上克服了国内工业基础薄弱和战争破坏带来的对技术研发活动的干扰，有效促进了电工厂相关技术的萌芽成长。而这种海外研发机制对同为装备制造企业的中央机器厂来说也尤为适用，是战时艰难环境下研发制造的技术保障。①

3. 与国内高校合作

除了跟国外知名公司进行合作之外，资源委员会与国内各大学向来有技术合作。电工厂也注意吸收国内高校的资源，积极地与国内高校开展技术合作。其中尤以电工厂技术室和清华大学无线电研究所的合作最值得注意。双方自 1943 年签订为期两年的合作协议，在“互惠互助”原则下，双方获得密切联络及资料交换。② 施行第一年效果良好，1944 年起双方更进一步合作，研究专题决定 3 个项目，包括多路载波电话、超高频技术的研发等，由双方分别指定人员，负责进行研究。而在费用方面，1944 年起电工厂每月津贴该所 1 万元。③

表 4　1944 年中央电工器材厂与清华大学无线电研究所合作研究专题

A. Multiple Channel Carrier Telephony.	Telegraphy: 1. Standardization or frequency allocation and level. 2. Simple method of determining sesonancofreqnency of resonance Circuit in filters. 3. Copper oxide modulator its manufacturing and characteristic study. 4. Experimental study of generatian ot a group of harmonics for carrier frequencies. 5. Development of graphical method for filter design. 6. Work out a design procedure or filter based on insertion loss method.
B. Ultra High Frequency Technique.	
C. Electronic Technique	1. Termionic emission at low temperatures. 2. Getier. 3. Electronic control.

说明：资料来源于《厂闻汇志：厂务记要》，《电工通讯》第 32 期，1944 年 2 月号，第 5 页。

① 严鹏：《战争与工业：抗日战争时期中国装备制造业的演化》，第 205 页。

② 《厂闻汇志：厂务记要》，《电工通讯》第 24 期，1943 年 4 月号，第 12 页。

③ 《第 98 次干部会议记录》，1944 年 5 月 15 日，云南省档案馆藏档 35—7—6。

在与清华大学的合作过程中，电工厂突破了许多技术问题，在两年的时间里“颇具成绩”[①]。因此1945年合约到期，双方又经过洽谈，将原约延长两年以应需要，并积极召开研究讨论会，讨论双方对于氧化铜调幅器及载波电报的各项研究成果，反响极好。经过后续协商，双方又决定新的合作专题为多路载波电话、超短波技术、电子管研究。[②] 这一系列的合作对电工厂解决技术难题有很大的助益。

除了与清华大学无线电研究所展开合作外，电工厂亦与上海交通大学工科研究所电信部有合作协议。电工厂自1944年9月起每月补助该所经费1万元（总处负担），由电工厂派送研究生2名，每名每月给予补助费约6 000元。[③] 不仅如此，国立西南联合大学工学院电机系、中央研究院工程研究所亦承担了部分技术专题。[④]

为了进一步吸纳高校的资源，电工厂极力提倡高校毕业生入厂实习，并吸纳优质生源以扩充后备力量。电工厂每年暑假都会招收各著名大学优秀毕业生约30人，充任甲种实习员，分发各厂参与实际工作。实习的目的在于“成就电工制造方面的专才”。[⑤] 沈家桢曾在他的日记中写道：

> 自今日起我们必须吸收大量的大学毕业学员，有计划地使之在电工厂各个工厂实习……一年半载之后，倘对于电工制造有浓厚的趣味而愿意继续在本厂担任正式的工作的，自为我们欢迎。……我们应该予以一种组织，厂中要有一个专门的部分来负责办理这件事。所谓组织的意义，即是使他们永远和厂中保持一种至少是技术上的联系。……我们要做到电工厂等于他们的母校。[⑥]

由上可见，电工厂对于这些高校的优秀毕业生有更高的期许，如果能吸纳他们入厂工作，相当于间接吸纳了高校的技术力量，这与选派技术人

---

① 《厂闻汇志：厂务记要》，《电工通讯》第43期，1945年5月号，第4页。
② 《厂闻汇志：厂务记要》，《电工通讯》第44期，1945年6月号，第7页；技术室：《技术室概况》，《电工通讯》第45期，1945年7月号，第4页。
③ 《第99次干部会议记录》，1944年6月6日，云南省档案馆藏档35—7—7。
④ 《厂闻汇志：厂务记要》，《电工通讯》第45期，1945年7月号，第10页；技术室：《技术室概况》，《电工通讯》第45期，1945年7月号，第4页。
⑤ 《厂闻汇志：厂务记要》，《电工通讯》第25期，1943年5月号，第8页；《厂闻汇志：厂务记要》，《电工通讯》第43期，1945年5月号，第4页。
⑥ 沈家桢：《渝桂之行（二）》，《电工通讯》第26期，1943年6—7月号，第6页。

员赴美实习原理相同，因为这比技术合作来得更为直接，而这些毕业生日后也能成长为厂内技术研发的中坚力量，对电工厂的总体发展有着更深远的影响。

（二）自主研发

技术上的合作帮助解决研发上的难题，而实际的研发过程仍需要厂内工程师的通力协作。对于电工厂来说，一方面，由于原料短缺，势必先要解决原料自给问题；另一方面，部分原料用价高昂，必须积极寻求替代以节省成本。此外，更重要的是抓紧生产出军需用品，供应战事。在战时需求的刺激下，电工厂以前所未有的动力进行了自主研发，并取得了显著成效。

1. 原料自给与替代

随着战事愈演愈烈，原料输入愈发困难，关于原料自给一项亦被提上日程。资源委员会在 1941 年向电工厂下发指示，要求“由该厂切实研究，设法尽量利用国产原料”①。而原料自给的成功也被看成是电工事业得以发展的先决条件。② 事实上，电工厂的负责人明白，将来胜利之后，国际之猜忌依然不能消除，因此基本的原料工业，绝对不能仰赖外国，必须力求自给。此种工作已刻不容缓，而必须立即推进。③ 因此，原料自给一项被看作是电工厂生产环节中的重中之重。

原料自给计划在技术室和各个厂中得到了积极推进。关于利用国产原料自制锰盐一项，桂四厂在数月间就有突出进展，利用花生饼造锰盐经多次试验，产量及品质，均甚满意，制造手续及设备也很简便，所需原料，桂林可以就地供给，并已设计月产锰盐一吨的设备。这为从事较大规模的锰盐制造奠定了设备基础。④ 一厂在原料自给与替代上亦有卓越贡献。该厂助理工程师郑舜徒设法提炼用过的氢氧化钾，使其还原，重新制氧，获得巨大成功。

---

① 《恽震关于 1940 年度事业报告事项致许应期（转资委会指示）（1941）》，1941 年 11 月 4 日，重庆市档案馆藏档 0215—1—163000。

② 《三十一年度本厂营业概况》，《电工通讯》第 23 期，1943 年 3 月号，第 6 页。

③ 季宇：《国营工业今后应注意的几个根本问题》，《电工通讯》第 23 期，1943 年 3 月号，第 2 页。

④ 《厂闻汇志：工作近况》，《电工通讯》第 17 期，1942 年 5—6 月号，第 4—5 页；《厂闻汇志：工作近况》，《电工通讯》第 18 期，1942 年 7—8 月号，第 10 页。

因为 1941 年秋季运输困难，原料不继，全靠此方法维持制氧，颇著功绩。为了表彰郑舜徒的成绩，电工厂发给奖金五百元，以资激励。该厂娄尔康工程师研究制造漆包线绝缘漆也有出品，品质优良，为电工厂解决原料困难。恽震特予明令嘉奖，并记功一次。[①]

经过一年的原料研发，锰盐等已先后试制成功。而矽钢片等急料，均在积极研究试制。[②] 恽震曾对原料自给工作给予高度评价，认为电工厂自制的一部分原料或代用品，类多匠心独运，创作新奇，功不可没。但值得注意的是，能够自给的原料数量不多，种类亦“未遍及”，最主要的原因是“限于设备”。[③] 因此恽震也感慨道：“原料自制自给还没有完全成功，我们的困难真不知有多少。”[④] 不过在战时封锁，物资紧缺的环境下，电工厂能够迈出原料自给的步伐实属不易，而这也为之后的生产打下了扎实的基础。

2. 产品发明

与原料自给同步进行的还有电工厂内相关产品的研发。除了引进国外技术和与国内高校合作以外，技术室会同各分厂内研发小组的工程师自主开发了一系列电工产品。从配件的仿制到成品的独立制造，电工厂在封锁环境下取得了显著的成果。

技术室是电工厂最为重要的技术部门，分为化学组、电气组、机械组三个小组。由于国外技术及材料受交通限制，不能充分获得，技术室在恽震授意下试行研究工作。其更加注意于电子制造技术的发展，以适应战时的封锁环境。在短短一两年的时间中，技术室三组都有了“显著之进步”。[⑤] 在电工厂成功获得的各项发明专利中，技术室的出品占据了大比重，在技术研发方面担当了表率作用，如表 5 所示：

---

① 《厂闻汇志：工作近况》，《电工通讯》第 17 期，1942 年 5—6 月号，第 4—5 页；《厂闻汇志：工作近况》，《电工通讯》第 18 期，1942 年 7—8 月号，第 10 页；《厂闻汇志：厂务记要》，《电工通讯》第 24 期，1943 年 4 月号，第 13 页。

② 《三十一年度本厂营业概况》，《电工通讯》第 23 期，1943 年 3 月号，第 3 页。

③ 恽震：《资源委员会中央电工器材厂成立四周年献辞》，《电工通讯》第 26 期，1943 年 6—7 月号，第 1 页。

④ 恽震：《民国三十二年之计划与目标》，《电工通讯》第 21 期，1943 年 1 月号，第 1 页。

⑤ 技术室：《技术室概况》，《电工通讯》第 45 期，1945 年 7 月号，第 4 页；《三十一年度本厂营业概况》，《电工通讯》第 23 期，1943 年 3 月号，第 8 页。

表 5　中央电工器材厂呈准专利之发明品（1944—1945）

发明名称	专利年限	制作人
炭钨模心打洞机	五年	第一厂
动圈调压器	五年	昆四厂
话盒振膜	五年	技术室倪锺甫、庄恺
柔软云母	五年	技术室侯毓汾
酚优洛托品树脂	五年	技术室邹时琪、倪锺甫
胶木纸板	十年	技术室倪锺甫
电玉粉	五年	技术室邹时琪
黄蜡绸	五年	技术室葛世儒
黄蜡布	五年	技术室邹时琪、庄恺
换向器云母板	五年	技术室侯毓汾
酚优洛托品胶木粉	三年	技术室邹时琪、倪锺甫

说明：资料来源于《厂闻汇志：厂务记要》，《电工通讯》第 37—38 期，1944 年 9—10 月号，第 4 页；《厂闻汇志：厂务记要》，《电工通讯》第 44 期，1945 年 6 月号，第 7 页。

由于各分厂主攻的产品不同，它们在产品发明上的成就不一。如二厂的主要产品为灯泡以及各类电子管，且在电子管制造方面为“国内唯一工厂”[①]。在成立之初，许多配件均为进口，如收信管的“所用之原料及一部分半制品大多均仰求于外国”[②]，因此出品也并不被国人看好，主要在于“国人尚多狃于沿用外货之习”，虽尽力推销却不能普遍。[③] 但截至 1944 年，其创制的四种新型电子管均先后问世，其中 4B3 4Bbg 6D6G、6C6G 收信电子管被认为是“成效卓著”。它们均投入大量生产，供应各方。[④] 二厂还攻克了荧光灯和日光色冷阴极冷光灯的制造难题。相比于普通灯泡，荧光灯制

① 《厂闻汇志：厂务记要》，《电工通讯》第 43 期，1945 年 5 月号，第 5 页。

② 《第二厂信管组工作实习报告》，1939 年 7 月 31 日，重庆市档案馆藏档 0215—1—11100。

③ 《中央电工器材厂二十八年度事业总报告（附图表）》，《资源委员会月刊》第 2 卷第 4—5 期，1940 年，第 24 页。

④ 《桂二简讯》，《电工通讯》第 29 期，1943 年 10—11 月号，第 7 页；《桂二通讯：新型电子管呈请专利》，《电工通讯》第 33 期，1944 年 3—4 月号，第 12 页。

造方法“困难多多”，经第二厂工程师合力研制，1943 年终告成功，其效用寿命“均与舶来品无异”[①]。此外，该厂工程师先后计算及试制日光色冷光灯 30 余次，最终获得大成功，[②] 其试制成功在二厂具有标志性意义。

三厂主打军用电话机生产，而与其他分厂相比，电话机的生产所需零件诸多，工序复杂，故而制作难度也是最大，但因此也存在着不少的研发空间。三厂的电话机制造也从简至难，在仿照进口电话机的基础上，加以自主研发，从而生产出了一批性能优良的电话机品种，其中尤以载波电话机的自制成功最值得注意。在三厂许德纪工程师的领导下，到了 1943 年 9 月，全机除振铃设备尚未完成外，均已试制成功。其电话特性试验结果与西门子所制者不相上下，三厂认为“此项成功实不可轻易求得”[③]。除了载波电话机，三厂在几年时间中研制出品的数种电话机均有良好反响。如 1944 年初新出品的共电式百门交换机，第一部运往重庆大会出品展览会陈列。其外观与运用性能均“可与舶来品比拟”[④]。

四厂产品与军用关系甚大，因此在战时压力下，四厂的产品自制和研发方面亦有突出的进步。四厂的研发从简单的材料或配件开始，极大地摆脱了对外货的依赖。四厂电机组所用蓄电池的铅丹原先都仰求舶来，四厂的试制成功使得“漏卮大塞”。而蓄电池阴阳极片所用的铅丹，之前也都用外国进口，经工程师设计制造后“成绩极为良佳”[⑤]。截至 1943 年，该厂“新出品及试修试制与研究各项工作种类极多……不胜枚举”，[⑥] 足以体现该厂研发成果的丰富。连美军也对四厂产品信赖有加，除经常有电机及线圈蓄电池等送厂修理外，更委托桂四厂特制航空蓄电池极片模。此外还定制该项航空用蓄电池五十只，陆续提用。[⑦]

---

① 《第二厂试制荧光灯成功》，《电工通讯》第 24 期，1943 年 4 月号，第 12 页。

② 《中央电工器材厂第二厂重庆支厂设计及制造报告》，1943 年 10 月，重庆市档案馆藏档 0215—1—1052000；《冷阴极冷光灯试制成功》，《电工通讯》第 31 期，1944 年 1 月号，第 12 页。

③ 《厂闻汇志：厂务记要》，《电工通讯》第 28 期，1943 年 9 月号，第 4 页。

④ 《厂闻汇志：厂务记要》，《电工通讯》第 32 期，1944 年 2 月号，第 5 页。

⑤ 《中央电工器材厂第四厂电机组（桂林）工作月报》，1940 年 7 月，重庆市档案馆藏档 0215—1—198000。

⑥ 张承祜、诸葛恂：《昆明第四厂工作报道》，《电工通讯》第 25 期，1943 年 5 月号，第 3 页。

⑦ 《桂四简讯》，《电工通讯》第 30 期，1943 年 12 月号，第 9 页。

显而易见的是，战时需求对电工厂的生产提出了新要求，电工厂不得不在封锁环境中寻求自立之路，而事实也表明了这种特殊环境产生了刺激效应，使得电工厂创制出了许多前所未有的产品，扭转了国货在国人心理的固化印象，甚至吸引了国外的关注目光，与战前电工行业的幼弱形成了鲜明的对比。

四、封锁下的生产与销售

电工厂的诸多产品从无到有，背后是工程人员夜以继日地研发投入，而技术研发也使得电工厂的产品投入规模化生产成为可能，其中技术工人就起到了关键作用。由于人员流动频繁，因此在有限的人力条件下产生最大的效益成了电工厂努力的方向。此外，把握销售市场，扩大企业获利是电工厂在战时得以维持运转的重要条件，电工厂也采用了一系列办法去努力争取市场的信赖。不过作为国有企业，国家政策的扶持使得电工厂在成本与销售上占据优势地位的同时，也削弱了它适应自由市场的能力，使其在与民营企业的部分竞争中居于劣势。

（一）“量”与“质”的提升

就当时许多企业的生产状况来说，同时保证产品的“量”与“质”并非是一件容易的事情。电工厂的评论认为我国工业落后，各工厂出品，往往以媲美舶来自诩，而足与外货相抗衡的并不多见。因此对于各种出品，应当详订标准，认真检验，以增信誉。[①] 不难发现，电工厂的诸多新品有好的设计，并以“媲美舶来”自居，但在实际生产过程中，确实存在质不过关的情况。在封锁情况下，由于各方对于电工厂出品的需求呈白热化态势发展，因此在提升生产效率、增加产品数量的同时，要尽可能地保证产品质量，为此电工厂采取了一系列奖励办法，获得了良好的收效。

① 《言论：本会同人如何完成建国必成之使命之我见》，《电工通讯》第 19 期，1942 年 9—10 月号，第 2 页。

1. 改进产品，提高效率

电工厂将改进产品，提高效率放在突出的位置，并为此专门制定了规章，实施效率改进奖励。奖励共分 6 档，特等奖三千元，甲等奖金二千元，乙等奖金一千五百元，丙等奖金一千元。此外还有丁等奖金五百元，戊等奖金五十元以上不满五百元。[①]

上述奖励办法极大地刺激了技术工人的热情，并产生了许多突出的改进效率案例。1943 年，昆四厂电机组技艺教师杨先觉鉴于手摇发电机座支柱的制造方法所需人工及工具较多，建议改用新法制造并提交该厂厂务会议审查，被认为颇有采用价值，据试制结果，确实可省去人工及工具消耗约 50%。按照工场效率办法，给予杨先觉丁级奖励五百元。[②] 第三厂精制组技艺教师李志南利用原有材料配制髹漆成功，使用简便，可增加出品外表美观及花色种类，使得上漆省工并可减少刮底工作，被奖励丙等一千元。[③] 诸如此类的奖励在《电工通讯》上多有刊载，数不胜数。

由此可见，这种激励办法一方面褒奖了技工，给予他们在电工厂工作的获得感与成就感，另一方面也有助于相关产品生产效率提升，对厂内效益有很大帮助，并以奖励的方式刺激更多技工钻研效率改进办法，形成一种良性的循环。

2. 工作竞赛与质量竞赛

资源委员会向来提倡工作竞赛风气，电工厂内工作竞赛的氛围也是极为浓厚。恽震曾总结认为，电工厂有六大特点值得称赞，其中有一条就是“好胜竞赛的精神”[④]。电工厂内的工作竞赛形式多样，并在后期发展了质量竞赛，对于厂内的效率与品质改进有突出贡献。

工作竞赛于 1940 年 5 月开始筹备，其目的为“应用科学管理方法，提高工作效率”，分为以下四种类型：

---

① 《规章：中央电工器材厂效率改进意见奖金规则》，《电工通讯》第 21 期，1943 年 1 月号，第 6 页。

② 《厂闻汇志：厂务记要》，《电工通讯》第 25 期，1943 年 5 月号，第 9 页。

③ 《工厂效率改进意见（二）》，《电工通讯》第 26 期，1943 年 6—7 月号，第 10 页。

④ 恽震：《资源委员会中央电工器材厂成立三周年献辞》，《电工通讯》第 18 期，1942 年 7—8 月号，第 2 页。

表6　中央电工器材厂工作竞赛类型

竞赛类型	竞赛内容
个人竞赛	一个人独自做一种工作，由厂中规定其标准工时及合格百分率，而与此标准竞赛
各人相互竞赛	数人同时做相同之工作而互相竞赛，或一人与他人已成就之记录相竞赛
各间相互竞赛	例如冲床间与车床间竞赛
个人自我竞赛或团体自我竞赛	个人或团体与其本人或本团体以往之记录竞赛

说明：资料来源于黄修青：《本厂工作竞赛之经过》，《电工通讯》第16期，1942年4月号，第1页。

四种竞赛形式各有不同，但宗旨只有一点，即不得因提升产量而折损品质。在竞赛开始之前，电工厂会先行研究其理论上所需的工时，然后规定标准，举行各人竞赛或各人相互竞赛，之后逐渐提高标准。电工厂强制规定厂内所有技工都必须参加工作竞赛，对于表现优秀者给予名誉或现金的奖励。昆四厂最早开始推进工作竞赛，获得显著成效，如下所示：

表7　中央电工器材厂昆明第四厂（电机厂）工作竞赛成果举例

出品名称	未实行工作竞赛前单位出品所需之工时	工作竞赛历定之单位出品所需之工时	工作竞赛实行后单位出品所需之工时
100 XVA 3—ϕ 6000/400—280 V, Transformer	1 788.84	1 376.80	661.50
3H.P.GQ Type 4-p.50~880 V, 3-ϕ Induction Motor	263.00	168.70	51.10
15A Y—△ Scarter	168.80	129.85	67.52

说明：资料来源于黄修青：《本厂工作竞赛之经过》，《电工通讯》第16期，1942年4月号，第3页。

由表7可见，昆四厂的三种标志性出品，在未实行工作竞赛之前，耗时甚巨，而在实行工作竞赛之后，其所需工时远远低于所规定的时间，可见工作竞赛机制的促进作用。其余分厂亦积极推进竞赛，如二厂因搬迁后百端待举，工作竞赛停顿日久，待安定后各种产品出货完成，开始积极筹备恢复工作竞赛，以达到“提高生产数量，增强生产效能”的目的。该分厂管泡组、玻璃组实行后，工作竞赛范围陆续扩大。报道称常可造成“热烈之工作情绪”[①]。一厂为了更好地激发工人的工作热情，重新制定了奖励办法。该办法计算公式为 $S=HK\ (Ar+R)$。[②] 在各厂开展的各类竞赛中，各车间相互竞赛效率最高。因为它不仅可以激起技工的竞争心理，而且会使各车间的全部员工更注意于通力合作。[③] 因此恽震对于工作竞赛的实施持高度肯定的态度，认为“因工作竞赛制度之推行，工友之生产速率大见增加”。[④]

同时，为增进产品质量起见，自 1943 年 5 月起，除推行工作竞赛办法外，电工厂兼施了质量竞赛办法，颇有成效。因计算方法较紧，工人不易洞悉奖金的具体内容，又于 8 月份起将上述两种奖金合并，以完好铸件为给奖对象，严格施行对成品的检验。推行结果，“质”、“量”两者，均能增进，效率的增加达到了 120% 至 200%。[⑤]

3. 件工制

与工作竞赛以及质量竞赛同步推进的，还有件工制。电工厂在之前采用的一直是“时工制”，即无论该技工出品多少，按照工作时长给予相应工津。因为按时领工津，往往会使技工养成惰性，拖延工作进度，不利于出品数量的增加。为此，电工厂推行了“件工制”，所有计算单位率，即根据实际工作记录，将每种工作每小时可能制成之净数，作一标准单位率，按期每天制成件数乘一单位率即得总数单位数。电工厂也考虑到了部分特殊情况，如不能以件给资或警报停电在一小时以上，则按时工率付给工津，其时工率工津与每单位率同。电工厂对“件工制”的推行颇为看好，认为此后“生产数

---

① 《雁歌秋讯：恢复工作竞赛》，《电工通讯》第 20 期，1942 年 11—12 月号，第 8 页。

② S= 奖金基数，K= 指定之百分数，H= 正常工作时数，A= 平均物价津贴百分数，r= 逐月规定之物价津贴数，R= 平均工资率（《厂闻汇志：厂务记要》，《电工通讯》第 28 期，1943 年 9 月号，第 4 页。）

③ 黄修青：《本厂工作竞赛之经过》，《电工通讯》第 16 期，1942 年 4 月号，第 2 页。

④ 恽震：《资源委员会中央电工器材厂成立四周年献辞》，《电工通讯》第 26 期，1943 年 6—7 月号，第 2 页。

⑤ 沈宝书：《昆四厂铸造工作概述》，《电工通讯》第 31 期，1944 年 1 月号，第 3 页。

量可望激增，而工作效率亦可改进”①。

“件工制”推行成果的典型代表当属二厂。二厂自实施该制度以来，工人虽较前略减，而产量却逐月上升。1944 年，由于灯泡抽气机上添制广散抽气机四只，抽气速度快速增加。11 月份该分厂所出 100 V、220 V 各种标准灯泡，24 V 信号灯泡等 13 种，共 5.2 万余只，创该厂最高纪录。如原料能够持续供应，该厂产量还可以大幅提升。② 该厂工人对于件工制有极为浓厚的兴趣，自施行后工人互相竞争，争先开工，下班时亦不懈怠。在以前，警报解除后，工人复工时间往往需要十分钟乃至更久。自推行该制度后，不用五分钟工人均能全部到位。除抽气外，拉丝、装心柱等工作效率，相较以往，可以提高 25%—30%左右。③ 二厂“件工制”实行前后部分产品的工作产量比较如下所示：

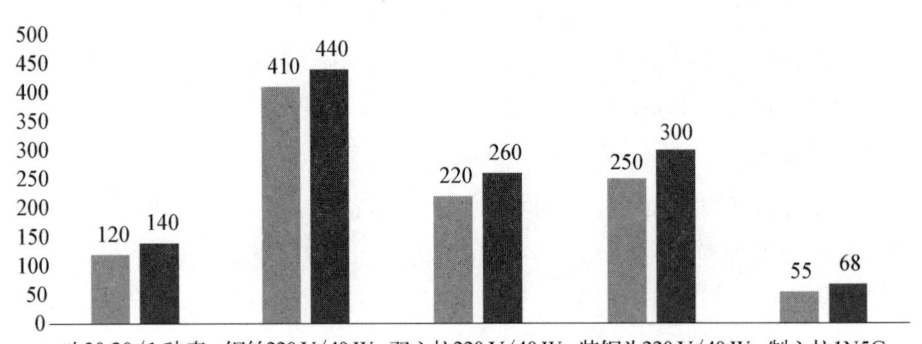

图 3　中央电工器材厂第二厂实行件工制前后部分产品产量比较

说明：资料来源于《厂务纪要》，《电工通讯》第 34 期，1944 年 5—6 月号，第 5 页。

由图 3 可见，二厂实施件工制的成果颇为显著。其余分厂亦积极推进，不过“件工制”也并非全无问题，其最大弊端在于“质”，因为工人往往会单纯追求数量上的进步，而忽略品质上的提升。因此二厂对于所制各件严格检查，如遇不合格者不算作制成件数，一定程度上使工人不敢疏忽。自实行

① 《厂闻汇志：厂务记要》，《电工通讯》第 27 期，1943 年 8 月号，第 5 页。
② 《桂二近讯：灯泡产量最新纪录》，《电工通讯》第 31 期，1944 年 1 月号，第 14 页。
③ 《桂二通讯》，《电工通讯》第 32 期，1944 年 2 月号，第 10 页。

后，质的问题较未实行前尚无差别。[1]

（二）市场竞争中的“机”与“危”

与一般的民间资本不同，国家资本有两点特殊性：一方面，在其支持下创办的国有企业并非是纯粹的市场主体，它们往往会肩负政策使命；另一方面，国家资本可以忍受较长的投资周期，与单纯的市场牟利相比，国家资本看重政治、军事等战略目标。简单来说，国家资本具有非市场的逻辑。[2] 这对同样作为国企且发展复杂技术的大型装备制造企业——中央机器厂来说，是非常有利的。但这也使得中央机器厂存在着“重技术而轻市场”的经营导向。[3]

和中央机器厂不同的在于，虽然电工厂同样在发展技术方面不遗余力，且早期的供应目标是以军需为主，但是其亦注重一般市场的开拓。该厂协理陈良辅重视吸纳营业的人才，并注意大后方的用户联系，这其实跟电工厂的出品有很大关联，除去军用专门设备外，各类电线、电池以及电管泡等出品都为普通大众所需。仔细分析电工厂的客户类别可以得知，一厂的产品主要为铜线、皮线等，均为电器中的重要配件，对于各方来说需求都为殷切，因此电工厂除了销售给政府机关和资源委员会的会属机关外，一般的直接客户亦占有相当比例。而二厂的直接客户远远超过其他类别，一方面是因为灯泡等日用必需品为普通大众生活所需，另一方面是原本受众单一的电子管因二厂的合作推销办法得以扩展销路。二厂的电子管研发与销售和中央无线电机厂有密切合作。[4] 起先二厂的电子管销售只限于军政部、交通部，但是与无线电机厂的合同中要求该厂的收发报机需尽量采用二厂电子管，并且有代该厂推销的义务。正因如此，原本受众面狭窄的电子管得以扩张销路。[5] 三厂、四厂主要供给政府机关，但四厂的干湿电池等为日用所需，因此电工厂兰

---

① 《桂二通讯》，《电工通讯》第 32 期，1944 年 2 月号，第 10 页。

② 严鹏：《战争与工业：抗日战争时期中国装备制造业的演化》，杭州：浙江大学出版社，2018 年，第 194 页。

③ 详见严鹏：《市场与技术的两难选择——从中央机器厂看国民政府对战略产业的培育》，《中国经济史研究》2016 年第 2 期。

④ 《中央电工器材厂筹备委员会第 34 次干部会议》，1938 年 12 月 22 日，云南省档案馆藏档 35—7—4。

⑤ 《三十一年度本厂营业概况》，《电工通讯》第 23 期，1943 年 3 月号，第 6 页。

池、渝池支厂的选址从一开始就是“以产就销，接近市场为主，便利后方客户”，而它们的直接客户亦占有相当的份额。[①]

表8　中央电工器材厂1942年各分厂对其承接营业客户类别百分比

厂别＼客户	政府机关	学术机关	本会机关	直接客户	百分比
第一厂	35.27	0.96	43.76	20.01	100%
第二厂	27.41	0.24	17.21	55.14	100%
第三厂	89.54	0	9.62	0.83	100%
昆明第四厂	46.36	0.36	25.82	27.46	100%
桂林第四厂	57.82	0.86	15.21	26.11	100%
第二厂重庆支厂	12.00	0.50	15.61	70.99	100%
第四厂重庆电池支厂	72.04	0.12	2.12	25.72	100%
第四厂兰州电池支厂	87.73	0.99	8.55	2.73	100%

说明：资料来源于恽震：《三十一年度本厂营业概况》，《电工通讯》第23期，1943年3月号，第4页。

显然，把握市场是电工厂营销的重中之重。为了提升营业质量，发挥各处优势，电工厂决定采取“分区制”的营业办法，分为重庆区（四川、陕西）、昆明区（云南）、桂林区（两广、湖南、江西）、贵阳区（贵州）、兰州区（甘肃、青海、宁夏、新疆）五大区，规定各营业区的营业总额，以1943年1月1日的产品售价计算，不受将来价格变动的影响。对于超过计划营业总额的营业区，按照制定的奖励办法予以奖励。[②] 此外，为了增进客户询价及推销之敏捷性考虑，电工厂实施“备销货办法”配合分区制。总处根据市场需要制定产品的可预订价格以及可预订生产数量，预先分配各营业处所，各处所主动推销。而总办事处俯瞰大局，洞察先机。[③] 两种办法双管齐下，收效极为良好，各区的营业数字均有显著变化。

① 《电力电工专家恽震自述（一）》，《中国科技史料》第21卷，2000年第3期，第203页。
② 《厂闻汇志：厂务纪要》，《电工通讯》第23期，1943年3月号，第8页。
③ 《三十二年度之业务》，《电工通讯》第31期，1944年1月号，第2页。

表 9 中央电工器材厂分区制实施后各区营业计划数字及实际数字

营业数字（元）＼营业区域	重庆区	昆明区	桂林区①	贵阳区	兰州区	总　计
1943 年计划数字	120 000 000	75 000 000	45 000 000	3 996 000	5 004 000	249 000 000
1943 年实际数字	167 229 678	122 312 630	47 533 582	8 005 039	11 741 065	356 822 002
实现百分比	139.4%	163.1%	105.6%	200.0%	234.8%	143.3%
1944 年计划数字	200 000 000	145 000 000	80 000 000	10 000 000	15 000 000	450 000 000
1944 年实际数字	405 273 127	408 588 004	68 039 991	36 552 309	30 744 316	949 197 741
实现百分比	203%	282%	85%	366%	205%	211%

说明：资料来源于《厂闻汇志：厂务记要》，《电工通讯》第 23 期，1943 年 3 月号，第 8 页；恽震：《三十二年度之业务》，《电工通讯》第 31 期，1944 年 1 月号，第 2 页；郑家觉：《三十四年元旦献辞》，《电工通讯》第 41 期，1945 年 1—2 月号，第 2 页。

不仅如此，为了增进客户对电工厂出厂产品的认同及选购热情，为今后的营业推进打下基础，电工厂想方设法吸引客户。电工厂先是寻机大量印刷出品目录以求生动直观地向客户呈现厂内出品。全书共计 81 页，篇前有“前言”，叙述厂内概况、制造技术及寻购手续。总封面及各厂封面为之前在香港所印的三色图案，至为美观。自此客户人手一本，对于电工厂的出品“当可有如目睹，踊跃选购”[②]。为获得客户对于使用本厂出品的意见，以求改进起见，各营业处所分别刊登当地报纸，欢迎各界批评，并分别设立《客户声诉册》，将客户意见随时登记，报告总处通知有关部分研究改进。其改进及解决办法亦登入册内，以备考察。[③] 之后为更好地拓展营业业务，电工厂将业务室的营业课分为了“营业设计课”和“营业管理课”。其中营业设计课的一项职责就是要“访问客户及代客设计”[④]。由此可见，电工厂将“认识尊重客户的重要”摆在了突出位置。

此外为了对厂内出品作侧面的推销，电工厂积极筹备并参与大型工矿展

① 桂林区正式营业仅半年。
② 《厂闻汇志：厂务记要》，《电工通讯》第 26 期，1943 年 6—7 月号，第 9 页。
③ 《厂闻汇志：厂务记要》，《电工通讯》第 33 期，1944 年 3—4 月号，第 9 页。
④ 《厂闻汇志：厂务记要》，《电工通讯》第 34 期，1944 年 5—6 月号，第 3 页。

览会。1943 年 9 月，中国工程师学会在桂林开年会，技术室电气组所出品的各种电容器，化学组出品的各种绝缘材料原料样品及制成品等，均积极筹备参展。昆明部分送展物品多达 20 余箱。[①] 为了使各方更好地了解厂内出品，充分达到宣传效应，还附画稿一份。画稿显示出品种类、数量、厂房面积等，就地印刷上千份。[②]工矿展览会也吸引了美籍空军电务人员的参观，他们细致把玩电工厂的电线样品，大加赞赏而去。在此前，驻华美军的器材供应，原皆由美军空运来华。该军认为电工厂出品不输舶来品，大批采购了发电机、开关板、铜线、皮线花线、灯泡等器材，价格达数百万元。[③]

电工厂在营业上的诸多调整和改进使得该厂的产销达到了很好的协调配合，营业总额持续高涨。不过值得注意的是，当时因为战争物价飞涨，电工厂的成本陡然上升，而其他民营工厂不得不提高售价以适应大环境。但是电工厂作为国有企业，为维持政府平价的旨意，各种产品的对外售价，仅在 1943 年的 6、7 月调整一次，到了该年底均无变动。也正因如此，电工厂在外界购买力日益不济的情况下还能收揽大批的合同。这其实侧面反映出了国家资本在战时的非市场逻辑，国民政府愿意不计成本代价地去扶持电工厂的生产与销售，维持它的基本运转。

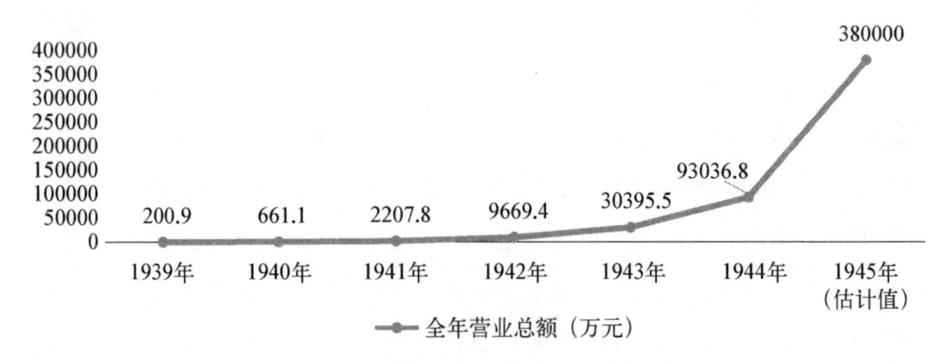

图 4　中央电工器材厂 1939—1945 年营业概况表

说明：资料来源于郑家觉：《本厂成立六周〔年〕纪念献辞》，《电工通讯》第 45 期，1945 年 7 月号，第 1 页。

① 《厂闻汇志：厂务记要》，《电工通讯》第 26 期，1943 年 6—7 月号，第 9 页。

② 《厂闻汇志：厂务记要》，《电工通讯》第 28 期，1943 年 9 月号，第 3 页。

③ 吴梅村：《本厂参加桂林展会记实》，《电工通讯》第 32 期，1944 年 2 月号，第 2 页。

尽管“国营企业”的身份让电工厂在战时获得了一般民营企业无法获得的政策和资本扶持，但在国家支持下高昂的研发投入带来产品成本的昂贵，也成了电工厂在市场竞争中的一大隐忧。电工厂从营业数字来看情形一片大好，但是随着战时环境的变化，电工厂的领导者们也关注到了市场竞争的潜在危机，意识到电工厂的出品并非因为价廉物美而得到推销，乃是一种战时环境给予的，可是此种环境终将成为过去。沈家桢在1943年考察重庆、桂林时发现，一厂的军用被覆线原供应交通司，但是交通司迟迟不买，原因是这些军用被覆线已在印度运到一批，即可空运入国，交通司愿意向美国去拿是因为可以不用现款。而四厂变压器的重庆市场已经几乎被民营厂家夺取殆尽，原因是民营厂家的出品更为价廉。三厂的转电线圈和交换机，渝厂的几位负责营业的职员全力推销，但是问题总是似可解决而尤未解决。买方给出的主要理由是经费不足。①

这些案例充分反映了价格问题的严重性。电工厂的成本已不是一般客户所能担负的，竞争的危机四伏。而安于环境、凡事都求稳的观念是战时环境造成的，因此没有比较，电工厂的员工满于现状，维持的心理胜过进取，这种心理在要用竞争的方式以争取营业时，是一个极大的失败因素。沈家桢因此认为，必须减低成本，在客户中形成“电工牌价廉物美”的心理，并使各工厂的技术管理人员定期的在一年之中有一个月或一个半月的时间，派他们到别的地方去参观，可以使他们和客户作技术上的接触，否则未来将“很难支持”②。显然，在战时由于国家的扶持，电工厂在重要电工器材的供应上几乎形成垄断地位，但是并不代表其他民营工厂不可复制其简单出品。这也侧面说明了一旦战时环境结束，国家的干预渐趋弱势，电工厂回归到自由市场之后，高昂的成本将严重阻碍电工厂的发展进步。

五、小　结

中央电工器材厂在战时的发展历程印证了战时需求对于装备制造业的诱

---

① 沈家桢：《渝桂之行（一）》，《电工通讯》第25期，1943年5月号，第5页。
② 沈家桢：《渝桂之行（二）》，《电工通讯》第26期，1943年6—7月号，第6页。

导作用。在封锁的经济环境下，为了供给战时的军事需要，满足大后方的民生需求，该厂迸发出了无限的创造活力。如郑家觉所总结的那样，因为环境需要，电工厂制造了许多规模宏大机构复杂的电器，过去所不敢尝试的，现在在原料缺乏的情形之下，反而都制造成功了。在抗战以前，国内制造的电器，大多仿照外国的设计，而抗战以后，因为国际交通困难，大后方所需要的电器，几乎全部都得自己制造、设计。这些都由厂内的工程师所负责，别出心裁的地方很多。[1] 显然，电工厂已经逐步跳脱后发展国家企业通常采用的仿制法，在有限的技术引进下，依靠工程师海外实习的经验方法、高校科研机构的鼎力协助以及厂内工程师和一线工人的探索学习，自创出了诸多高水平的电器，有力地配合了抗战。

作为国企，电工厂在市场上的成功自然离不开国民政府在资本与政策上的扶持。不可否认的是，战时军需对于电工厂出品的需求，使得高端研发产品的受众基本为政府机关，但是诸如电灯泡、电池等一般产品的受众群体也包含了大后方的广大民众，而这些产品民营企业并非不可制造，这就意味着封锁环境虽然一定程度上消弭了外货的压力，但是蕴藏了国营与民营的潜在竞争。中央机器厂仰赖国民政府的政策倾斜与资本扶持，能够不计成本地投入研发，而市场对于其出品质量问题能够有较大包容，主要在于其全线出品在较长时间段内有不可替代性，而电工厂除了有较为稳定的高端产品客户外，也要考虑中低端产品在市场上的竞争问题，因此它需要做好销售规划，并努力累积正面的市场声誉，这就使得电工厂相较于机器厂更为注重市场营销能力的提升。不过凭借政府的平价旨意，该厂在物价和成本一起飞涨的特殊时段尚且能保持暂时的售价优势，但是一旦战时环境结束，这种优势也将不复存在，如果不能做到控制成本，形成“价廉物美”的竞争力，那么电工厂的市场地位也会岌岌可危。这就表明封锁状态使国民政府加大了对国营企业的扶持力度，但这就好比一把双刃剑，虽然为他们创造了安逸的市场环境，但是也可能消磨它们日后在自由市场的危机意识与竞争力。

---

① 郑家觉:《中国电工器材工业》,《电工通讯》第 43 期，1945 年 5 月号，第 2 页。

总之，战时需求使得电工厂在封锁状态下创造了突出的进步，在这种艰难的环境下，电工厂为电工动力界培养了七八十位人才，[1] 为战后电工事业的发展打下了扎实的基础。而同类型国企之间的某些不同的发展特点也从侧面说明了封锁下的工业化与多方面的因素有关，需要更多的个案来进行探讨。

① 《电力电工专家恽震自述（二）》，《中国科技史料》第21卷，2000年第4期，第361页。

2012—2022年招商局史研究综述：兼论近年中外学界企业史研究的趋势

张云飞*

摘要：过去十年招商局史研究取得丰硕成果。新的史料与研究成果不断涌现，并且形成了相应的丛书与学术团体。现有成果从企业、航运业、企业制度与人物研究等角度推进了招商局史的研究。其中，中外学者通过对现有资料与研究范式的重现审视，将企业作为一种研究视角和分析框架，呈现出企业史与行业史外的研究视角与问题意识，展现出本土学者对现代化范式的反思与海外学者对企业史研究的最新动向，为招商局史与中国企业史研究提供了可参考的经验与方法。

关键词：企业史；行业史；轮船招商局；现代化范式

轮船招商局作为洋务运动中的代表企业，长期受到研究者的重视，成为近代中国企业史、行业史和社会经济史的重要研究对象。自李鸿章创设轮船招商局起，百余年间学界内外关于轮船招商局的研究成果尤其丰硕，更有前贤对百年招商局史研究予以述评。① 过去的十年间，随着新的研究资料涌现，新的研究视角与问题意识不断得到开拓，招商局史研究出现了新的进展，并反映出中国企业史研究新的变化。为了对近年这一领域中的

---

* 张云飞，复旦大学历史学系。

① 近年关于招商局史研究综述参见朱英、张世慧：《百年招商局史研究：评述及思考》，《近代史学刊》2014年第1期；肖斌：《近六十年来招商局史研究综述》，胡政、陈争平、朱荫贵主编：《招商局与中国企业史研究》，北京：社会科学文献出版社，2015年，第453—474页。

成果与进展予以总结，本文拟对近十年有关招商局史研究的重要成果予以回顾，并以招商局史的研究现状为例总结中国企业史研究的目前所存在的问题与趋势。

一、研究历程的概览：史料、刊物与学术组织

自20世纪初期起，对轮船招商局的研究始终受到学界关注，相关论文、专著与出版物不断涌现。近年经招商局集团支持，招商局史研究会、招商局历史博物馆相继成立，成为学界与招商局协作的平台。由招商局集团与社会科学文献出版社合作出版的“招商局文库”更是成为过去十年招商局史研究资料与成果的集中出版平台。目前，这一丛书共15册，分为“研究丛刊”与“文献丛刊”不同系列，涵盖关于轮船招商局的研究成果与文献史料，为招商局史相关史料与研究成果的发表与交流提供了有效途径。

史料是历史研究得以开展的基础。过往招商局史研究大多以航运史资料与相关人物的档案和文集作为核心史料。近年招商局的史料数量与种类都得到了明显丰富，一批工具书与史料汇编得以出版，为研究的深入拓展提供了有利条件。陈玉庆所整理的《国民政府清查整理招商局委员会报告书》汇集了南京国民政府所设清查整理招商局委员会对招商局的调查报告，直观而具体地反映了20世纪20年代初期招商局的制度建设与经营情况。[①]《招商局史稿·外大事记》包括《招商局史稿》（1927年）与《国民政府清查整理招商局委员会报告书》（1928年）中的“大事记”。后者所述内容原本止于1927年，后经编者仿照《国营招商局七十五周年纪念刊》加以扩充，形成较完整的大事记（1872—1931年）。[②]《招商局船谱》与《招商局近代人物传》作为工具书目为后续招商局史研究提供索引与指南。前者记录了招商局自创设起直到21世纪船只的基本信息，并简要梳理了对应时期招商局的船务情况；[③] 后者则将近代招商局的相关人物及其事迹加以整理汇总，为了解招商局的人事

① 陈玉庆整理：《国民政府清查整理招商局委员会报告书》，北京：社会科学文献出版社，2013年。
② 孙慎钦编：《招商局史稿·外大事记》，北京：社会科学文献出版社，2014年。
③ 胡政主编：《招商局船谱》，北京：社会科学文献出版社，2015年。

变迁提供了重要的参考。[①] 值得一提的是，过往招商局史研究以企业内部资料为主要依据，而李玉及其团队借助数据库搜集并按主题整理了《申报》中涉及轮船招商局的史料，力求扩大招商局的认知视阈，展现了轮船招商局的企业形象与社会影响。其以《申报》所载招商局的账目公开为例，展示了招商局对近代公司机制的适应及与社会的互动关系。[②]

除招商局自身所形成的史料，相关人物的日记、函札与回忆录更是受到学者重视。其中，盛宣怀的个人档案（以下简称“盛档”）对于招商局史研究意义重大。目前盛档主要藏于上海图书馆与香港中文大学图书馆。近年，这两处机构分别对所藏盛档资料加以整理、出版和数字化。除《盛宣怀档案选编》外，上海市图书馆尚有部分未刊盛档，需要实地查阅，而新近出版的《香港中文大学藏盛宣怀档案全编》则大体涵盖了该处所藏盛档。前者所涉及的内容相对全面，分为慈善、铁路、赈灾、电报、典当钱庄与文化教育六编，与招商局相关的史料散见其间。后者馆藏盛档以盛宣怀的私人函件与盛氏家族史料为主，可与前者形成补充。值得注意的是，两处皆开放了盛档线上查阅功能，为研究者提供了莫大的方便。[③]

此外，民国时期招商局的人物史料有了新的拓展。蔡增基曾于全面抗战初期担任招商局的总经理。其间，其就招商局局务开展全面整顿，开拓内河航运，并组织了多艘海轮的撤离与出售，对招商局影响深远。其回忆录初稿成于20世纪50年代中期，后经哥伦比亚大学中国口述史工程的补正与丰富，有助于展现全面抗战爆发前后招商局的经营管理以及中外航运与金融的交涉过程。[④] 另一方面，民生公司作为近代长江航线中的民营轮船公司代表，

---

① 张后铨：《招商局近代人物传》，北京：社会科学文献出版社，2015年。

② 相关史料参见李玉主编：《〈申报〉招商局史料选辑（晚清卷）》，北京：社会科学文献出版社，2017年；《〈申报〉招商局史料选辑（民国卷）》，北京：社会科学文献出版社，2021年；相关研究成果参见李玉：《〈申报〉中的轮船招商局词频研究》，《国家航海》2017年第2期；《〈申报〉所见晚清招商局之账目公开》，《安徽史学》2020年第2期。

③ 近年已刊盛档资料参见上海图书馆编：《盛宣怀档案选编》（100册），上海：上海古籍出版社，2014年；香港中文大学文物馆编：《香港中文大学藏盛宣怀档案全编》（48册），上海：上海人民出版社，2021年。上海市图书馆馆藏盛档线上查阅网址参见 http://sd.library.sh.cn/sd/home/index；香港中文大学馆藏盛档线上查阅网址参见 https://repository.lib.cuhk.edu.hk/en/islandora/search/?type=edismax&cp=cuhk%3Ashengxuanhuai。

④ 相关史料参见蔡增基：《蔡增基回忆录》，冯璇译，北京：社会科学文献出版社，2016年。

与轮船招商局存在着长期的竞争与合作关系。卢作孚的全集与年谱长编涉及若干卢作孚与刘鸿生与徐学禹等招商局相关人物往来函件，并涉及大量关于 20 世纪三四十年代航运业的史料，可兹参考。[①]

除了史料的丰富与拓展，以招商局史为研究重点的刊物与丛书得以出现，成为过去十年招商局史领域的重要进展，其中尤以招商局文库的“文献丛刊”影响突出。其中，“专家论招商局”丛书以论文集的形式收录了刘广京、黎志刚、朱荫贵和易惠莉四位学者对轮船招商局的专题研究。其中，刘广京与黎志刚的若干外语成果得以译介，分别侧重招商局与外国轮船企业间的竞争与招商局创建初期的相关问题。[②] 朱荫贵对轮船招商局与三菱日本邮船会社的比较研究经修订后再版，丰富了对 1885 年轮船招商局人事变动的细节描述，并增添了中日两国近代化过程中资金来源的对比，反映出作者近年对这一议题的思考。[③]

另一方面，近年多次关于轮船招商局的学术研讨会使得招商局史研究更成为中国企业史研究中的突出领域。2014 年，“招商局与中国企业史研究”国际学术研讨会于深圳蛇口招商局历史博物馆召开，与会学者从企业家、企业经营、公司制度和政企关系等研究角度就招商局史研究的成果与进展展开讨论。2017 年，由招商局史研究会、中国社会科学院当代中国研究所、中国经济史学会联合举办的“招商局历史与创新发展”国际学术研讨会召开，成了近年招商局史研究成果的集中展示。与会论文既包括了企业治理与制度变迁等传统议题，又侧重从企业文化和国际视野等研究视角审视轮船招商局的经营活动，更有不少成果关注到了过往招商局史研究较薄弱的民国时段。以上与会论文收入招商局集团组织编纂的“招商局文库”丛书。[④] 除“招商局

---

① 相关史料参见张守广编：《卢作孚年谱长编》，北京：中国社会科学出版社，2014 年；张守广、项锦熙编：《卢作孚全集》，北京：人民日报出版社，2016 年。

② “专家论招商局”相关内容参见刘广京著、黎志刚编：《刘广京论招商局》，北京：社会科学文献出版社，2012 年；黎志刚：《黎志刚论招商局》，北京：社会科学文献出版社，2012 年；朱荫贵：《朱荫贵论招商局》，北京：社会科学文献出版社，2012 年；易惠莉：《易惠莉论招商局》，北京：社会科学文献出版社，2012 年。

③ 朱荫贵：《国家干预经济与中日近代化：轮船招商局与三菱·日本邮船会社的比较研究》（修订本），北京：社会科学文献出版社，2017 年。

④ 相关论文见于胡政、陈争平、朱荫贵主编：《招商局与中国企业史研究》，北京：社会科学文献出版社，2015 年；胡政、陈争平、朱荫贵主编：《招商局历史与创新发展》，北京：社会科学文献出版社，2018 年。

文库”外，《海交史》与《国家航海》成为招商局史研究成果重要发表刊物。其中，《国家航海》（2017 年第 2 期）曾经组织纪念轮船招商局的专刊，集中展现了近年招商局史的最新成果。《唐廷枢研究》以唐廷枢的人物研究为中心，涉及若干与招商局史相关的内容与议题，值得研究者关注。

二、研究议题的进展：企业、行业、制度与人物研究

招商局史研究成果极为丰硕，问题意识格外突出，并集中形成了政商关系、企业制度变迁、中外航运竞争等等若干经典议题。过去十年，相关问题既有史实的补充与丰富，更不乏理论性的归纳和思考。概而言之，近年招商局史研究进展可体现为若干方面。

（一）招商局与近代轮船航运业研究

过去招商局史研究多集中于晚清时段，近年对晚清时期招商局与轮船航运业的研究不断细化，同时对民国时期招商局的研究成果不断涌现，丰富了对招商局的历史认识。面对本土民营航运企业兴起与外国在华航运企业持续扩张的局面，招商局以何种经营策略开展业务，取得何种成效，成为研究者所关注的重点。

首先，现有成果详细地考证与述评招商局的具体业务，涉及筹款、购船、与其他企业的关系及对特定区域的业务开拓等方面。① 其次，目前通过对蛇口招商局档案馆所藏资料的运用，全面抗战直至战后轮船招商局的经营

① 相关成果参见贺沛：《招商局在沪轮船考》，《济南大学学报（人文社会科学版）》2019 年第 1 期；贾海燕：《晚清轮船招商局在汉宜线上经营之得失》，《中华文化论坛》2015 年第 11 期；《轮船招商局与晚清沪瓯海上交通》，《国家航海》2017 年第 2 期；周子峰：《近代招商局在福建航运业务的发展》，《国家航海》2017 年第 2 期；谢俊美：《中国通商银行与轮船招商局关系述论》，胡政、陈争平、朱荫贵主编：《招商局与中国企业史研究》，社会科学文献出版社，2015 年，第 387—400 页；张守广：《20 世纪三四十年代民生实业公司与轮船招商局的合作》，《国家航海》2017 年第 2 期；［日］松浦章：《抗日战争结束之后招商局轮船公司的航运活动》，胡政、陈争平、朱荫贵主编：《招商局历史与创新发展》，社会科学文献出版社，2018 年，第 178—197 页；姚清铁、李瑞尧：《困境与复兴：1933—1934 年招商局的庚款购船活动》，《近代中国》2020 年第 1 期。

状况、人事管理及其与国民政府的密切联系得到一定展现。[①] 最后，招商局亦成为透视经济政策与社会经济变迁的重要个案，涉及辛亥革命、区域经济发展、战后国进民退、美援与战后中国经济等研究议题。[②]

值得一提的是，部分学者开始尝试从金融史的视角考察招商局的经营。朱荫贵以轮船招商局的融资制度为例，指出近代中国资本市场具有了一定的成熟度，而以轮船招商局为代表的近代企业对资本市场具有高度的依赖性。[③] 王玉茹与刘福星指出，随着政府干预、金融市场发育及企业经营能力的变化，招商局的融资方式就债务融资和股权融资方式不断变化和调试。[④] 赵兰亮从招商局下属保险企业入手，阐述招商局的金融属性。[⑤] 兰日旭从交易成本角度指出招商局以渐进的方式参与金融业务，源于交易成本的内部化，而各类的金融组织亦为招商局提供了可观的资金反哺。[⑥]

近年来研究除了关注招商局自身，对近代航运业的行业史研究不断细化。招商局对具体航运业务的经营过程得到更细致的描绘，相关成果涉及特定区域的航线开发、航海人才培养以及相关物流与仓储行业。[⑦] 值得注意的

---

① 相关成果参见邱树荣：《抗战时期招商局组织机构的沦陷、恢复与发展》，胡政、陈争平、朱荫贵主编：《招商局与中国企业史研究》，社会科学文献出版社，2015 年，第 312—325 页；陈俊仁：《抗战后国民政府航业政策与招商局的发展》，《国家航海》2017 年第 2 期；《1943—1949 年招商局研究》，博士学位论文，复旦大学历史学系，2017 年。

② 相关成果参见张姚俊：《再论民国初年南京临时政府抵押轮船招商局资产借款事件》，上海中国航海博物馆编：《广域万象：人类航海的维度与面向》，上海：上海古籍出版社，2019 年，第 266—280 页；杨向昆、李玉：《联以兴港：水陆联运与连云港经济变迁（1933—1937）》，《安徽师范大学学报（人文社会科学版）》2018 年第 5 期；朱荫贵：《抗战胜利后的轮船招商局与民生公司》，《国家航海》2015 年第 3 期；皇甫秋实：《战后美国对华援助与轮船招商局》，胡政、陈争平、朱荫贵主编：《招商局与中国企业史研究》，社会科学文献出版社，2015 年，第 339—357 页。

③ 相关成果参见朱荫贵：《从轮船招商局的债款看近代中国的资本市场》，《社会科学》2012 年第 10 期；《论近代中国股份制企业经营管理中的传统因素》，《贵州社会科学》2018 年第 6 期；《近代中国资本市场：生成与演变》，上海：复旦大学出版社，2021 年。

④ 王玉茹、刘福星：《招商局融资方式变迁研究（1872—1948）》，胡政、陈争平、朱荫贵主编：《招商局历史与创新发展》，第 216—231 页。

⑤ 赵兰亮：《招商局所属各保险公司考——兼论招商局的金融保险属性》，胡政、陈争平、朱荫贵主编：《招商局历史与创新发展》，社会科学文献出版社，2018 年，第 232—300 页。

⑥ 兰日旭：《轮船招商局与中国金融组织变迁》，胡政、陈争平、朱荫贵主编：《招商局历史与创新发展》，社会科学文献出版社，2018 年，第 301—302 页。

⑦ 对于招商局具体航运业务的论述参见［日］松浦章：《清末上海的北洋汽船航路》，《国家航海》2012 年第 1 期；张伟保：《轮船招商局与国际航线的开拓（1873—1884）》，胡政、陈争平、朱荫贵主编：《招商局历史与创新发展》，社会科学文献出版社，2018 年，第 85—101 页；戴鞍钢：《轮船招商局与江南内河航运》，胡政、陈争平、朱荫贵主编：《招商局（转下页）

是，近代海难和海事纠纷作为近代中国处理国际民商事务纠纷的重要案例，日益受到研究者的关注，成为透视中外关系的重要视点。黎志刚与宣言以“利运”轮案、“福星”轮案和招商局的地权纠纷为例，率先展示了清政府处理国际民商事务时的尝试与缺乏司法管辖权的无奈。① 应俊豪长期以海盗与航运安全问题为视角审视中外关系。其以事件史的研究方式探讨了中英围绕“爱仁”轮事件的交涉。面对纠纷，招商局曾向香港高等法院提起诉讼。遭到驳回不久，其便动员国民政府以外交途径向英国政府施压，后者则试图以华南海盗问题提出“反求偿”作为应对。最终，招商局的赔偿诉求未能实现。② 此外，吴翎君则从中美关系视角重新解读了中法战争期间招商局旗昌洋行的轮船交易。通过对总理衙门档案与美国外交档案的综合运用，展现了中美双方政商之间不同的立场与态度。旗昌洋行为了维护在华利益而鼓动美国政府允许这一交易，后者为了避免法国质疑，则将其视作私人契约。另一方面，招商局与旗昌洋行长期合作所结成的信任与互惠以及相关人物的私谊更为交易提供了助力。③

就研究议题而言，木船与轮船、国营与民营以及本土航运业与外国在华航运企业并存于近代中国航运市场，自刘广京与朱荫贵对中外在华航运业的研究起，彼此间的竞争与合作始终是航运业研究的重点。④ 王子龙利用海关

（接上页）与中国企业史研究》，社会科学文献出版社，2015 年，第 276—283 页；戴鞍钢：《轮船招商局与晚清沪瓯海上交通》，《国家航海》2015 年第 3 期；贾海燕：《晚清轮船招商局在汉宜线上经营之得失》，《中华文化论坛》2015 年第 11 期；王晨辰：《重庆港与抗战时期招商局的川江航运（1943—1945）》，《国家航海》2017 年第 2 期；周子峰：《近代招商局在福建航运业务的发展》，《国家航海》2017 年第 2 期；顾宇辉：《民国初期吴淞商船学校概述（1912—1915）》，上海中国航海博物馆编：《广域万象：人类航海的维度与面向》，第 20—32 页；熊辛格：《轮船招商局与中国近代码头货栈业的产生》，《求索》2020 年第 4 期；杨向昆：《长江航业联合办事处与京沪汉物资西迁（1937—1940）》，《侵华南京大屠杀研究》2021 年第 1 期；王子龍「輪船招商局の経営と長江プール協定：1882 年から1911 年まで」『社会経済史学』第 87 号第 4 期，2022 年。

① 黎志刚、宣言：《清末轮船招商局的中外海事纠纷案件》，《国家航海》2015 年第 3 期。

② 应俊豪：《1927 年爱仁轮事件的司法求偿与中英外交》，《国史馆馆刊》第 64 期，2020 年。作者近年对海盗、航运安全与中外关系的研究可以参见氏著《英国与广东海盗的较量：一九二〇年代英国政府的海盗剿防对策》，台北：台湾学生书局，2015 年；《欧战后美国视野下的中国：现况、海盗与长江航行安全问题》，台北：开源书局·民国历史文化学社，2022 年。

③ 吴翎君：《美国人未竟的中国梦：企业、技术与关系网》，台北：联经出版社，2020 年，第 32 页。

④ 对近代中国航运市场的专题研究参见朱荫贵：《清代木船业的衰落和中国轮船航运业的兴起》，《安徽史学》2014 年第 6 期；杨蕾：《近代日本轮船航运的崛起与轮船招商局》，胡政、陈争平、朱荫贵主编：《招商局历史与创新发展》，社会科学文献出版社，2018 年，第 428—441 页；张弛：《19 世纪末对朝海上贸易中的中日航运力量对比》，《中州学刊》2014 年第 3 期。

资料统计了历年中国港口进出船只的类型、国别以及各港船只进出数量及其比重情况，从宏观的角度展现出中国近代航运市场的变迁。[①] 萧明礼、毕可思（Robert Bickers）与罗安妮（Anne Reinhardt）对近代中日与中英航运业的研究从更大的历史视野深入探讨传统议题。

过往对中日航运业的研究往往立足本国自身学术脉络，未能全面反映 20 世纪三四十年代日本在华航运业的经营及与中国航运业的竞争，其对日本战时经济所发挥的影响亦无系统研究。萧明礼延续了刘广京对英美在华航运竞争的关注，利用海关年报与东京大学经济学部所整理的《战时海运关系资料》作为核心史料揭示了近代日本在华航运业的兴衰。[②] 前者作为战前各国在华航运业经营数据的主要来源，后者则详细记载了战时日本航运决策与在华航运经营的详细情况。氏著核心议题在于 20 世纪 30 年代中日经济关系以及全面抗战期间日本在华资源流通体系对日本战争经济的影响。作者指出这一时期中日航运业的竞争与摩擦本质在于两国为了保护自身区域经济圈的资源与市场。其间，由于英美对日本的制约以及国民政府的航运现代化建设，氏著对于轮船招商局的论述集中于全面抗战前的中日航运竞争。作者通过日本递信省管船局的档案资料与现有招商局的史料加以对照，指出 20 世纪 30 年代刘鸿生对招商局的改革虽然受到债务积压影响，未能扭亏为盈，但从运费、运量、运输效率及市场占有率而言，这一时期国民政府的航运改革值得肯定，并引起了日本产业界的重视。

毕可思向以中英间的文化史与跨国研究见长。其对太古公司的研究并非企业史的成果，而是试图以太古公司的经营与人事展示近代东亚如何融入世界体系。[③] 通过利用施怀雅的家族档案与太古公司的企业档案，毕可思揭示了太古公司的百年经营历程、与英帝国的动态关系及其所构建的跨国网络。作者指出太古公司之所以能屹立不倒，在于家长制与企业家精神所结合的企业文化、英帝国的政治支持以及资本、知识与人力所组成的跨国网

① 王子龍「近代中国航運市場の概観—海関統計を中心に」『経済学研究』第 60 号，2018 年。
② 萧明礼：《“海运兴国”与“航运救国”：日本对华之航运竞争（1914—1945）》，台北：台湾大学出版中心，2017 年。
③ Robert Bickers. *China Bound: John Swire & Sons and its World, 1816－1980*, London: Bloomsbury Business, 2020.

络。19 世纪 70 年代，太古轮船公司雇佣买办并与轮船招商局和怡和轮船公司形成班轮公会，使其从以英国为中心的资本主义世界经济进入远东航运与贸易的市场。

与其类似，罗安妮对中国近代航运业的研究及类似合作机制格外关注。[①] 不过，她的问题意识更加独特。作者以航运业为切入点，展示近代中国半殖民主义的复杂性。对招商局而言，这一合作机制看似放弃了所谓“商战”和挽回利权的企图，但稳定的盈利和竞争的缓和亦为自身提供了保障，体现出半殖民主义的特殊性。作为殖民地的印度即无类似机制存在。值得一提的是，作者通过将轮船视作社会空间，展现了航运业中普遍性的殖民话语与权利。作者从雇员情况、船舱设计与船票定价等具体方面入手，揭示出正是轮船企业与航运行业的经营业态形塑并巩固了轮船航行中普遍存在的种族与阶级特权，轮船招商局等本土企业亦是如此。20 世纪 30 年代“茶房危机”集中体现了半殖民主义对航运业经营管理所造成的限制。本书虽然以“半殖民”这一宏大而抽象的概念为研究主题，但通过把轮船作为一种方法而言之有物，既丰富了航运史的研究视角，更通过航运史的案例，展示了“半殖民”秩序的复杂性。

（二）招商局的企业制度研究

对企业制度的研究乃是企业史的重要议题。轮船招商局是中国第一家华资股份公司，并经历了官督商办、商办与国有化的复杂变迁，故招商局不仅作为研究对象具有重要研究价值，更是可以成为对研究政企关系与企业制度的重要论证工具。现有研究不乏透视所有权变迁过程中官商博弈的具体个案，出现了更多理论化的思考。

就个案研究而言，虞和平与吴鹏程以清末民初招商局的“改归商办”为个案，将之置于清末民初“官企”改制的趋势中展开详细考察，揭示出绩优企业改制中的激烈博弈以及商政改革所塑造的商业环境。作者指出其间官商

① ［美］罗安妮：《大船航向：近代中国的航运、主权和民族建构（1860—1937）》，王果、高领亚译，北京：社会科学文献出版社，2021 年。

间的博弈并非传统观点中盛宣怀与袁世凯对企业控制权的争夺，而是官商间体制性博弈的结果。[①] 段金萍与马腾皆关注20世纪30年代轮船招商局改归国有的过程。前者强调招商局的“清查”与“监督整理”过程始终受到国民政府主导，双方博弈并非均衡；后者强调这一过程不仅展现了传统官商博弈，更蕴含着国民党内高层派系斗争。[②]

另一方面，官督商办制度对轮船招商局的影响始终受到学者关注。朱荫贵延续了自身对股份制与官督商办制度的思考，着重突出股份制中中国商业的传统色彩。值得一提的是，相较过往研究对清政府干预轮船招商局经营的负面认识，其特意指出了招商局商办时期所存在的种种弊端，突出其“有商办外貌而无商办实质的特点”[③]。张忠民从产权制度、治理结构和剩余分配的角度对轮船招商局自创建至中法战争期间的企业制度，指出由于轮船招商局的开办资金存在大量政府主动垫资，故而清政府取得了对企业治理的话语权。其次，轮船招商局的包办制降低了交易费用，但是始终缺乏科学核算。需要注意的是，其指出政府对轮船招商局的垫资应当属于债权而非股权。过往研究将债权性质的利息分配归入企业剩余分配，故而对企业经营情况的估计过于乐观。[④] 部分学者以官督商办与轮船招商局作为选题，整体论述依旧处于传统与现代的对立与割裂中，显示出这一议题的研究几近成熟，创新程度有限。[⑤]

值得一提的是，通过对史实的概括、提炼及对制度经济学的理论借鉴，近年学界对政企关系的研究呈现出更多理论色彩。历史学者尝试通过对史实

---

① 虞和平、吴鹏程：《清末民初轮船招商局改归商办与官商博弈》，《历史研究》2018年第3期。

② 相关成果参见段金萍：《南京国民政府对招商局的接办与经营（1927—1937）》（未刊），硕士学位论文，南京大学历史学系，2009年；马腾：《从商办到国营：轮船招商局“控制权”的转变》（未刊），硕士学位论文，华中师范大学历史文化学院，2021年。

③ 朱荫贵：《试论轮船招商局商办时期的弊端》，胡政、陈争平、朱荫贵主编：《招商局历史与创新发展》，社会科学文献出版社，2018年，第102—120页；《论近代中国股份制企业经营管理中的传统因素》，《贵州社会科学》2018年第6期。

④ 张忠民：《轮船招商局早期的企业制度特征（1872—1883）》，胡政、陈争平、朱荫贵主编：《招商局历史与创新发展》，社会科学文献出版社，2018年，第323—341页。

⑤ 相关内容参见季晨：《盛宣怀与轮船招商局（1885—1902）》，硕士学位论文，华东师范大学历史学系，2012年；李世明：《博弈与嬗变：晚清轮船招商局官商关系探赜（1872—1911）》，硕士学位论文，东北师范大学历史文化学院，2014年。

的概念化，加强企业史研究的“说理”性。过往对官督商办的研究多为静态描述，李玉提出以“跷跷板效应”从动态和复合的视角考察“官督”与“商办”围绕利益天平的博弈与整合。其中，“官”的力臂更长，影响更大。通过对20世纪二三十年代招商局政企关系演变的三个重要节点（招商局抵制北洋政府“查办”、招商局被国民政府全面清查与招商局从“国营”到“国有”）的考察，李玉通过合作博弈与非合作博弈的角度将这一效应予以凝练，指出北洋政府和南京国民政府干预招商局的不同结局体现出近代政企关系博弈条件的变化。[①]

社会科学学者侧重使用理论模型解释官督商办的制度选择和经济绩效。刘清平与燕红忠将官督商办视为“官权”与“股权”结合的合伙治理结构。值得一提的是，两者将“官权”与“股权”视作企业所必要的“专用性资产”，故而通过公司或其他形式的治理方式效率有限。不过，更多学者对官督商办制度的分析突出了这一制度所具有的传统和过渡的特征，实际缺乏股份制的内涵。[②] 例如，狄金华与黄伟民借鉴科尔奈的“预算约束软化”，将招商局与清政府的关系视作“双边预算约束软化”。两者皆对彼此存在依赖，故而可以对风险进行转嫁和化解。随着清末漕运逐渐衰败，双方组织依附关系方才不断弱化。[③] 王明与龙登高从约束条件影响制度选择的视角出发，指出官督商办企业有依附洋务官员、股本源于社会、政治利益优于经济利益三个约束条件，从而形成“股东—管理层”“官员—管理层”两组委托代理关系并存的治理机制。[④] 故而官督商办企业注定难以实现长期的有效率经营，最终在动荡的政治环境中走向衰败。

---

① 相关成果参见李玉：《关于加强中国近代史研究“说理”性的几点思考》，《南京社会科学》2018年第6期；《晚清“官督商办”企业制度的“跷跷板”效应》2016年第4期；《从几个节点看1920—1930年代招商局政企关系演变》，《社会科学辑刊》2022年第1期。

② 相关成果参见周建波：《西方股份公司制度在中国最初的实践和评价——官督商办企业的再评价》，胡政、陈争平、朱荫贵主编：《招商局历史与创新发展》，社会科学文献出版社，2018年，第313—323页；陆兴龙：《晚清新式企业中的股份制分析——以轮船招商局为中心》，胡政、陈争平、朱荫贵主编：《招商局历史与创新发展》，第342—353页。

③ 狄金华、黄伟民：《组织依附、双边预算约束软化与清末轮船招商局的发展——基于轮船招商局与清政府关系的分析》，《开放时代》2017年第6期。

④ 王明、龙登高：《官督商办企业的兴与衰：企业治理的机制视角》，《中国经济问题》2021年第7期。

（三）招商局的相关人物研究

自招商局创建至中华人民共和国成立，招商局的领导班子不断变化。过往成果大多关注李鸿章与盛宣怀等晚清洋务大员。近年相关人物研究不断丰富和深化，并对民国人物研究有所补充。

对晚清招商局相关人物的研究不断深入。洋务人物对招商局的作用与影响得到更细致地描述，尤以对唐廷枢的研究为盛。澳门科技大学主办的《唐廷枢研究》为唐廷枢与相关洋务人物的研究提供了发表平台。就史实而言，所载成果关注到若干以往研究所忽略的“中层人物”[①]。就研究的视角而言，所载成果以人物研究为中心，展现出明显的跨国视野。虞和平指出唐廷枢在招商局对旗昌轮船公司的收购中自始至终发挥主导作用，并重点介绍了其对收购事宜的善后，点明唐廷枢与太古、怡和所签订的齐价合同为招商局 19 世纪 90 年代走出经营困境发挥重要作用。高俊与蒋之豪挖掘了唐廷枢对中英“福星轮”事件的调解。其时中英双方围绕船货损失与人命抚恤发生争议而陷入僵局，唐廷枢通过“分案办理”的方式，分步向英国在华领事法庭起诉，不仅使得该案得以解决，更为后续中外海难纠纷提供了经验。金国平通过中巴档案与报刊、文学资料，展示了唐廷枢代表轮船招商局就输送华工一事与巴方的交涉，并且将这一计划的失败视作中国资本和以英国为代表的国际殖民资本较量失手的结果。[②]

值得注意的是，朱浒对盛宣怀的研究立足于洋务运动与盛宣怀研究的厚重基础，揭示出过往洋务运动研究所忽视的复杂面向。[③] 相较过往基于现代化范式的研究成果，氏著从盛宣怀的赈务活动找到了反思的突破口。作者以上海市图书馆藏档案作为主要参考，从洋务与赈务的交织关系，展现了盛宣

---

① 对相关中层人物的研究参见宾睦新：《轮船招商局员董唐廷庚史事考述》，《唐廷枢研究》2020 年第 1 期；何爱民：《轮船招商局帮办张鸿禄事迹考述》，《唐廷枢研究》2021 年第 1 期。

② 相关研究参见虞和平：《唐廷枢与晚清轮船招商局的第一次命运转折——以招商局收购旗昌轮船公司为中心》，《唐廷枢研究》2021 年第 1 期；高俊、蒋之豪：《唐廷枢与“福星轮事件”》，《唐廷枢研究》2021 年第 1 期；金国平：《唐廷枢巴西之行述略》，《唐廷枢研究》2021 年第 1 期。对唐廷枢与近代航运业的系统论述可以参见张富强、何晓丽：《唐廷枢与近代民族航运业》，《唐廷枢研究》2021 年第 1 期。

③ 朱浒：《洋务与赈务：盛宣怀的晚清四十年》，北京：中国人民大学出版社，2021 年。

怀及其时代的耦合性。就招商局而言，李鸿章会主导轮船招商局的创办，与其赈济直隶水灾期间物资运输困难密切相关。起初，轮船招商局的创办一度遭到江南商人的冷落与不满，故而以徐润和唐廷枢为首的广东买办成为洋务事业主导力量之一。直到丁戊奇荒，轮船招商局等民用洋务企业因为赈务只能偏离正常经营，低价运送赈粮，人事与资金亦受冲击。其间，江南绅商因为对义赈的参与缓解了洋务企业的压力，并被盛宣怀等引入洋务事业。

另一方面，对民国招商局相关人物的研究得以丰富。姚青铁关注到20世纪30年代中期刘鸿生对招商局的经营。该文将之视作家族企业以社会资本摆脱经营危机的被动尝试。不过由于这一时期国民政府对经济的干预渐强，这一尝试成效有限。① 李培德率先引用《蔡增基回忆录》，辅以英国财政部档案与李滋罗斯的回忆录，展现了中英双方就招商局借款问题所展开的交涉及蔡增基所发挥的突出作用。蔡增基的谈判策略使得英方允许招商局重组所欠款项，借款利息得以下降，偿还方式亦改为了分期付款。② 陈俊仁将徐国禹视为近代国有企业领袖中的代表，展现出徐作为技术官僚的人生经历与政治实践，并突出其人际网络对招商局经营的作用。③

三、反思与展望：中国企业史研究的“深翻”与扩展

如前所述，过去十年招商局史研究时段有所扩展，所用史料更加丰富、而且研究视角更加多元，以往研究未详述的历史细节和复杂面向得到了更深入的细化。可见，过去十年招商局史研究成果丰硕，并呈现出鲜明特点。

第一，立足于过往招商局史研究的扎实基础，史事的重建、细化或再思

① 姚青铁：《社会资本视角下家族企业家身份转变与政治关联》，胡政、陈争平、朱荫贵主编：《招商局与中国企业史研究》，社会科学文献出版社，2015年，第110—126页。

② 李培德：《蔡增基：中英借款谈判的推手——李滋罗斯与招商局贷款往来书信解读（1936—1937）》，《近代史学刊》2021年第1期。对蔡增基与其回忆录的研究可以参见黎志刚、杨彦哲：《从〈蔡增基回忆录〉看民国史上的航运、经济、政治和日常生活》，《国家航海》2017年第2期。

③ 陈俊仁：《近代中国国营企业领袖研究——以招商局徐国禹为例》，胡政、陈争平、朱荫贵主编：《招商局与中国企业史研究》，社会科学文献出版社，2015年，第127—149页。

考不断涌现。过往研究较少涉及的史事得到细致描述。以目前学界对航运业的行业史研究为例。这一领域不断细化，从宏观的行业状况与中外竞争逐渐细化为具体的航运业务，例如物流运输、航运人才的培养与海难的交涉与善后。此外，对现有研究关注较多的历史事件，研究者们通过对史料与过往研究的细致爬梳，找出现有研究所存在的不同认识，以此入手，展示出更复杂的历史面貌。读者对于李鸿章对轮船招商局的创办、招商局对旗昌轮船公司的收购、与太古和怡和公司的齐价合同、清末民初招商局的改归商办及20世纪30年代招商局的国有化类似史事不算陌生，而研究者通过不同的研究视角、更丰富的史料来源以及更全面的解读方式从相对清晰的史事中揭示出不同的历史面向。

第二，研究视角与问题意识得到了转换和更新。近年无论招商局史抑或中国企业史的研究综述皆对经济学与管理学理论方法的应用寄予厚望。不过就过去十年研究现状而言，引起学界对话与讨论的跨学科研究数量寥寥。这一研究领域不乏新的创见，但是更多源自对历史学科内部问题意识与史料运用的反思与拓展。过往招商局史研究的内容与主题集中于企业的人事、经营、政企关系与企业制度的变迁，对社会与文化议题的涉及较少。近年若干以招商局为个案的研究，不再局限于企业史与行业史，体现了更丰富的研究议题。朱浒对轮船招商局的研究从“洋务”扩展至“赈务”，吴翎君将中法战争期间招商局与旗昌洋行的轮船交易置于中美关系的国际视角展开探讨，罗安妮则以轮船与航运业透视近代中国半殖民主义的独特性与普遍性。如是研究并未运用何种社会科学理论，却通过研究视角的转换与问题意识的更新，将招商局与更具体的历史图景和更丰富的研究议题得到结合。

值得注意的是这两个特点本身体现了目前招商局史研究的趋势，即招商局史开始展现出更多企业史与行业史外的研究视角与问题。虽然对招商局经营状况、人事管理与企业制度的研究持续推进，不过鉴于这一研究领域相当成熟，“填补空白”式的史实重建日益减少，亦难以发掘超越现有研究的问题意识；对已有议题的扩展往往面临着庞杂的史料与文献，创新程度有限。相较过往招商局史研究，近年中外学者开始将其作为研究对象，超乎企业史与行业史的分析范畴，使之承载更丰富的问题意识。

这一现象乃是过去十年招商局史研究所出现的明显趋势。如何认识与理解这样一种趋势不仅关乎对招商局史研究的认识，更与中国企业史研究的推进密切相关。朱浒对盛宣怀的研究与罗安妮对半殖民主义的研究皆有类似特点。读者很难将之归为传统的招商局史范畴，甚至作者本身就曾直接表示自身研究并非传统的经济史。两者虽然各有侧重，但是不乏共通之处，并具有一定程度上方法论的意义。

与招商局史研究类似，学界对盛宣怀的研究成果相当丰富。然而，“有些成果在论述内容上较先前更为丰富、细致，但在整体的研究视角、认知方式和逻辑上，很少出现具有突破性和超越性的思路”，只能在费惟恺与夏东元的论点中“打转”。朱浒将其原因归为由于既有范式制约，过往研究以传统与现代和国家与社会等观念为标准，将不同的史事归入不同的系统，再根据不同史事对整体结构的功能判断其性质与价值，最终造成了不同史事间的孤立。为此，朱浒曾提出以“深翻”的方式扩展盛宣怀研究等重大论题。所谓“深翻”，即深入检视过去主导性研究的问题意识及其所存在的认识误区，并深入勘察以往研究所立论的资料基础，寻找资料的局限和运用的缺陷，从而最终形成对相关史事的准确解读。[①]

具体而言，朱浒所提倡的“深翻”本质在于对现代化范式的反思。这一思考本身源自其对晚清史的定位问题。这一领域既可与清史贯通，亦可后启民国史研究，故而存在着革命史范式的“下行线”与现代化范式的“上行线”的不同线索。然而无论向前，抑或向后，晚清史的主体性都有消解的风险，如果将之重新视作独特历史阶段加以理解，就应对其展开重新审视。[②]就问题意识而言，受现代化范式的影响，过往研究“习惯于按照事先认定的层级秩序来排比史事，从而造成了历史进程的极大割裂”[③]。例如，盛宣怀的

---

① 朱浒：《晚清史研究的“深翻”》，《史学月刊》2017 年第 2 期。

② 关于朱浒对晚清史研究的方法论思考，除《晚清史研究的“深翻”》（《史学月刊》2017 年第 2 期）外，相关内容可以参见其于复旦大学历史学系讲座。相关纪要参见朱浒：《晚清史的另一种写法——〈盛宣怀的晚清四十年〉的未竟之思》，王艺朝、黄佳玮整理，澎湃新闻，2022 年 1 月 17 日，https://www.thepaper.cn/newsDetail_ forward_ 1622255，检索日期：2022 年 5 月 20 日。

③ 朱浒：《洋务与赈务：盛宣怀的晚清四十年》，第 26 页。

生平史事就划分为政治史、经济史和社会史的不同门类，同时因不同的层级地位而受到不同程度的关注。故而“洋务”归为经济史的向度，置入工业化的叙事中，而“赈务”则归为社会史的向度。就材料运用而言，旧有材料所具有的价值有待更深入地挖掘。例如，李鸿章《试办招商轮船折》未提及盛宣怀，而盛恩颐《盛宣怀行述》则着重突出了盛宣怀对轮船招商局的创建之功。通过对两则材料的对比，盛宣怀的洋务之路究竟如何开启，便成了作者所关注的核心问题，对现有研究形成了挑战。

过往研究对洋务与赈务的关注甚多，但是往往将其间所存在的联系割裂。《洋务与赈务》揭示了盛宣怀以赈务所结成的关系网络与社会资本转化为洋务所依靠的资源，从而贯通了不同的“务”。故而，本书便不再局限于一部人物传记，或者盛宣怀不同史事的拼盘，而是像马克思对路易·波拿巴的描述一般，展现出“近代中国的社会变迁怎样造成了一种局势和条件”，造就了盛宣怀的事业。[①]

以《洋务与赈务》对过往盛宣怀研究的反思作为参照，过往中国企业史的研究或多或少存在类似的问题。高超群曾对中国企业史的研究现状做出反思，指出现有研究存在粗暴隔离传统与现代、简单对立中西历史经验、就制度研究制度与对特定领域缺乏关注的不足。[②] 受现代化范式影响，招商局史研究存在类似问题。现有研究往往关注既定认识层级中更优先和更重要的材料与问题意识。例如，过往招商局史研究成果大多集中于所有权变迁与中外航运竞争等企业史与行业史的经典议题，使用企业档案与航运史资料，而对一些看似更加日常和普通的经营活动有所忽视。

就此而言，招商局史依旧存在很多可讨论的空间。近年周健对漕运的研究与冯志阳对庚子救援的研究皆通过轮船招商局置入更具体的历史脉络，揭示出晚清中国社会经济所发生的广泛变迁。前者将19世纪中期折征折解与采买海运对原有本色河运的取代视作清季国家重心转向寻求富强却又陷于财政困境之背景的市场化改革。原本不计成本“贡赋逻辑”逐渐遭到取代。其

---

① 朱浒：《洋务与赈务：盛宣怀的晚清四十年》，第27页。

② 高超群：《中国近代企业史的研究范式及其转型》，《清华大学学报（哲学社会科学版）》2015年第6期。

间，轮船招商局作为官督商办企业的兴起起到了重要的作用。[①] 后者对庚子救援的研究不仅涉及庚子年间南北海运交通，更从漕运角度分析了所谓“东南意识”的兴起。轮船招商局的“漕运专利”本质在于“损北补南”。以轮船和电报为代表的西洋器物为南北分别造成了利益与损害，导致了南北双方对西方的态度存在明显差异，最终导致南北对中国时局的不同认识。[②]

如前所述，过去十年招商局史研究体现出中国本土学界就材料运用与问题意识所存在的结构功能主义对现代化范式的深刻反思，近年海外学界对企业史的研究亦呈现出新的变化。以罗安妮《大船航向》为例，近年西方学者开始将企业作为一种分析工具，纳入自身论述框架。氏著重点强调半殖民中国轮船与航运业商业与政治的合作机制，“而不是作为合作者的特定个人或群体”[③]。跳出传统的企业史或航运史研究，作者更希望与史书美与何伟亚等长于文化研究与后现代史学的学者对话。对这一研究路径的理解需要回到海外学界对中国近代半殖民主义的研究脉络。20世纪80年代于尔根·奥斯特哈默（Jürgen Osterhammel）曾提出将中国近代的殖民性视作“非正式帝国”[④]。世纪之交，这一问题曾经引起海外学者的广泛讨论。史书美与顾德曼皆侧重这一半殖民主义的特殊性，而何伟亚则强调殖民作为一种话语权力的普遍性。[⑤] 本书初稿正是罗安妮于20年前立足这一学术分歧所完成的博士论文。

另一方面，直到近年《大船航向》方才以专著的形式面向中外学界出版。这一现象更体现了近年海外学界，尤其企业史家对半殖民地与“非正式

---

① 相关成果参见周健：《改折与海运：胡林翼改革与19世纪后半期的湖北漕务》，《清史研究》2018年第1期；《贡赋与市场：19世纪漕运之变革与重构》，《中国经济史研究》2021年第2期。

② 冯志阳：《庚子救援研究》，北京：北京师范大学出版社，2018年，第327—328页。

③ ［美］罗安妮：《大船航向：近代中国的航运、主权和民族建构（1860—1937）》，王果、高领亚译，第11页。

④ Jürgen Osterhammel, “Semicolonialism and Informal Empire in Twentieth Century China: Towards a framework of analysis,” in Imperialism and After: Continuities and discontinuities, edited by Wolfgang Mommsen and Jurgan Osterhammel (London: Allen and Unwin, 1986), 276.

⑤ 对中国近代半殖民主义的早期讨论参见［美］史书美：《现代的诱惑：书写半殖民地中国的现代主义（1917—1937）》，何恬译，南京：江苏人民出版社，2007年，第421—427页；Bryna Goodman, “Improvisations on a Semicolonial Theme, or, How to Read a Celebration of Transnational Urban Community,” The Journal of Asian Studies 59/4 (2000): 916；［美］何伟亚：《英国的课业：19世纪中国的帝国主义教程》，刘天路、邓红风译，北京：社会科学文献出版社，2003年，第15—21页。

帝国”的重新回归。相较过往学者对这一概念的争论，他们更倾向于将之视作一种企业史的分析框架，借以探讨中外历史主体对中国近代工业的形塑。[①]吴晓（Shellen Xiao Wu）对煤矿的研究与柯丽莎（Köll Elisabeth）对铁路的研究皆体现出类似的问题意识。[②] 前者从科技史的视角揭示了帝国主义与现代地质学知识的舶来与本土化形塑了近代中国对自然资源的开发观念与管理模式。后者将铁路部门视作一种理性并且以盈利为目标的企业组织（institution），并指出半殖民性导致中国铁路从多国的技术与管理模式中诞生并逐渐走向统一。其间，政局的动荡与国家能力的薄弱催生出以铁路部门为代表的行政科层，而其具有明显的区域性特征。

与航运史与招商局史一样，煤矿史与铁路史作为过去洋务运动史研究的重点，研究基础相当深厚。相较过往的企业史研究，这一研究路径不再着重探讨企业的经营绩效或基于经济民族主义角度的中外产权纠纷，而是关注资本、人员、知识与制度的流动以及中外历史主体的竞争与合作。以半殖民和帝国主义的外在影响作为中国近代工业化的重要特征，使得相关研究既发展了海外学界对半殖民主义的早期讨论，更显示出西方学界“文化转向”与“全球转向”对企业史研究的影响。

需要注意的是，西方学界对企业史研究的突破不限于此。近年西方企业史家更开始对“文化转向”和“全球转向”展开反思，将企业史与劳工史、性别史、新文化史结合，提出了资本主义史的研究路径，部分学者注意到企

---

① 近年对中国近代半殖民主义的研究综述可以参见 Yang Taoyu. “Redefining Semi-Colonialism：A Historiographical Essay on British Colonial Presence in China.” Journal of Colonialism and Colonial History 20/3（2019）。以半殖民主义为分析框架的典型研究可以参见 Frost, Shuang L., and Adam K. Frost. “Taxi Shanghai：Entrepreneurship and Semi-Colonial Context.” Business History, 6（2021）。

② 相关成果参见 Wu, Shellen Xiao. “*Empires of Coal: Fueling China's Entry into the Modern World Order, 1860－1920*”（Stanford：Stanford University Press, 2015. Köll Elisabeth.）“*Railroads and the transformation of China*”（Cambridge, Massachusetts ：Harvard University Press, 2019）。与之类似，萧建业（Victor Seow）对抚顺煤矿的研究与陈颖佳（Ying Jia Tan）对近代中国电力部门的研究虽未就半殖民主义有所强调，不过皆关注到帝国主义（imperialism）对近代中国工业化的影响，并且以环境史与科学、技术与社会（Science, Technology and Society）的视角体现出新的问题意识，不再限于企业史或行业史的研究脉络，参见 Victor Seow. *Carbon Technocracy Energy Regimes in Modern East Asia*（Chicago and London：The University of Chicago Press, 2022）；Ying Jia Tan. *Recharging China in War and Revolution, 1882－1055*（Ithaca and London：Cornell University Press, 2021）。

业史对资本主义的关注正在复兴，相较经济学的经济史学与管理学的企业研究，这一源自历史学内部的趋势“或许甚至超越了阿尔弗雷德·钱德勒的传统”。2008 年，美国企业史学会曾经讨论了会名改为“资本主义史学会”的可能性。[①] 资本主义史的兴起存在诸多因素。[②] 就学术史内部而言，它的兴起很大程度在于“文化转向”对经济维度的抹杀，加之数理模型与计量方法的兴起使得历史学的经济史逐渐遭到了边缘化。以斯文·贝克特（Sven Beuckert）为首的学者不满于此，试图以“资本主义”为分析工具，重新拾起对经济维度的关注，并整合了企业史、劳工史和社会史的问题意识，希望讨论塑造经济的政治、社会与文化因素之联结。故而，这一研究取径既不乏对现有研究方法的承接，亦体现了自身的创新。

以美国资本主义史的研究为例，资本主义史的研究相较于其试图整合的若干领域，具有鲜明特征。其一，资本主义史的首要之义与核心观念在于重新以政治经济为研究的中心议题。研究者们并未承认任何经济学的基本假设，而是思考类似经济模式如何通过政治性的社会过程得以建构，受到市场与政治秩序的互动成为资本主义史家持续关注的话题；其二，资本主义史关注不同时代参与形塑政治经济过程的个体与群体所具有的生活经历。这一特点源自过往历史学取径的交汇，即既扩大了历史学的研究对象，又重新拾起重视个体经验的方法论。相较社会史研究“从下到上”的研究路径，资本主义史家提出“直达顶端”作为补充，即实现“从下而上、直达顶端”（from the bottom up, all the way to the top），强调整合过去社会史与政治史、经济史与新文化史等不同领域；其三，资本主义史注重知识的生成过程。这一特点

① 相关内容参见［法］帕特里克·弗里登森：《企业史研究领域发生了资本主义回归吗?》，［德］于尔根·科卡、［荷］马塞尔·范德林登编：《资本主义：全球化时代的反思》，于留振译，商务印书馆，第 148 页；加雷斯·奥斯汀：《资本主义作为一种概念的回归》，［德］于尔根·科卡、［荷］马塞尔·范德林登编：《资本主义：全球化时代的反思》，于留振译，商务印书馆，第 270 页。

② 资本主义史的兴起背景参见 Michael Zakim and Gary J. Kornblith eds., *Capitalism Takes Command: The Social Transformation of Nineteenth-Century America* (Chicago: University of Chicago Press, 2012), 1-7. Sven Beckert And Christine Desan eds., "*American Capitalism: New Histories*" (New York: Columbia University Press, 2018), 1-9；［美］斯文·贝克特：《新资本主义史学》，［德］于尔根·科卡、［荷］马塞尔·范德林登编：《资本主义：全球化时代的反思》，于留振译，北京：商务印书馆，2018 年，第 305—310 页。中国学者相关评介参见于留振：《当今欧美史学界如何研究资本主义史?》，《史学理论研究》2019 年第 3 期。

并非源自对新文化史的背离，而是继承了对知识、观念与权力关系的反思。资本主义史家重新审视信仰、文化与理性观念，并且将之视作以自我利益作为行为的驱动力的合法性基础；最后，资本主义史顺应了全球史的转向，同时通过对国内国际规则、法律、条约与权力分配的关注与全球史有所区分。[①]

通过资本主义史的研究路径，企业史的研究对象以企业家为代表的群体转向资本主义本身，从而将研究的重点由个体企业和关系网络转向资本主义所立足的社会环境。由此，不仅研究范围得以扩大，更能从更广泛的组织视角揭示市场的建构以及市场对社会公共空间的嵌入过程，与经济学理论形成补充与对话。[②] 斯文·贝克特曾认为，企业史与劳工史的研究领域“已经陷入僵局，需要引入新的视角”[③]。杰弗里·琼斯（Geoffrey G. Jones）虽然不赞成前者对企业史的态度，但同样坦承“资本主义史使企业史与历史学的关注焦点更为一致……更让主流历史学者对资本主义发展史的关注日益递增”[④]。

就中国史研究而言，平田康治对鞍山与鞍山钢铁公司的研究可以作为典型，予以参照。其以“超工业主义”（hyper-industrialism）的概念描述以鞍钢为代表的国家主导的战略性工业化。作者指出，日本、苏联、国民政府与人民政府秉持着共同的超工业主义信念，即为了建设现代国防，国家主导了战略性工业化。这是 20 世纪总体战的产物，同时又源自其间东北亚社会主义和资本主义阵营边界间思想、资本和知识的跨国流动。平田康治直言自己采用资本主义史的研究路径，并将其扩展至东亚与社会主义的研究。其通过展示国家政策和国际关系如何与企业经营、地方政治和民众的日常生活相互结合，审视国家主导型工业化的起源、经过及其影响。[⑤] 故而，作者虽以鞍钢作为核心研究对象，但涉及了企业史、劳工史与国际关系等若干议题，丰

---

① Sven Beckert and Christine Desan eds., *American Capitalism: New Histories*, New York : Columbia University Press, 2018, pp.10 - 14.

② ［法］帕特里克·弗里登森：《企业史研究领域发生了资本主义回归吗?》，［德］于尔根·科卡、［荷］马塞尔·范德林登编：《资本主义：全球化时代的反思》，于留振译，商务印书馆，2018 年，第 143—174 页。

③ ［美］斯文·贝克特：《新资本主义史学》，［德］于尔根·科卡、［荷］马塞尔·范德林登编：《资本主义：全球化时代的反思》，于留振译，商务印书馆，2018 年，第 309 页。

④ ［美］杰弗里·琼斯：《全球企业史综述》，黄蕾、徐淑云译，《东南学术》2017 年第 3 期。

⑤ Koji Hirata, *Steel Metropolis: Industrial Manchuria and the Making of Chinese Socialism, 1916 - 1964*. Ph.D. Dissertation. Stanford University, 2018, p.4.

富了学界对近代东北政治经济的认识。

可见，本土学者面对晚清史与洋务运动史等传统议题的停滞不前与碎片化趋势中问题意识创新的有限，强调对现代化范式的反思，侧重从既有材料出发，反思过去解读史料与排比史事的问题意识；海外学者则更明显地受到文化转向与全球转向的影响，并以资本主义史的研究路径对这一学术思潮作出了回应。虽然中外学者所面临的问题有所不同，由此而产生的反思亦有相当区别，但是存在一定的相似性，即通过对既有研究路径的反思，转换研究视角，扩展问题意识，使招商局史与中国企业史研究的视野不再局限于企业与行业本身。

四、结　语

轮船招商局是中国近代企业的突出代表，而招商局史亦为中国企业史研究的重要领域。过去十年招商局史研究取得长足进展，研究时段有所拓宽，研究视角趋向多元，丰富了对招商局、轮船航运业以及相关人物的历史认识。

值得注意的是目前招商局史研究依旧面临一些问题。对轮船招商局自身的企业史与行业史研究不断细化，但超越现有研究的问题意识相对有限，难以对过往成果所形成的基本面向有所创新。

这是问题，更是机遇。过去十年中外学界针对中国近现代史研究的方法论与问题意识有所反思与突破，为未来招商局史与中国企业史的研究提供了一定借鉴。本土学者从问题意识与史料运用的角度出发，以“深翻”的态度重新审视了现代化范式对研究者所造成的制约。正是因为对史事的认识受到既有认知层级的束缚，不同史事间的联系遭到割裂。研究者对于史料的检索与解读更是以分门别类的专题为索引，故而不能形成对史事的贯通理解，更难以完整地认识历史进程。另一方面，近年海外学者开始将更多文化史、科技史和跨国史的视角融入对中国近代企业的研究。这一趋势体现了近年西方学界“文化转向”和“全球转向”对企业史所造成的持续影响，更反映出近年资本主义史作为一种研究路径的兴起。后者整合了企业史、劳工史和新文化史的问题意识，希望讨论塑造经济的政治、社会与文化因素之联结。

如是观点并非否认史实重建或者描述性研究的价值，也并非反对经济学或管理学理论和方法的引入。就史实的重建而言，未来研究需要重视新史料的开拓与旧史料的“深翻”。招商局的档案集中藏于深圳蛇口招商局历史博物馆与南京中国第二历史档案馆（以下简称“二史馆”）。受到开放程度有限，二史馆馆藏档案始终没有得到有效利用。近年经过双方合作，二史馆馆藏招商局历史档案的数字化工作接近交付，《招商局历史珍档汇萃》即将出版，可为民国时期招商局的研究提供充分支撑。招商局史中的更多历史细节有待通过新的材料得到丰富和完善。不过，目前招商局史研究所利用的史料本身就足够地丰富，包括报刊、个人档案、企业档案、外交文件与日记和回忆录的材料，分布范围遍及世界各地，涉及中、英、日等多国语言。充分认识已有材料对研究者的能力要求有所提高。更重要的是，对史料的搜集与解读需要克服既有范式的制约与束缚，根据具体的历史情景确定史事的坐标位置，辨析并展现史事所具有的多重光谱，而非按照领域或者专题加以人为地切割。

就跨学科的研究而言，目前经济学者与管理学者对招商局史与中国企业史的参与方兴未艾，过去十年学界不乏借鉴相关理论的出色研究。不过，如是研究与历史学界的对话依旧有限，而且类似跨学科研究内部的脉络同样不够清晰。彼此间的对话不足。所利用的资源仍以制度经济学为主，而研究议题更集中于政商关系与企业制度等史学成果突出的领域，对新领域与新问题的开拓有限。相较而言，目前企业经营、人事管理与产权制度的研究达到一定程度，而与企业相关的更多面向尚未得到有效揭示。目前政治史、社会史与新文化史对招商局史与中国企业史研究的借鉴意义有所展现，航运技术的传入与适应、特定区域的航道开拓与旅客乘船时的航行体验皆有可讨论的空间，需要更多科技史、环境史与文化研究等研究路径与分析范畴的引入。如何借鉴他山之石，将舶来的概念、理论与分析范畴更好地用于对研究视角和问题意识的创新依旧值得未来学者深思。

百余年间，招商局经历了战争、革命与多次产权与管理制度的巨大变革，形成了深厚的历史积淀与文化底蕴。相较而言，无论招商局史，抑或中国企业史研究尚属年轻，需要一代又一代的学人以更多元而扎实的史料运用、更丰富而独特的问题意识将这一学术巨轮驶向更广阔的未来！

宜都红茶厂的创建与生产经营研究（1950—1955）

陈文佳*

摘要： 国有茶业贸易体系和宜都红茶厂的建立，打破了中国传统茶业以分散经营、个体经营为特征的局限，以计划带动生产，有效统筹和整合了湖北地区茶业的发展，改变了该地区长期以来茶业生产凋敝、茶农被剥削的困境，并重振了宜红茶的出口业务。中国茶业公司湖北省公司和宜都红茶厂在三个环节上实现了对当地茶叶产业的介入，分别是茶叶的收购、加工和销售。宜都红茶厂作为宜红茶区第一个机械化茶厂，实现了该地区茶叶生产从手工为主到机器为主的转变。宜都红茶厂的创建及生产经营是传统茶业向工业生产转变的有益探索，反映了国家权力介入传统经济部门以改变其落后的生产面貌所做的尝试，对其研究也为了解20世纪50年代初期鄂西地区经济发展与政权建设的互动打开了一扇窗户。

关键词： 湖北茶业；宜红；国有茶业贸易体系；计划经济；机械化

中华人民共和国成立后，传统的茶业发生了翻天覆地的变化，国营茶叶公司取代了私营茶商，成为推动茶业发展和转型的主要力量。国家权力的介入和计划经济体制的确立，使茶业从分散经营到统筹发展，并尝试探索一条与工业化相适应的发展路径。宜都红茶厂是宜红产区第一座机械化的红茶精

* 陈文佳，华中师范大学中国工业文化研究中心。

制厂，隶属于中国茶叶公司湖北省公司，主要负责外销红茶的生产与加工。作为一个创办于新中国成立初期的茶厂，其发展和壮大过程伴随着计划经济体制的确立和社会主义制度的建设，可视作我国机械化茶厂从无到有的典型案例。对宜都红茶厂的创建与生产经营的研究，有助于审视国有茶叶贸易体系下的传统茶业的转变。

一、国营茶叶贸易体系中的宜都红茶厂

茶叶是鄂西地区的重要特产之一，是繁荣山区经济、改善山区人民物质生活的重要支柱产业，宜都地区由于地势集中、滨靠长江、交通便利而成为茶叶产销集散市场。19 世纪，中国的茶叶出口贸易规模剧增，宜红茶的兴起也与此相关。清道光年间，广东茶商钧大福，带领江西技工到五峰渔洋关传授红茶采制技术，设庄收购精制红茶，运汉口转广州出口，开辟了宜红茶的出口之路。民国初年，当地设厂制茶前后共计 19 家，小有规模。全面抗战爆发前，精制茶厂仍有 6—7 家，制茶工人达 2 000 余人，年产精制红茶 7 000 余箱，由上海、广州出口畅销。全面抗战爆发后，红茶失去销路，各私人茶号前后停业，于 1940 年全部关闭。[①]

1937 年 5 月，国民政府实业部创立了中国茶叶公司，茶叶作为重要出口商品，被纳入统销物资的行列，中茶公司由此得到了重视，自 1940 年起，全国茶叶生产、制造、收购、运销及对外贸易等一切业务，均归中茶公司办理，湖北省亦设有汉口分公司。1938 年，汉口局势紧张，中茶公司在恩施设立“湖北办事处”，宜红茶区亦于 1940 年设立鹤峰联合茶厂，1941 年又设立鹤峰制茶所和五峰精制茶所。1942 年，中茶公司在湖北的机构撤销，主要人员大都转入平价物品处制茶厂，该茶厂继续负责指导鄂西茶叶产制运销。1945 年抗战胜利后，改为民生茶叶公司，其经营的业务包括外销、边销、内销三个方面。1947 年，该公司的业务在战争中基本停罢。1949 年，恩施茶厂和五峰茶厂均

① 李亚隆主编：《宜都红茶厂史料选》第 1 册，北京：中国文史出版社，2018 年（以下各册皆同一出版信息，不另注），第 5 页。

只保留厂房、残缺用具及少数看管人员，中华人民共和国成立后由人民政府接管。1949年9月，在民生茶叶公司和羊楼洞接管茶厂的基础上，先后成立了华中茶叶公司和国营羊楼洞茶厂。宜红茶区的生产和经营进入了新的阶段。[①]

1949年9月，在接管湖北省政府主办的民生茶叶公司基础上，武汉成立了第一家国营茶叶贸易机构——华中茶叶公司，后又改名为中国茶叶公司汉口分公司。该公司成立后，在湖北省建立了一系列分支机构，包括中国茶叶公司羊楼洞茶厂、汉口茶厂、宜红收购处、宜都转运站、恩施收购处、大冶收购处等。1950年，因配合大行政区对专业部门的统一建制和领导，汉口分公司改名为中国茶叶公司中南区公司，业务范围扩大到中南区六省。1951年，在汉口成立中国茶叶公司湖北省公司，领导全省茶叶经营和管理工作，将羊楼洞茶厂、宜红收购处、恩施收购处，划归省公司领导，后又将恩施收购处划归宜红收购处领导。为了适应红茶生产发展的需要，根据中南区公司的建议和总公司的决定，1951年3月将原宜红收购处，改建为宜都红茶厂，负责鄂西茶区的全部收购和宜红茶的精制加工工作。同年5月1日，宜都红茶厂正式成立，开始了紧锣密鼓的建厂工作，于9月建成投产。宜都红茶厂建立后，鄂西茶区的恩施收购处、渔洋关转运站及下设的28个收购站，1个初制厂，由宜都红茶厂统一管理，与宜都红茶厂统一核算。1951年，因宜都红茶厂加工能力有限，在历史上与宜红属一个生产经济区的湖南石门县泥沙市成立泥沙手工厂。1953年根据形势的发展，恩施收购处、泥沙茶厂，先后脱离宜都红茶厂，改为直属省公司领导。经过几年的调整扩充，到1954年上半年，湖北省初步形成了以中国茶叶公司湖北省公司为首的国营茶叶贸易体系。如图1所示，宜都红茶厂属湖北省公司直接领导，下设五峰办事处、鹤峰办事处、长阳办事处和渔洋关转运站，办事处之下又分别设置多个收购站。[②] 从机构的设置来看，宜都红茶厂的业务范围涵盖了鄂西地区几个重要的产茶地，以垂直管理的形式统合了该地区下辖各办事处的茶叶生产，尝试改善茶园分散、相对封闭等弊端，有助于茶叶的统一收购和加工。但各办事

---

① 湖北省茶麻分公司编：《湖北茶叶贸易志》，（内部资料）1985年，第38—42页。
② 湖北省茶麻分公司编：《湖北茶叶贸易志》，第49—52页。

处相对比较独立，在具体业务开展的过程中，由于相隔较远，缺乏足够的沟通，也存在着竞争，导致茶价有高低，步调不一致，使宜都红茶厂所制定的经营策略未能在所有地区有效推行。

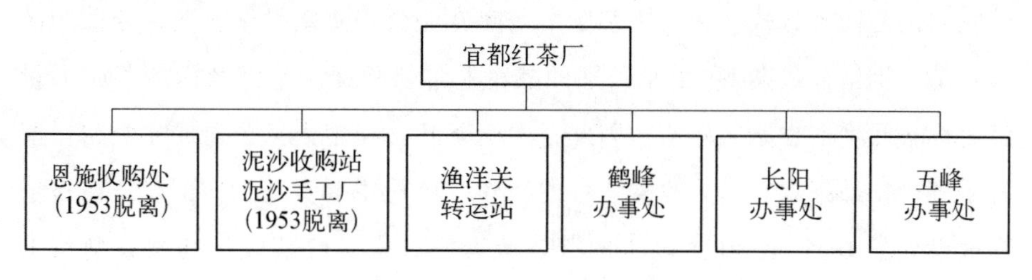

表 1　宜都红茶厂 1951—1954 年组织架构

二、计划经济体制下的宜红生产经营模式

宜都红茶厂主要负责鄂西茶区的茶叶收购和宜红茶的精制加工工作。茶叶收购是生产和销售的前提，毛茶的成本与质量，影响着后续的加工生产。国营茶叶公司重视收购业务，在经营思想上，强调收购是基础。[①] 在经营方式上，国营茶叶收购站，向茶农公开摆设收购样品，公布收购牌价，实行民主对样评茶，称茶用标准市称，同时取消无偿取样茶、压级压价、抹尾数等一切克扣茶农的陈规陋习，真正做到了公平买卖。[②] 在收购工作开始前，茶叶公司就会进行大量的实地调查和人员安排，制定出符合实际生产情况的收购计划，在各地部署收购站，发放茶贷，通过各种方式扶助茶农生产。宜都红茶厂作为宜红区的第一个机械化茶厂，精制红茶的加工突破了传统的手工生产模式。在场地建设和茶机配置上，投入国家力量，并将茶厂的建设与政治宣传结合起来，在生产中提高了工人的政治觉悟，并发挥了工人积极投入机器改造的劳动热情，以创新推动产量的增加。在“内销服从外销”的贸易政策引导下，宜都红茶厂履行了以国家利益为导向的生产理念，围绕着宜红茶对外出口这一明确的生产目的，制定了提高红茶产量和质量的生产计划，并加以实施。

---

① 湖北省茶麻分公司编：《湖北茶叶贸易志》，第 68 页。
② 湖北省茶麻分公司编：《湖北茶叶贸易志》，第 52 页。

（一）茶叶的生产与收购

湖北省茶叶分布面广，有集中产区，也有分散产区。针对这种情况，茶叶收购也有两种方式——集中茶区由茶叶专业公司直接设站收购，分散产区委托基层供销社代购。[①] 由于长期的战乱和经济萧条，宜红产区的茶园大量荒芜，茶叶生产也陷入停滞。因此，中国茶叶公司中南区公司成立之初，便着手进行扶助茶农、扩大收购业务的工作。公司主要负责工作部署，在每个产区设立了 10 个至 20 个以上的茶叶收购站，配备收购人员和添置制茶工具，准备大规模的收购工作。对茶农进行宣传教育也是公司的重要工作之一，公司在区政府组织的农会上动员茶农，使茶农深切了解政府在大力发展茶业，以配合政府的工作。通过政策的宣传，公司劝茶农改制红茶，学习红毛茶初制技术，并先行发放茶贷，以刺激茶叶生产，提高茶农生产情绪，同时，组织茶贩，防止捣乱茶价，根据市场情况和茶叶品质，制定各地毛茶中标价格。[②] 以这一套收购办法，1950—1955 年，该地区的茶叶生产逐渐恢复，收购量也逐渐上升。表 1 为 1950—1955 年宜昌地区茶叶收购统计表。

1. 发放茶叶贷款，助力茶农生产

中国茶叶公司中南区公司拟定茶贷暂行办法、贷款申请书、贷款合约等文件，加大对茶贷的宣传，同时还负责安排人员的配置、设立工作站、组织地方和联系当地政府与团体。茶贷的工作是以村为单位，由当地机关团体合并组成茶贷委员会，进行贷款的调查和核定，再依照上级指示发放贷款。贷款的对象仅限于贫农和中农。[③] 贷款实施先按计划分配定额任务，再依照计划来完成的流程。如 1951 年，春茶贷款分配宜红区为 7 亿元，正当春荒严重山区粮食短缺，乃普遍贷款，计贷出 4.3 亿余元，粮食 23 万余斤，折合人民币 2.6 亿余元。[④] 通过运粮济荒，公司帮助茶农解决生活困难，对促进生产有显著效果。茶农领到贷款后，恢复茶园，添置工具，不仅提高了茶农的

① 湖北省茶麻分公司编：《湖北茶叶贸易志》，第 104 页。
② 李亚隆主编：《宜都红茶厂史料选》第 1 册，第 65 页。
③ 李亚隆主编：《宜都红茶厂史料选》第 1 册，第 61 页。
④ 李亚隆主编：《宜都红茶厂史料选》第 2 册，第 319 页。

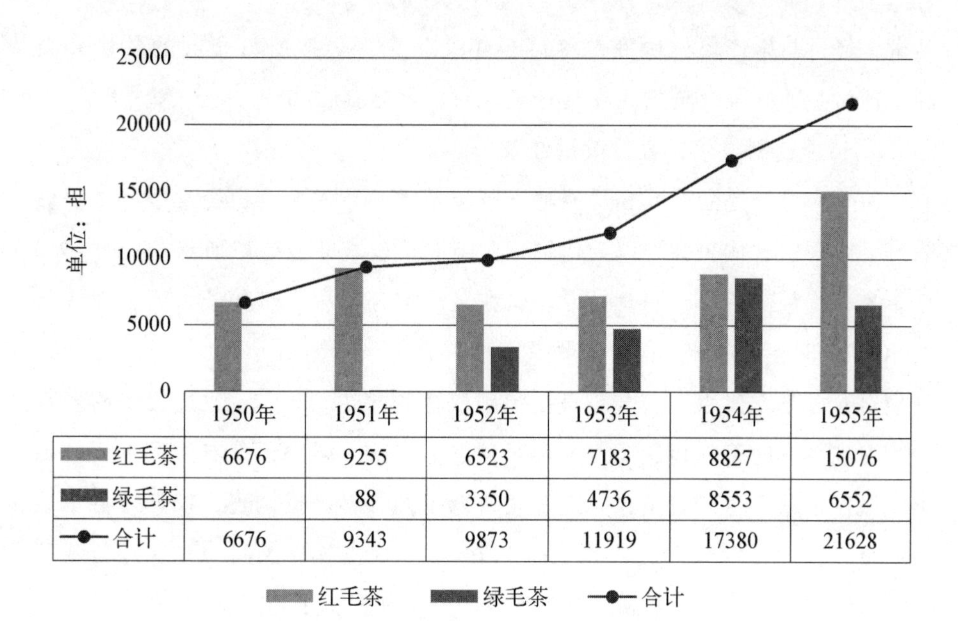

	1950年	1951年	1952年	1953年	1954年	1955年
红毛茶	6676	9255	6523	7183	8827	15076
绿毛茶		88	3350	4736	8553	6552
合计	6676	9343	9873	11919	17380	21628

图 1　1950—1955 年宜昌地区茶叶收购统计表

资料整理自：湖北省茶麻分公司编：《湖北茶叶贸易志》，第 71 页。

生产积极性，稳定了茶叶收购的来源，对提高茶叶的质量亦有正面的作用。政府针对农业生产的困境，通过茶贷，改善了茶农的穷苦生活，茶农由此加强了与政府之间的联系，得以更好地了解政府发展茶业的政策，进而转变思想，助力当地茶业发展。

然而，发放贷款也遇到了一些问题。部分地区只注重完成贷款的数额，而没有核清贷款的去向，公司与当地的配合不够到位，导致茶贷的发放比较混乱，如在湖北恩施五峰等地的贷款，因路途遥远，联系较差，不能及时展开工作，以致误了贷款，最终在恩施仅仅贷放了 300 多担米，未起到茶贷的效果。[①] 在实际发放的过程中，一些茶农对茶贷的认识不足，或出于贫困的生活需要，将茶贷移作他用。另外，贷出款项难以全部回收，通常只能达到 70%—90%左右。

1954 年起，国家开始对茶叶实行预购。预购是一种订货性质，具体做法是：茶叶收购部门，按照国家下达的茶叶收购计划和各生产单位可提供的商

① 李亚隆主编：《宜都红茶厂史料选》第 1 册，第 61 页。

品量，经过与生产单位协商，签订当年交售合同，按所订合同的数量和金额，预付一部分茶叶贷款，在交售茶叶时，再分批收回。[①]

2. 传授初制技术，宣传改制红茶

面对大量荒芜的茶园和普遍缺乏制茶技术的茶农，公司经常举办茶农训练班，或开茶农代表会，以会代训，向茶农传授茶叶生产初制技术。如 1953 年 1 月，宜都红茶厂会同宜昌专署，在该厂举办了一个月的茶训班，训练茶农 56 名。3 月和 4 月，宜昌专署及五峰、宜都（今宜都市）、长阳等县，又分别召开了茶农代表会。全区直接受到教育的共达 533 人。通过代表回乡传达，受到教育的茶农超过 3 万人。通过以上措施，解决了茶农生产生活的困难，激发了茶农生产情绪，大批荒芜茶园得到复垦。据调查，仅五峰县土地岭一个乡，1953 年就开出荒芜茶树 177 899 丛，占原有茶园 16%，还新栽茶树 8 406 丛。大量荒茶开垦，为茶叶收购的增加提供了物质基础。[②]

尽管宜红茶区曾以精制红茶闻名，但红茶生产在抗战期间几乎中断。到中华人民共和国成立初期，宜红茶区主要生产白茶和青茶。白茶、青茶和红茶不仅初制方法不同，而且对采摘的要求也不一样。白茶和青茶适应内销市场的历史习惯，一般采摘比较粗放，初制工艺要求也不高。红茶是出口茶，品质要求高。[③] 由于自身初制水平的低下和私商高价收购内销茶的市场导向，当地的茶农更偏向于生产白茶和青茶，这既不利于完成对苏联的精制红茶出口指标，也无益于恢复和发展宜红茶区。因此，向茶农宣传改制红茶，提高茶农对产制红茶的认识和信心，也成为增加红茶收购数量的必要工作。

公司首先以宣传着手，结合当地政府配合农林部门广泛地开展宣传，并印发含改制方法与改制意见的参考资料 2 000 本、标语 2 000 套，以促进茶农改制的思想。组织流动小组，布置在各产区和距离收购站较近的郊区，由全体收购人员作临时的辅导宣传，推广改制技术。茶农不但普遍缺乏初制方法与改制技术，也缺乏初制工具，一旦遇到气候多雨，只能改制白茶。1955 年，公司接手武汉口岸的出口工作以后，开发湖北省的出口货源基地，立即

---

① 湖北省茶麻分公司编：《湖北茶叶贸易志》，第 88—89 页。
② 湖北省茶麻分公司编：《湖北茶叶贸易志》，第 79—81 页。
③ 湖北省茶麻分公司编：《湖北茶叶贸易志》，第 55 页。

与农业部门协商配合，决定在鄂西一部分青茶产区改制红茶，扩大出口红茶的货源，大力推广茶叶初制工具。如宜昌县（现宜昌市），推广了揉茶机110部、红茶发酵箱9个、萎凋帘144床、烘笼263个和大批晒席。[①]

以上举措获得了良好的效果。如恩施茶区从1951年起改制红茶，1953年已在收购工作中创造了不少经验，组织茶农生产小组和生产合作社，顺利完成2 000担的毛红收购任务，共3 066担又49斤，超额53.32%。[②] 到1955年，湖北省红毛茶收购量由1954年的20 691担上升到31 507担，增加了52%。[③]

3. 与私商争夺青茶市场，提高收购价格

在鄂西茶区，私商抢购活动十分激烈。私商为获取利润，采取多种手段抢购毛茶，如降级压价收购、以物易物、半路拦截等，甚至形成了垄断核心集团，公开提出要国营商业退出武汉市场。由于私商拼命争夺市场，国有企业犹豫不前，省内许多地方的青绿茶市场被私商占领。国有企业掌握的货源减少，遭遇脱销闭店的问题。针对这一情况，国有企业加强了收购工作，除开展宣传外，增设了流动收购小组，与供销社及农民服务部建立代购关系。当地政府也加强了市场管理，限制私商进入厂区自由收购。通过一系列工作，1953年6月，国有企业基本控制了市场。同年7月，国营收购比重达到85.25%，取得了争夺市场的胜利。[④] 1954年，“商业国家资本主义办公室”成立，领导全省商业战线的对私改造工作，按照专业归口的原则，私营茶商的社会主义改造由各级工商行政部门和当地国营茶叶公司领导进行。为稳定茶叶市场，排除批发茶商，主要采取了两个措施：割断城乡资本主义联系，占领茶叶收购市场；停止对批发商的货源供应。通过这些措施，完成了对私商的社会主义改造，国营商业占领了整个茶叶市场。[⑤]

在整个收购工作中，掌握毛茶的收购价格和制定茶叶分级和审评标准，极为关键。为使茶农得到更多的经济实惠，1950—1955年，红毛茶提价5次，中准价由每担40元提高到69元，增长72%；青毛茶提价4次，中准

① 宜昌专署农业科：《关于宜昌县春茶生产及改制红茶情况的报告》，1955年5月28日。
② 李亚隆主编：《宜都红茶厂史料选》第3册，第549页。
③ 湖北省茶麻分公司编：《湖北茶叶贸易志》，第131页。
④ 湖北省茶麻分公司编：《湖北茶叶贸易志》，第54—55页。
⑤ 湖北省茶麻分公司编：《湖北茶叶贸易志》，第57—58页。

价由每担 38 元提高到 53 元，增长 39%；老青茶中准价由每担 10.25 元提高到 21 元，增加 1 倍。[①]

收购是宜都红茶厂的重要工作，即使在不利于生产的因素较多的年份，收购计划也基本能够完成。但收购的过程中也暴露了许多经营上的问题。宜红茶区面积大、茶园分散，不但存在收购站数量不足的问题，而且在人员配备上也显得匮乏，尤其缺少技术人员和有制茶经验的干部，使得毛茶的评级工作出现偏差，影响了收购的质量。各收购站之间沟通不畅，茶价存在竞争，导致茶农混乱，对国有公司表露出不信任的态度。从硬件条件来说，茶叶的运输条件和储存条件都较为简陋，无形中增加了茶叶的损耗。

（二）精制加工与机械化

茶叶加工分为初制加工和精制加工两个步骤，收购的茶叶为毛茶，需要通过精制加工才能销售。宜都红茶厂主要负责茶叶的精制加工，该厂是宜红产区第一座红茶精制厂。历史上，宜都原有小型茶厂，但制茶工具毁于抗日战争期间。在建厂初期，只有少数原始机械，80%的工艺为手工生产。手工制茶无标准，生产力低下，年产能力只有 3 000 担。[②] 随着新厂的建立，机器配置不断完善，再加上发动生产一线的劳动者进行技术革新，茶叶生产的机械化水平大大提高，产量亦年年增长。表 2 为宜都红茶厂 1950—1955 年宜红产量。

1. 茶机配置

1951 年宜都红茶厂成立，随后即开始投入场地建设和机器配置。但由于缺乏相关经验，在实现红茶生产机械化道路上的探索可谓一波三折。基建工程的拖延，使茶厂在 1951 年初不得不采用手工为主的传统制法。直到 9 月 15 日全部基建竣工，机器亦安装就绪，方开始以机器为主，手工为辅的制法。1951 年的茶机配置虽然数量较少，但已基本配备完善，能够满足精制生产的需要。表 3 为宜都红茶厂 1951 年动力作业机配备数量表。

---

① 湖北省茶麻分公司编：《湖北茶叶贸易志》，第 81 页。
② 湖北省茶麻分公司编：《湖北茶叶贸易志》，第 208 页。

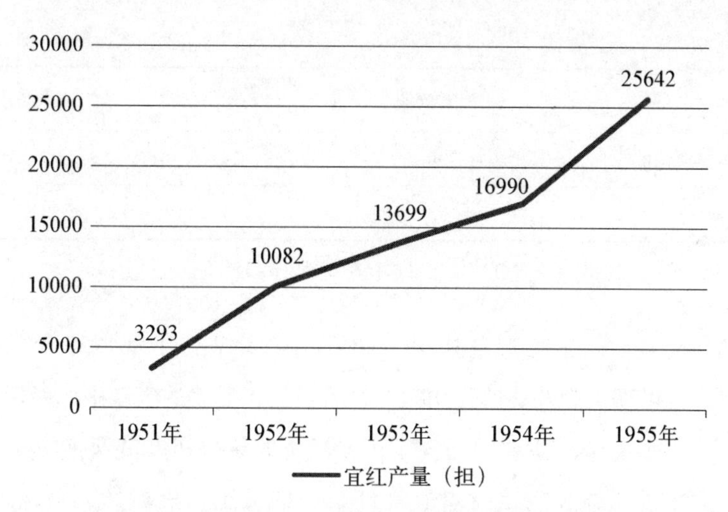

图 2　宜都红茶厂 1950—1955 年宜红产量

资料整理自：湖北省茶麻分公司编：《湖北茶叶贸易志》，第 208—209 页。

表 2　宜都红茶厂 1951 年动力作业机配备数量表

名　　称	配发数量	已装使用数	未装备用数
15HP 引擎	3	3	
8HP 引擎	1		1
12HP 引擎	1		1
36 揉捻机	1		
解块机	1		1
干燥机	7	2	5
圆片切机	1	1	
滚筒切机	1	1	
抖筛机	3	3	
紧门机	5	5	
圆筒筛机	3	3	
风选机	2	2	
拣梗机	14	11	3

续　表

名　　称	配发数量	已装使用数	未装备用数
手摇揉捻机	30	30	
合计	73	61	12

资料来源：李亚隆主编：《宜都红茶厂史料选》第 2 册，第 335 页。

在机器配置后，宜红产量从 1951 年的 3 293 担上升为 1952 年的 10 082 担，机械化对提高生产效能的作用颇为显著。但在后续的生产中，经验不足的一面逐渐暴露了出来，主要问题在于生产场所的狭窄和人员安排的不合理。

厂房太小的问题长期困扰着宜都红茶厂的员工，机器场、筛场、焙房、仓库等面积不足，有碍于工作进度提升，各车间距离分布太远，搬运费工费时，承接与管理上不方便。每到成箱时，圆箱和工具无处堆存，均放在外面亭子里，茶叶受风雨潮湿侵蚀，容易损坏，增加了生产的成本。机器设置亦不合理，如圆筒机用地太小，不但原料无处堆放，成品亦难容下，拥挤不堪。圆筛机场与各车间均窄小，工作时输送产品不便。各带口未用安全设施，容易落茶至沟内，发生危险。集中的筛面与抖筛架大小、拣梗机内部的装备不合适，茶槽宽窄不一，平式圆筛机出口及接茶地点过于窄小，这些问题都导致了操作不易，有损茶叶的品质。[①] 由于机器设备的配置和排列的不合理，如复抖机过多，平式圆筛机太少，工序和工序之间难以做到完美的衔接，以至于时有停工待料或加班突击的不合理现象产生。

人员安排的不合理又造成了另外一个生产难题。尽管茶机的效能远胜人工，但在机器配置初期，普遍出现各厂的职工使用机器不熟练，故而未能发挥机器效能的情况，又由于管理不周而发生浪费。机器与人工相辅制造本应达到“增产”和“降低成本”的目的，因配合不恰当，导致步骤不能紧凑，发生了前项的不良现象，非但没有达成目的，还阻碍生产、增加了成本。不细密的人事配备，导致了 1951 年的人工浪费很大，1952 年虽做了调整，但生产效率仍不平衡，各车间的承接有时不能连贯畅行，时有拥挤与迟滞之

① 李亚隆主编：《宜都红茶厂史料选》第 2 册，第 555 页。

弊，不得不临时或者频繁调配人员。工作岗位的不确定性，使工人难以熟练操作机器，更不愿用心钻研和了解机器的性能，不熟悉车间情况，在生产过程中，也重量不重质，常需返工，费时费力，挫伤了工人的生产积极性。①

1953 年的加工程序较 1952 年简化了很多，但各生产车间发生脱节，依然没有发挥出机器的全部潜在力量。为解决这一问题，1953 年，宜都红茶厂实行了个别生产小组双班制，并利用滚切机滚筒和现有配备自行配制了一部木质滚切机，手风车改装为机动风车，解决了待风茶的积压问题，相应地提高了其他作业机器的使用率，将原先以落后的旧式焙笼覆火的下身茶和花茶，利用自动干燥机覆火。自平圆机装置后，一反过去保留以人工为主的面貌，真正意义上实现了制茶的机械化，使产能飞跃增进，较 1952 年提高了 59.9%。②

2. 生产创新

制茶的机械化不仅意味着茶机的配置，还体现为制茶工人对机器的使用和改造。宜都红茶厂鼓励员工进行创造发明与机器改进。1952 年，作业机械的改进在机工戴志清及全体工人的努力下，得到了不少成绩：圆筒机的筛面依据毛茶品质的提高改装了筛面，使茶头干避免了多切的损失。紧门筛机添装了进茶斗，增加了产量达一倍。自行试装平式圆筛机一架，代替了 5 个人工分筛的效率，降低了自动式干燥机的焙箱后部，改装了活门，加强了清刷积灰，便于各作业间的改进。③ 1953 年也有不少创新成果，如工人自创了木制鼠笼式铝箔卷切机，将铝管材料的裁切从每一个工作日仅能裁切 220 个提升到 4 400 个，提高了 20 倍的工作效率，且裁出物整齐，破损亦少。又如，工人研究创造了一种被称为“保温砖墙”的降温设备，在炉子墙板周围砌上一层土砖，使热温不致外散、室温降低，可将干燥机炉子的发散热降低到摄氏 52 度，投资少而收效大，节省了煤耗，同时亦改善了劳动条件。工人还利用锥式皮带盘改装了手风车为机动风车，节省了人工，弥补了风选机设备不够而产生风不赢的局面，又改装了抖筛机节框的底脚板，升高了出茶斗，使茶叶直接流入囤箱从而减少了劳动力、节省了工时。或利用原有滚切机的

① 李亚隆主编：《宜都红茶厂史料选》第 2 册，第 555 页。
② 李亚隆主编：《宜都红茶厂史料选》第 4 册，第 739 页。
③ 李亚隆主编：《宜都红茶厂史料选》第 1 册，第 554 页。

滚筒配件自行装置了一部木架滚切机，解决了滚切机配备不够处理头茶的困难，加速了精制工序的流转，达到了平衡生产。① 一线制茶工人对机器的改造，逐渐改善了生产条件，亦有效地提高了生产率，1955年，毛红茶平均精制率达到90.78%，较计划提高6.7%，毛青茶精制率达到92.15%，较计划提高了3.71%。②

（三）“内销服从外销”的贸易政策

1949年，中国茶业公司汉口分公司成立不久，即开展了茶叶出口业务，恢复了武汉这个传统的茶叶出口口岸。在中茶总公司“以外销为主，内销服从外销”的经营方针指导下，中南区茶叶出口业务逐年扩大。1950年出口了各类茶叶84 482担，1951年上升到114 243担，1952年进一步上升到166 748担，1953年和1954年因减少和停止了青砖茶的出口，数量才有所下降。中南区公司出口的茶叶，由各省公司所属茶厂，按下达的调拨计划直接上调。1954年，中南区茶叶公司撤销，武汉口岸的茶叶出口工作交湖北省茶业公司继续经营。③

当时出口的主要品种有红茶和紧压茶两大茶类，对苏联出口的红茶，是不经拼配的各地原装茶，其中也包括“宜红”。紧压茶即为青茶。对东欧国家出口的是经过拼配的统称为中国红茶的号码红茶，不出口原装地名茶，如“9012”代表六级宜红为主、拼有少数五级宜红的茶叶。④ 表3为1950—1955年宜红出口统计表。

表3 1950—1955年宜红出口统计表 （单位：吨）

年　份	武汉口岸红茶出口总量	宜红出口数量
1950	2 941.28	
1951	3 488.15	

① 李亚隆主编：《宜都红茶厂史料选》第1册，第738页。
② 李亚隆主编：《宜都红茶厂史料选》第5册，第947页。
③ 湖北省茶麻分公司编：《湖北茶叶贸易志》，第127页。
④ 湖北省茶麻分公司编：《湖北茶叶贸易志》，第130—131页。

续　表

年　份	武汉口岸红茶出口总量	宜红出口数量
1952	5 137.90	130.45
1953	4 018.40	
1954	3 031.05	253.25
1955	3 985.90	427

资料来源：湖北省茶麻分公司编：《湖北茶叶贸易志》，第 141 页。

对苏联及当时新兴社会主义国家的出口采取易货贸易方式根据两国政府间签订的交换（供应）货物和付款协定书，以及两国对外贸易机构签订的交货共同条件，再由中国茶业总公司与购方专业公司签订商品交易合同，其中包括品名、价格、品质、规格、包装、运输条件、交货期限、发货通知、货物交接、支付等条款。对这种易货贸易收入的外汇，称为“记账外汇”。一般是总公司一年与对方谈判一次，一年签订一次贸易协定。合同签好后下达区公司，区公司给合同工下达规定的茶号、数量、金额、交货期、交货港站交货，并办理结算。①

除了以上提到的贸易方式，宜都红茶厂还参与了世界茶叶贸易竞争。1955 年，出口计划超额完成，巩固并扩大了市场，出口的国家或地区有：北非、摩洛哥、英国、荷兰、西德、丹麦、比利时、意大利、加拿大、澳大利亚、埃及、沙特阿拉伯、叙利亚、黎巴嫩、阿尔及利亚、西非、中国港澳地区及东南亚等地。②

内销茶市场也是中茶公司争取经营的对象。宜昌是一个重要的茶叶产区集散市场，历史上一直习惯销售青毛茶。1953 年，全市有私营创业茶商 18 户，其中较大的为天昌茶庄。国营茶叶公司成立后，部分转向国营进货，但比重不大，1953 年市场管理加强后，大部分货源从国营购进，向外县批发业务也直接掌握在国营手中。③ 由于贯彻“以外销为主，内销服从外销”的方

① 湖北省茶麻分公司编：《湖北茶叶贸易志》，第 126 页。
② 李亚隆主编：《宜都红茶厂史料选》第 5 册，第 973—974 页。
③ 湖北省茶麻分公司编：《湖北茶叶贸易志》，第 171—172 页。

针，不少内销茶产区逐步改产出口红茶，因此，内销茶源比较紧张。经过社会主义改造后，中茶公司完全掌握了批发环境并进一步对零售私商进行社会主义改造，贯彻了“内销服从外销”的方针，有计划地对市场供应和安排，使国内市场保持稳定，并挤出内销茶 7 万余担充实出口货源。总体来说，内销在这一时期居于次要地位，以节约内销茶的消费，来供应对外贸易，换取经济建设所需要的机器等物资。在此过程中，为尽可能满足内部需要，也存在各种调节的方式，如设法调拨、改制拼配、通过推销当地不习惯饮用的品种花色等手段，有效地运用了有限的货源，增加了供应产量，稳定了国内市场。[①]

三、小　结

国营茶叶贸易体系和宜都红茶厂的建立，打破了中国传统茶叶以分散经营、个体经营为特征的局限，以计划带动生产，有效统筹和整合湖北地区茶业的发展，改变了该地区长期以来茶业生产凋敝、茶农被剥削的困境，并重振了宜红茶的出口业务。中国茶业公司湖北省公司和宜都红茶厂在三个环节上实现了对当地茶叶产业的介入，分别是茶叶的收购、加工和销售。茶叶的收购关乎制茶的成本和质量，受到公司的重视，通过茶贷的发放、茶叶初制技术的传授、对改制红茶的宣传以及对青茶市场的争夺等方式，都有效地助力了当地红茶的生产，并在此过程中，改善了当地的茶叶经营环境。宜都红茶厂为机械化茶厂，机器的配置对提高生产效能有显著的功效，一改传统茶叶以手工为主的生产方式。在“以外销为主，内销服从外销”的贸易政策指导下，提高宜红产量和质量，成为茶厂工作的重中之重。经济建设往往与政治宣传相结合，要使茶农和茶工响应国家政策，配合宜红生产，就必须转变他们分散经营、个体经营的思想，提高当地群众的政治觉悟，使他们真正参与到国家经济建设中，以激发他们的生产情绪。茶农通过培训班、代表会，提高了初制水平，增加了初制红茶的信心。茶工积极参加劳动竞赛和生产创新，为精制产量提升和机器改进贡献力量，无形中都推动了茶业这个传统手

① 李亚隆主编:《宜都红茶厂史料选》第 5 册，第 974 页。

工业走向工业化的道路。

从宜都茶厂在20世纪50年代的历史经验来看，传统茶叶在转型过程中，有不少难题。在茶业组织建设方面，茶叶产区往往分布在交通不便、自然条件较恶劣的地区，故而呈现出分散经营、个体经营的特点，即便在省公司建立后，路途遥远、设站过少的问题依然在组织协调、沟通交流、茶叶储运等方面产生了困难。在建厂和茶机配置方面，场地面积小、规模小，机器配置不合理和人员安排不妥当，工人对机器的操作生疏，都导致机器的效能无法全部发挥。在制茶技术和人才方面，无论是初制还是精制，当地的制茶技术水平不高，又缺乏分级评定的技术人员，导致未能实现标准化制茶，整体工业化的水平较低，产能提升有限。在外贸和内销方面，宜都红茶厂强调政治导向，一味劝茶农改种红茶，服务于外贸，又忽略了国内市场的需求和宜红区青茶和白茶盛行的历史因素，导致红茶质量参差不齐，存在冒进的风险。上述问题在1955年后的发展中得到了一定的改进。

总体而言，宜都红茶厂的创建及生产经营是传统茶业向工业生产转变的有益探索，反映了国家权力介入传统经济部门以改变其落后的生产面貌所做的尝试，对其研究也为了解20世纪50年代初期鄂西地区经济发展与政权建设的互动打开了一扇窗户。

《宜都红茶厂史料选》探析

朱程军*

摘要： 宜红与祁红、滇红并列为中国三大红茶，《宜都红茶厂史料选》的出版填补了新中国成立后十余年间的茶史空白，是一座值得发掘与利用的史料宝库。宜都红茶厂的发展与转型见证了时代的历史变革，新时代的湖北宜红茶业有限公司正以不懈的努力与创新焕发着新的生机与活力。

关键词： 宜都红茶厂；宜红茶；史料整理；茶业史

一、《宜都红茶厂史料选》出版概况

宜红是湘鄂两省交界数县茶区的公共品牌，与祁红、滇红并列为中国三大红茶，但对其研究一直难以深入，主要原因就在于史料缺乏。2017 年 9 月，李亚隆等宜红文化专家搜集到有关宜都红茶厂的档案 305 卷，历经一年多的时间编辑整理和实地印证，形成了约 100 万字的《宜都红茶厂史料选》，记录了中华人民共和国成立以来宜都宜红茶的发展历程，具有非常重要的史料价值。

《宜都红茶厂史料选》于 2019 年 1 月正式出版，共选入宜都红茶厂从 1950 年筹建，次年成立至 1959 年的企业档案，加上中国茶业公司①中南区

* 朱程军，华中师范大学中国近代史研究所。

① 据悉，1949 年 11 月 23 日，中国茶业公司被正式批准成立，成立文件原称“茶叶”，但公司挂牌时改称“茶业”（参见王郁风：《新中国第一家专业公司——中国茶业公司》，《广东茶业》1999 年第 3 期），以致“中国茶业公司”与“中国茶叶公司”往往通用。为求统一，本文概以“中国茶业公司”称呼之。

公司同时期有关宜都红茶厂的档案，共181卷，出版时一套七册，其中第一至第五册的档案收藏于宜都市档案馆，第六、七册收藏于湖北省档案馆。①

该书主编、宜红文化专家李亚隆表示，“《宜都红茶厂史料选》填补了新中国成立后十余年间的茶史空白，发挥了宜红茶在‘一带一路’建设中的重要媒介作用。”②

中国工程院院士、中国茶叶学会名誉理事长陈宗懋表示，“《宜都红茶厂史料选》揭示了宜红创制发展的新属性，推动了宜红历史考证工作，为中国茶叶史和‘万里茶道’等研究提供了极为珍贵的新文献。”③

二、学界对宜都红茶厂的研究现状

目前学界对于宜都红茶厂的研究尚有很大的拓展空间，主要研究集中于宜红茶，尤其是近几年“万里茶道”申遗工作开展以来，对于宜红茶的研究方兴未艾，其中的代表是李亚隆、黄柏权、曹绪勇、黄祥深等专家学者。

目前学界对于宜红茶的研究主要集中于变迁轨迹研究，名称形成研究，茶叶生产、运输、贸易和管理研究，古茶道线路研究，茶文化遗产研究，社会影响研究等领域。其中变迁轨迹研究又包括关于汉唐时期宜红茶区茶叶种植情况的考察、关于土司统治时期茶叶产销的研究、关于宜红茶创制时间的研究以及关于宜红茶兴衰过程的研究。④

目前学界对宜都红茶厂本身的研究成果主要有李亚隆所发表的三篇文章：《〈宜都红茶厂史料选〉初探》《宜红之绝唱　茶叶之通鉴——〈宜都红茶厂史料选〉初探》《〈宜都红茶厂史料选〉初探（续）》，其提出的观点有：宜红是“万里茶道”罕见的“外贸茶”，实物期货贸易贷款是宜红茶生

① 参见宜都市人民政府网站 http://www.yidu.gov.cn/content-129-1066629-1.html，访问日期：2022年5月4日。

② 参见中国新闻网百家号 https://baijiahao.baidu.com/s?id=1622988961913203458&wfr=spider&for=pc，访问日期：2022年5月4日。

③ 参见中国新闻网百家号 https://baijiahao.baidu.com/s?id=1622988961913203458&wfr=spider&for=pc，访问日期：2022年5月4日。

④ 参见黄柏权、黄天一：《回顾与前瞻：民国以来的宜红茶研究》，《北方民族大学学报（哲学社会科学版）》2020年第4期。

产的调节方式，宜红古茶道是综合的交通运输体系，宜红生产线是中国茶叶精制加工的活态遗产。[①]

三、《宜都红茶厂史料选》[②] 之刍荛之见

1.《史料选》反映的企业工作经验

《史料选》以工作总结报告占据绝大部分篇幅，而工作总结报告又以月、季度、半年、一年为单位。在总结报告中，经常可以看到“（党政）双重领导”的字眼，如“今后只有依靠工人阶级依靠群众，秉承上级指示接受双重领导，并吸收各兄弟厂先进经验技术，结合我厂实际情况，发扬职工民主管理精神，力图改进”，[③]“虽经过学习，由于仅止十天，其间过于短促，一时不易改变，在本质上仍存有不愿靠拢政府人员，不大胆向政府人员靠拢的两种心理，所以很多地区没主动取得双重领导的帮助力量，因此我们业务在部分地区也就与政策结合不起来。”[④] 等，不一而足。一言以蔽之，即贯彻双重领导执行得好时，工作便开展得好，取得良好的成绩，反之则反。

同时，在《史料选》中可以看到宜都红茶厂首任厂长、老红军李治平在报告中对领导关系不清不楚，上级之间互相“踢皮球”的委婉批评——“……形成平时都管都不管，有问题请示时都不愿作答复，一出了偏差都来啦，领导关系非常混乱不明确，常有一件小事要请示区省专县四级领导，上级这么多，最后问题还得不到解决。在学习组织方面也同样表现出无人管，如我厂现在县级党员干部三人，区级党级党员干部六人，而党内学习文件只发一本或两本。各县收购中心站□□也同样表现出无人管，领导关系不明等现象，究竟应属那〔哪〕里直接领导，乞这次会议明确一下，使下边好遵守。”[⑤]

又如，“因为地方贸易公司及合作社与我公司的业务范围没有明确划

① 参见李亚隆：《宜红之绝唱　茶叶之通鉴——〈宜都红茶厂史料选〉初探》，《湖北文史》2018 年第 2 期；李亚隆：《〈宜都红茶厂史料选〉初探》，《中国茶叶》2018 年第 8 期；李亚隆：《〈宜都红茶厂史料选〉初探（续）》，《中国茶叶》2018 年第 9 期。

② 本节正文中简称《史料选》。

③ 李亚隆主编：《宜都红茶厂史料选》第 2 册，北京：中国文史出版社，2018 年，第 226 页。

④ 李亚隆主编：《宜都红茶厂史料选》第 2 册，第 283 页。

⑤ 李亚隆主编：《宜都红茶厂史料选》第 4 册，第 732 页。

分，严重影响收购工作，如湖北鹤峰贸易公司在宜红区收购白茶，湖南常德信托公司收购青茶，安化民生茶叶生产合作社收购毛红，当初都各自为政，抬价竞购，茶贩乘机大钻空子，茶价日趋紊乱。迨我们深入了解，业务范围明确划分以后，并且互相帮助，双方业务始有进展，我们应引为经验教训。”①

《史料选》中诸如此类的言语还有多处可见，无不表明工作中应当明确职责分工，以利工作开展。

2.《史料选》反映的群众面貌

《史料选》多次出现“群众”一词，如“收购处看茶的人龙鹤龄，过去是渔洋关骑在人民头上的小恶霸，自到收购处以后，仍有威吓群众行为，群众反映‘龙胖子仗着茶叶公司的牌子欺负我们，不要茶斗争他’。（系指品质坏的茶叶）”② “各地工作人员，都能在依靠政府，依靠群众下，提高警惕严防匪特，尚未受到损害”，③ “事务员向铭周竟敢在‘三反’后贪污，他虽参加了这一伟大运动，在运动中不坦白混过关去，后经群众举发其贪污事实，并举发其与反革命家属搞皮绊，严重丧失革命立场，经追回去贪污款项，予以清洗回家，交□□管制。”④ 这些都可以看出当时的群众敢于斗争邪恶势力，举报违法违规行为，坚决捍卫自己的合法权利。

3.《史料选》包含的物价史料

本套《史料选》卷帙浩繁，包含了诸多的价格数字，如建厂材料价格、茶叶收购价格、工人福利额度、物物交换比值等等，无不可以反映当时的物价与人民生活情况。

如“至费用方面，由于工料价格屡有增长，即以原报土质围墙长度、高度均不变动，按现在价格计算，亦感不敷甚巨。本次与李工程师筹商三种围墙，价格在长度、高度方面仍按原报数量，未加变动，计 1. 土质围墙工程费一四六二二六三〇〇元；2. 半砖围墙工程费一一八六四四三五〇元；3. 浆砌

① 李亚隆主编：《宜都红茶厂史料选》第 6 册，第 1362 页。
② 李亚隆主编：《宜都红茶厂史料选》第 1 册，第 15 页。
③ 李亚隆主编：《宜都红茶厂史料选》第 1 册，第 168 页。
④ 李亚隆主编：《宜都红茶厂史料选》第 3 册，第 559 页。

半石围墙工程费一五一七〇八一五〇元，均为现在实际工料价格，不能再少，而任何一种尚须即时动工方能不使再有超过。”[①] “宜红区收购毛红茶价格，系以中茶公司武汉分公司所指示的毛红茶每市担（够标准茶叶）合大米三市担为标准，此系以渔洋关为主的基本价，外区应除去运费、管理费、捐税损耗，再分别定出适当价格。惟整个茶区，没有大米，全为苞谷，于是比照政府征收公粮大米每市石折合苞谷二百二十五市斤之折合率定出毛红茶与苞谷的比价，即毛红茶一市担的价格为苞谷六百七十五市斤，如以当时宜都米价每市石十六万元（三石米共四十八万元）和渔洋关的苞谷每市斤四百八十元（六百七十五市斤共三十二万四千元）计算本币，则当中相差十五万六千元，因此，茶农普遍反映价低，吃亏太大，收购处为照顾茶农生产利益，切合当地实际情况，乃分别产茶地区远近，按原价调整增加百分之二十上下不等，即距收购处过远的茶区，所花运费大，茶价稍有提高，近的茶区，所用运费少，茶价略微降低，以期达到公平合理双方兼顾”，[②] “骡马日食苞谷三市升，每升一千元，计三千元，十三天共三万九千元。骡马每日吃草住店需川盐十两，计二千五百元，十三天共三万二千五百元。骡马往返一趟，应换脚掌一次，需五千元。骡马租金每月川盐二十市斤，每市斤四千元，十三天约计四万元。本人日食两餐，需盐一斤半，计六千元，十三天共七万八千元。本人每日零用估计五百元十三天共六千五百元。”[③]

又如《湖北省茶业公司宜都茶厂职工福利条例》（1955年6月1日）第三章第二十条：“子女补助规定：职工全家收入每月每人平均在六元以内，工作异常艰苦，家庭生活确实困难，根据婴儿多少，按下列规定每月给予补助，其数额附表。”[④]

婴儿个数	一个	二个	三个	四个	五个或五个以上者	备考
每月补助金额			2元	3元	4元	

① 李亚隆主编：《宜都红茶厂史料选》第3册，第1419—1420页。
② 李亚隆主编：《宜都红茶厂史料选》第1册，第7—8页。
③ 李亚隆主编：《宜都红茶厂史料选》第1册，第9页。
④ 李亚隆主编：《宜都红茶厂史料选》第5册，第931页。

此类涉及价格、金额的部分，在《史料选》中还有诸多体现。总之，《史料选》无疑为我们回顾20世纪50年代的物价情况提供了一扇很好的窗口。

4.《史料选》所见抗美援朝运动的群众基础及精神力量

《史料选》中多次出现“抗美援朝”一词，如“完成收购任务并较原订计划尚有超过的原因，主要是正确执行了上级业务计划，依靠各地党政领导来完成共同任务，又在抗美援朝爱国主义精神高涨下，因之主要茶区绝大部分做成了红茶，而我们配合各地政府运粮济荒也激起茶农做红茶情绪……”,① “（一九五一年）一年来学习了社会发展简史、中国革命与中国共产党、阶级划分、论人民民主专政、论忠诚与老实、中国共产党的三十周年、二十二期时事手册，及有关抗美援朝文件等材料，经过这些政治学习后，同志们在思想和认识上，一般是提高了，大家知道了封建社会的不合理，反动派地主阶级恶霸匪特分子的罪恶，明白了资产阶级内部的危弱，及世界民主力量的雄厚，因而增强了抗美援朝的信心，尤其学习党的三十年后，更进一步提高了对共产党和人民政府的信仰与认识，建立了为人民服务的新人生观。”② “（茶厂职工）热烈响应号召，在各个运动中起积极作用。本年（一九五二年）在抗美援朝爱国运动中共捐献了人民币二千六百余万元，各种书籍一千二百多本……”,③ “我们的机构是由无到有，由小到大，干部也是由少到多，而我们干部来源是依靠地方政府介绍或招考的，故在各个不同的业务技术上都有相当基础，在思想上通过了清匪反恶、减租退押、土地改革、镇压反革命、民主改革、抗美援朝的各种爱国主义运动的教育，使每个同志对于为人民服务的观点明确起来……”,④ “五里坪等站茶农代表保证向群众深入宣传，甲乙组并当场挑战搞好夏茶工作，认识到多做一斤红茶，就是增加一份抗美援朝的力量，就是爱国表现……”⑤。

从这些史料中，我们可以看到抗美援朝运动广泛的群众基础及其对于广

① 李亚隆主编:《宜都红茶厂史料选》第2册，第244页。
② 李亚隆主编:《宜都红茶厂史料选》第2册，第310页。
③ 李亚隆主编:《宜都红茶厂史料选》第3册，第558页。
④ 李亚隆主编:《宜都红茶厂史料选》第3册，第595页。
⑤ 李亚隆主编:《宜都红茶厂史料选》第3册，第660页。

大人民群众强大的精神激励作用。

5. 从《史料选》看人才的重要性

人才对于事业发展的重要性不言而喻，而在《史料选》中亦有一个典型事例体现了人才的重要性。

1954年左右，当时的孝感区专员公署建设科曾数次函请调宜都茶厂刘兴汉同志前往蒲圻（今湖北省咸宁市赤壁市）示范茶场设计木质揉捻机，但久未见去。为此，中国茶业公司湖北省公司特意发文，希望宜都茶厂速派刘兴汉前往蒲圻。而宜昌区专员公署亦为请延期抽调刘兴汉同志赴省工作而发文："接奉〈34〉农特字第四三四九号函「函知转告刘兴汉同志于十二月中旬前往孝感专区指导试制揉茶机」，我科当即与宜昌县建设科商量，拟抽调刘兴汉同志回宜都茶厂，再介绍赴省。经宜昌县及中茶宜昌支公司一再呈请暂留刘兴汉同志协助些时，因刘兴汉正在指导宜昌县邓村乡新建的两个茶叶生产合作社制造水力揉捻机并兼做邓村示范茶场试制牛力揉捻机（现开始不久）。因此，目前不能前往，否则合作社的揉捻设备将不能安装，群众会受到很大损失，这将直接关系到明年红茶改制问题。为此，征得宜都茶厂同意，决定刘兴汉同志延期赴省。明年元月份刘兴汉同志再调回茶厂，以后再由茶厂介绍赴省工作。（一九五四年十一月）"①

而宜都红茶厂1953年收购工作总结中曾提到："上级发下的铁质揉捻机计三十部……惟因其体重太大，搬移不易，茶农没有信心乐于使用，未起多大作用。该机价值甚贵，茶农不易购置，不愿意付出租金。现经都镇湾站刘兴汉同志仿制木质揉捻机成功，经在该站附近沙洲、庄溪两乡试验，做出的茶叶条索细紧，卖的价高，又省工。每部只需三十五万元，提高了初制效率一倍以上，群众非常欢迎。宜昌专区并给予刘兴汉同志二十万元的奖金，省农林厅已拨款一千万作推广该机之费用，宜昌专署建设科已函五峰、长阳、宜昌、兴山各县及专署示范茶场作试制推广。刘兴汉同志这一仿制成功，充分发挥了他的积极性和创造性，希我各站在该机向茶农群众作普遍

---

① 李亚隆主编：《宜都红茶厂史料选》第4册，第894—895页。

性的介绍购置，以改进初制技术。”[①] 由此，可以推断出刘兴汉是一位富有积极性和创造性的人才，以一人之力降低了生产成本，提高了生产效率。但在当时，这样的人才是极少数，否则亦不会发生孝感专区和宜昌专区的“公文抢人”事件。

卷帙浩繁、内容丰富的《宜都红茶厂史料选》，是研究中华人民共和国成立后十余年间茶业史的一座宝库，也在静静地等待着更多学者的发掘与利用。(注：文中的人民币数额为旧币人民币数额。)

① 李亚隆主编:《宜都红茶厂史料选》第7册，第1522页。

“旧富冈制丝场”学术研讨会及工作坊

［日］腰塚德司　许龙生[*] 译

旧富冈制丝场在2005年成为日本政府认定的历史遗迹，其官营时期的建筑群（7栋1基1所）于第二年被认定为国家重要的文化遗产。作为“富冈制丝场与绢产业遗产群”的构成要素，被认为是日本与西洋技术交流而产生技术革新的典型案例，于2014年6月被收录入世界遗产目录。之后随着调查研究的推进，其建筑的价值愈发明晰，同年12月，缫丝所、东置茧所以及西置茧所也被认定为国宝。

随着旧富冈制丝场的历史评价与价值的逐渐凸显，为了在更加广泛且多样的研究领域作进一步延伸，今后有必要对其继续展开调查研究。①

因此富冈市教育委员会举办了“旧富冈制丝场”学术研讨会及工作坊。活动以今后能承担其研究活动的学生、研究者为对象，目的是为历史、建

* ［日］腰塚德司，文化遗产保护课。许龙生，华中师范大学历史文化学院。

① 截至目前，除1977年出版发行的富冈制丝场资料汇编《富冈制丝场志》（富冈制丝场志编纂委员会编）之外，作为调查报告，富冈市教育委员会还出版发行了《旧富冈制丝场建筑群调查报告书》（以下简称《建筑群报告书》）（文化遗产建筑保护技术协会（以下简称文建协）编，富冈市教育委员会发行，2006年），《历史遗迹·重要文化遗产（建筑）旧富冈制丝场 保护管理计划》（富冈市教育委员会编辑发行，文建协协助编辑，2008年）。此外，富冈市还设置了富冈制丝场综合研究中心，从各方面对富冈制丝场进行调查研究，出版《富冈制丝场综合研究中心报告》。本书（即刊载本文的《2020年度富冈制丝场综合研究中心报告书》——译者注）即为其中之一。

富冈制丝场成为世界遗产之后，接受了联合国教科文组织世界遗产委员会的咨询机构——国际古迹遗址理事会关于女性的作用及劳动、加深对社会环境的认识等相关建议。受其影响，2019年，“富冈制丝场女性劳动环境等研究委员会”设立，委托各方面的专家展开资料调查与研究，出版发行《富冈制丝场 女性劳动环境等研究委员会报告》（富冈市，2020年）。

筑、产业技术等研究素材的探究、今后的调查研究及利用提供信息交流的场所。①

学术研讨会及工作坊举办的契机来自2005年6月21日召开的第三次富冈制丝场调查研讨委员会委员的建议。“培养未来研究旧富冈制丝场的年轻人十分重要。今年调查了建筑物，以此为机会，建筑学及文化财产保护等相关领域的本科生、研究生级研究者反响积极，故而应举办以培养年轻研究者为目的的工作坊及学术研讨会。”

因此，同年11月12日（周六）—13日（周日），首届“旧富冈制丝场建筑调查学术研讨会及工作坊”正式举办。

下文将叙述第一次活动举办至今的经过。

一、第一次“旧富冈制丝场学术研讨会及工作坊”

（一）学术研讨会及工作坊的概要

上文介绍了第一次学术研讨会及工作坊召开的背景，活动要点如下：安排建筑学及文化遗产保护相关领域的本科生及研究生等参观建筑调查的现场，组织见习及体验近代化遗产的调查方法、实测方法等的工作坊。

主办方为富冈市教育委员会，后援则有群马县教育委员会、国立科学博物馆（独立行政法人）、筑波大学、日本建筑学会（社团法人），由文化财产建筑保护技术协会（财团法人）提供协助，秘书处设在文化振兴课②。

活动的日程包括：第一天举办讲座，第二天则是现场解说旧富冈制丝场的建筑调查，其间演练调查。讲座的内容及日程如下③（敬称省略）：

---

① 现在的“富冈制丝场学术研讨会・工作坊”，首次举办时其名称为“旧富冈制丝场建筑群调查学术研讨会・工作坊”，之后改为“旧富冈制丝场学术研讨会/工作坊”，现在改为“学术研讨会・工作坊”。

② 2007年，其组织名称改为文化财产保护课。

③ 括号内为其当时身份。

第一天：

开幕式

- 讲座 1："旧富冈制丝场的历史与文化"，主讲人：今井幹夫（富冈市立美术博物馆馆长）；
- 讲座 2："富冈制丝场的建筑——研究状况与今后课题"，主讲人：清水庆一（国立科学博物馆）；
- 讲座 3："产业遗产的保护与有效利用"，主讲人：斋藤英俊（筑波大学研究生院教授）；
- 讲座 4："明治初年的机械与工场——以富冈制丝场为中心"，主讲人：铃木淳（东京大学研究生院助理教授）。

第二天：

- 现场解说旧富冈制丝场的建筑调查　讲解员：文化财产建筑保护技术协会职员
- 演练调查（实测调查）
- 讲评会
- 闭幕式

专业为建筑学或世界遗产学的群马县内的大学生，关东地区周边的本科生、研究生，建筑学会、建筑师协会的建筑师以及建筑、日本史、近代产业史、世界遗产等相关领域的研究人员共 25 人参加了上述活动。

讲师则由富冈制丝场调查讨论委员会的委员及活跃在富冈制丝场研究第一线的各位研究人员担任。实测调查部分的讲师则由调查过旧富冈制丝场建筑的文化遗产建筑保护技术协会（以下简称"文建协"）的职员担任。

第一天举办的讲座有 4 场，第二天现场讲解完后演练实际测量。日程虽然安排得较满，但因为是首次举办的缘故，讲师们热情高涨，想要传递各种知识。

（二）学术研讨会

第一次的学术研讨会包括上文所说的四场讲座。

图 1　学术研讨会的状况

图 2　建筑调查的状况

第一场讲座是对富冈制丝场历史与文化的概说。讲座内容首先是关于官办制丝场设立的背景及其设立，其次则是早期的实际经营状况及女工的活动。最后则讲到了制丝场活跃的女工群体以及作为典范而设立的机器制丝场等内容，包含了制丝场的历史与文化价值。第二场讲座则从富冈制丝场建筑本身的视角出发。第三场讲座是关于旧富冈制丝场被收录入世界遗产名录的可能性，不仅涉及近年来世界遗产的动态，也讲述了日本的世界遗产以及候补名单。在此基础上，论述了富冈制丝场作为近代产业遗产的代表积极申报世界遗产的必要性。第四场讲座则是以富冈制丝场为中心，分析了明治初年的机械与工场。

之后的学术研讨会将会就历史、建筑史、近代产业史以及世界遗产等多方面的内容继续开展讲座。

（三）现场讲解以及工作坊

1. 现场讲解

现场讲解的对象是明治初期的建筑，同样也是重要文化遗产的富冈制丝场。讲解不仅看主要建筑的外观，也包括制丝场内的整体建筑。

第一场讲座“旧富冈制丝场的历史与文化”进行了概略性说明之后，第二天的工作坊开始之前，为了理解场内遗存建筑的历史价值，由曾经调查过建筑[①]的文建协的职员作为向导，对建筑的结构及功能等进行说明。见学包括了很多平时参观范围以外的场所，由职员对建筑的特征及历史变迁进行讲

① 富冈制丝场建筑的调查收录于《旧富冈制丝场建筑群调查报告书》。

解，时间虽然短暂但是十分有意义，很多成员希望参观时间能够延长。[①]

2. 工作坊

举办工作坊的目的是在现场讲解富冈制丝场的建筑之时，探讨对建筑进行实际测量和有效利用的方法。[②] 今后其作为近代化遗产或是世界遗产，都需要考虑对其进行保护以及修缮的方法，通过对建筑的实际测量探究有效利用的方式。

第一次工作坊的实施方案如下。但因为有部分学员并无实测经验，所以由文建协及事务局提前协商后实施。

11 月 13 日

见习调查（实测调查）

内容：东茧仓库（缫丝工场）的平面・断面素描与部分实测。

见习后举行讲评会，交流各自关心及不明之处。

平面部分对两端的跨距进行素描及实测，目的是为了了解实测点。

断面部分是对难以实测的部分进行素描，目的为了正确把握其构造。

见习由文建协的职员进行指导。

必需品：笔记用具（铅笔、红色圆珠笔，最好是三色圆珠笔）

卷尺（最低需要 5 m，7.5 m 的更方便使用）

画板（B4—A3 大小，附加夹子等方便现场记录）

服装以方便活动为宜，建议穿着运动鞋。

以上就是第一次旧富冈制丝场建筑调查工作坊及学术研讨会的主要内容。

二、第二次及后续的学术研讨会及工作坊

接着将讲述第二次及后续的学术研讨会及工作坊的特征及差异点。讲座的内容如表 1。

① 从首次活动开始即发放了问卷调查，内容包括：1. 知识水平，2. 参加理由，3. 关注的点，4. 之后是否会参加，5. 保护利用富冈制丝场的方法，6. 感想及建议，基本上全员都做了回答。

② 讲师讲授最初以文建协的职员为中心，之后委托给民间的建筑事务所（mame 建筑都市研究所），由文建协提供协助。

表 1　学术研讨会 · 讲座一览表

回次	时间	讲座 1	讲座 2	讲座 3	讲座 4	学员	旁听
第一次	2005.11.12—13	“旧富冈制丝场的历史与文化”（今井幹夫）	“富冈制丝场的建筑——研究状况与今后课题”（清水庆一）	“产业遗产的保护与有效利用”（斋藤英俊）	“明治初年的机械与工场——以富冈制丝场为中心”（铃木淳）	25 名	
第二次（中止）	2006.9.16—17	“旧富冈制丝场的历史与文化”（今井幹夫）	“幕末 · 明治初期的西洋式建筑与富冈制丝场的建筑特征”（清水庆一）	“明治初年的机械与工场——以富冈制丝场为中心”（铃木淳）			
第二次	2007.10.27—28	“富冈制丝场的历史与文化”（今井幹夫）	“明治初年的机械与工场——以富冈制丝场为中心”（铃木淳）	“幕末 · 明治初期的西洋式建筑与富冈制丝场的建筑特征”（清水庆一）		15 名	
第三次	2008.10.25—26	“富冈制丝场的历史与文化”（今井幹夫）	“作为官营工场的富冈制丝场”（铃木淳）	“工业遗产的保存与利用——欧洲的案例”（清水庆一）		19 名	
第四次	2009.10.24—25	“富冈制丝场的历史”（今井幹夫）	“近代工业遗产的保存与利用”（斋藤英俊）	“对待近代遗产的方式与调查方法”（清水庆一）		25 名	
第五次	2010.10.23—24	“富冈制丝场的历史与文化”（今井幹夫）	“作为官营工场的富冈制丝场”（铃木淳）	“欧洲工业世界遗产的保存与利用”（清水庆一）		23 名	
第六次	2011.10.15—16	“富冈制丝场的历史与文化”（今井幹夫）	“作为历史遗迹的富冈制丝场”（铃木淳）	“近代化遗产、工业遗产的保存与利用”（西冈聪）		13 名	
第七次	2012.10.27—28	“富冈制丝场的历史与文化”（今井幹夫）	“砖制建筑的抗震政策与建筑法”（长谷川直司）	“近代化遗产、工业遗产的保存与利用”（西冈聪）		16 名	11 名

续　表

回次	时间	讲座1	讲座2	讲座3	讲座4	学员	旁听
第八次	2013.10.26—27	“富冈制丝场的历史与文化”（今井幹夫）	“近代化遗产富冈制丝场的历史价值——与横须贺造船所·新町纺织所的对比”（铃木淳）	“近代化遗产、工业遗产的保存与利用”（西冈聪）		11名	11名
第九次	2014.10.25—26	“官办时期的经营实态——特别是后半阶段经营方针的转换”（今井幹夫）	“制丝技术的发展与富冈制丝场”（铃木淳）	“富冈制丝场建筑的特征与价值”（西冈聪）		12名	14名
第十次	2015.10.24—25	“富冈制丝场的核心价值”（今井幹夫）	“制丝技术的发展与富冈制丝场”（铃木淳）	“富冈制丝场建筑的机能与特征”（西冈聪）		9名	11名
第十一次	2016.10.29—30	“富冈制丝场的核心价值”（今井幹夫）	“茧干燥技术的发展与富冈制丝场”（铃木淳）	“富冈制丝场与近代化遗产的保护与利用”（西冈聪）		21名	8名
第十二次	2017.10.21—22	“富冈制丝场设立的意义与价值”（今井幹夫）	“作为技术传递场的富冈制丝场与女工宿舍”（铃木淳）	“富冈制丝场与近代化遗产的保护与利用”（西冈聪）		20名	7名
第十三次	2018.10.27—28	“富冈制丝场的历史与文化”（今井幹夫）	“富冈制丝场与近代史”（铃木淳）	“近代文化遗产建筑的保护利用与抗震对策”（西冈聪）		5名	8名
第十四次	2019.8.31—9.1	“富冈制丝场设立的意义与价值”（今井幹夫）	“从副蚕场看富冈制丝场的历史”（铃木淳）	“近代文化遗产建筑的保护利用与抗震对策”（西冈聪）		12名	11名

（一）第二次学术研讨会及工作坊

第二次学术研讨会及工作坊于2007年举行。[①] 有15人参加，由于活动以培养研究者为主要目的，因此对象主要限定于本科生及研究生。与第一次

① 2006年的活动因为学员人数太少而中止。第二次于2007年举行。

学术研讨会相比，讲座由 4 场减为 3 场，第一天举行两场讲座与现场讲解，第二天举行一场讲座和见习。讲师继续由调查委员会的委员担任。

工作坊在东茧仓库的 2 楼举行，主题为“测量、感知与利用富冈制丝场的空间吧！”上午第三场讲座结束后，学员进行分组，然后在实测练习中以“感知与复写空间的广阔、特质”为主要目标开展调查。下午则将上午实测的现场记录抄写在仿造纸上，思考实测的空间能用来做什么、想要做什么之后，分组进行发表，期待其设想能与事务局与制丝场的负责职员不同，并能形成实际利用方案。

图 3　工作坊的状况

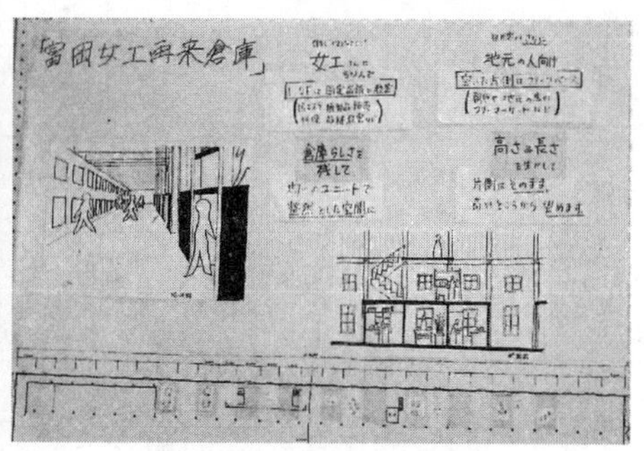

图 4　工作坊的状况

表 2　工作坊 · 调查建筑一览表

回　次	时　间	见习（工作坊）	建 筑 对 象	学　员
第一次	2005 年		西茧仓库	25 名
第二次	2007 年	建筑实测与利用方法的探讨	东茧仓库	15 名
第三次	2008 年	建筑实测与利用方法的探讨	铁质水箱	19 名
第四次	2009 年	建筑实测与利用方法的探讨	缫丝所	25 名
第五次	2010 年	建筑实测与利用方法的探讨	西置茧所（二楼）	23 名
第六次	2011 年	建筑实测与利用方法的探讨	检验人所（二楼）	13 名
第七次	2012 年	建筑实测与利用方法的探讨	铁质水箱	11 名
第八次	2013 年	建筑实测与利用方法的探讨	西置茧所（二楼）	11 名
第九次	2014 年	建筑实测与利用方法的探讨	西置茧所（二楼）	12 名

续　表

回　次	时　间	见习（工作坊）	建筑对象	学　员
第十次	2015年	建筑痕迹与地下遗迹实测与利用方法的探讨	西置茧所（一楼）	9名
第十一次	2016年	员工住宅建筑实测与利用方法的探讨	员工住宅（72·19·82）	21名
第十二次	2017年	员工宿舍建筑调查与利用方法的探讨	员工宿舍（浅间寮）	20名
第十三次	2018年	诊所建筑调查与利用方法的探讨	诊所·病房	5名
第十四次	2019年	副蚕场建筑调查与利用方法的探讨	副蚕仓库·副蚕场（旧第二工场）	12名

（二）第三次及第四次工作坊

2008年举行的第三次工作坊，其调查对象为铁质水箱。与之前调查的东茧仓库不同，其不是单纯的箱体，因此本次调查要实测其立体，推断铁质水箱的制作方法与功能。然后寻求一种公开方案，以表现铁质水箱的特征与值得注意之处。此次的工作坊中将实测的内容制作成为模型，在确认主要尺寸之后，用厚纸与苯乙烯纤维板制作50：1的模型。

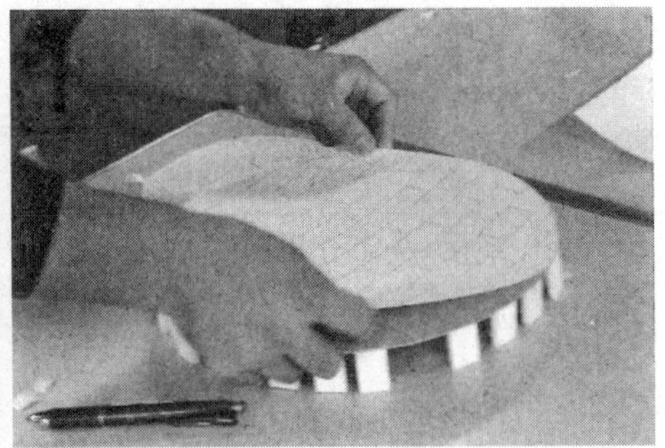

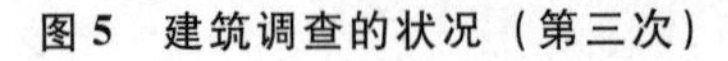
图5　建筑调查的状况（第三次）

图6　工作坊的状况（第三次）

第四次（2009年举行）工作坊的调查对象是缫丝所。学员们不仅去理解木梁砖瓦制的墙壁与主柱桁架等建筑的基本结构，还尝试着对官办时期缫丝机器的大小进行了比较。制丝场还考虑到了采光与通风，作为模范工场，其先进性与近代性可见一斑。

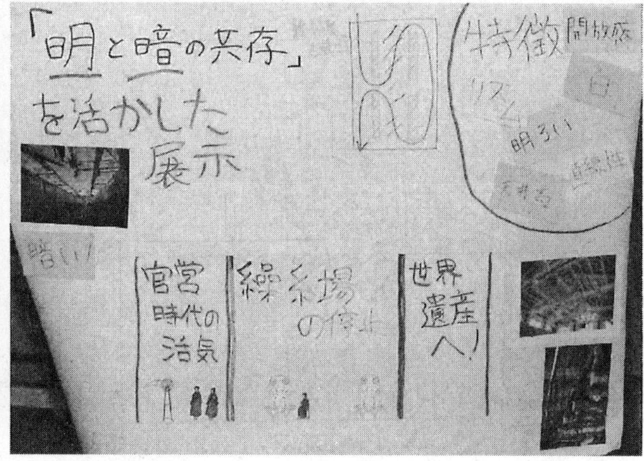

图 7　建筑调查的状况　　　　图 8　工作坊的状况（第四次）

（三）之后的学术研讨会及工作坊

学术研讨会及工作坊的参与者，初期定为 30 人，第二次以后持续在 10 人至 25 人，第六次减为 10 人。若此种状态持续的话会影响学术研讨会及工作坊的召开，2012 年的第七次活动开始增添了旁听。一天的讲座以及现场讲解，不仅针对本科生、研究生或是近代化遗产、世界遗产的研究者，普通人也可以参加旁听，从而也能理解富冈制丝场的价值。第七次的学术研讨会及工作坊有 11 名正式学员及 16 名旁听者参加，此种招募方式现在依然在持续。而且因为有更多人的参与，不仅是学生，建筑行业从事者等更多群体也开始对此有所了解。

富冈市教育委员会于 2011 年开始实施历史遗迹的调查工作。[①] 该项调查对富冈制丝场 140 余年历史中曾经存在的建筑遗迹进行确认，认识富冈制丝场的历史变迁。因 2014 年 2 月大雪而受损的干燥场、茧处理场的保护及修

① 《保存管理计划》中有如下记载：虽可以认定历史遗迹区域内存在建筑等的遗迹，但现状无法确认时，可以依据保存的配置图、照片等资料来从现存建筑的位置关系来推断主要遗迹。（第 23 页至 27 页）

缮工程、员工宿舍等以及国宝——西置茧所的保护及修缮工程，随着工程的推进需要提前进行整体性的发掘调查，确认是否存有地下遗迹。获取调查结果等信息后，其一部分将汇总成为报告书。[①] 在学术研讨会及工作坊中，不仅可以见到现存建筑的发掘调查成果，还可以理解遗失的地下遗迹的重要价值。[②]

2015 年举行的第十次实测工作坊中，以“测量、感知及利用旧福冈制丝场的空间”为主题，调查对象选定为西置茧所一楼。该次活动的主要特征是学习发掘调查的方法。

该项课题的设定如下：

1. 为制作西置茧所的发掘调查图・剖面设计图，请对其进行实测并记录在现场记录册上。发掘调查图仅限于东西两侧一部分。分组进行实测，各组将安排负责人。必须标明尺寸：（发掘调查图）基准位置到表面、地板面/（剖面设计图）基准位置到地板面、横梁顶部的高度及墙壁的厚度。

2. 在仿造纸上根据现场记录册制作发掘调查图（1 比 20）、剖面设计图（1 比 20）。请在仿造纸上完成发掘调查图及剖面设计图的绘图。

3. 以下内容省略

此前的活动皆是制作建筑的平面图及展开图，此次的活动是学习发掘调查的绘图，由于并无有实测经验者，因此可以预料到将存在较大困难。但有讲师们的耐心指导与学员的努力勤勉，活动得以顺利举行。

第十一次（2016 年）的调查对象为员工住宅。因为当时员工住宅的保护与整修工程已经开始，与其相配合，该年活动的主题选定为“制作员工住宅的平面图，思索员工住宅的特征及闪光点”。与以往调查的缫丝所及东西置茧所、铁质水箱等重要文化财产所不同，员工住宅是旧富冈制丝场自己修建的建筑，现在多位于场内的北侧。从官营转卖于三井之后修建的员工宿舍现存 11 栋。工作坊对明治、大正以及昭和年间的员工住宅各进行了实测。

---

① 截至目前，已经出版发行了《历史遗迹旧富冈制丝场内容确认调查报告》1—3 册。第 1 册为 2011 年实施的西置茧所及蚕种制造所遗址的调查报告。第 2 册为 2012 年对员工宿舍及侯门所遗址的调查记录。第 3 册为 2013 年的遗址调查记录。

② 实际上现场讲解阶段因为受时间的制约，午餐休息时见学仍在进行。学员们自由参观了会场一部分实际出土的遗物。

图 9　建筑调查的状况（第十次）

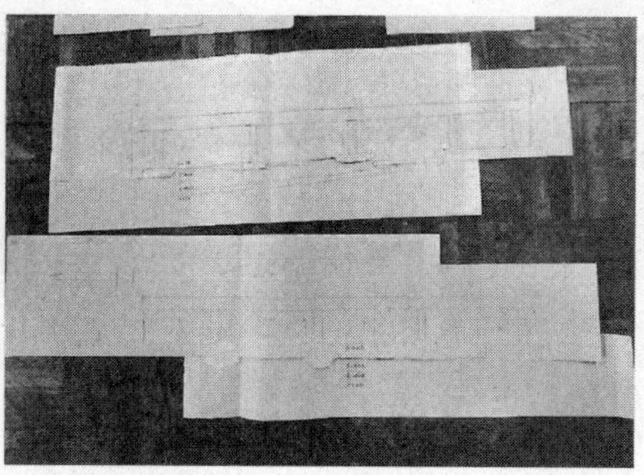

图 10　发掘调查图

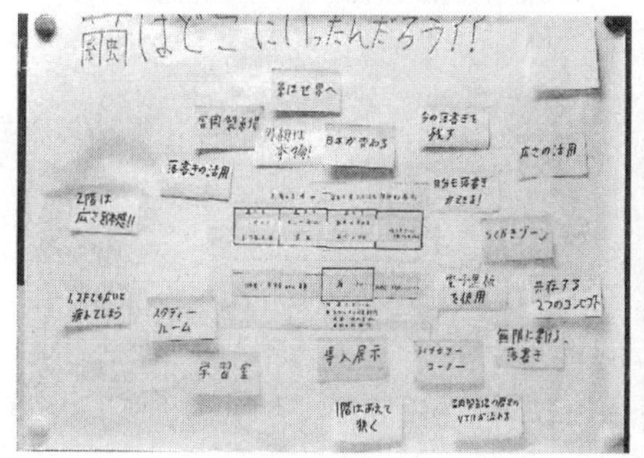

图 11　工作坊的状况（第十次）

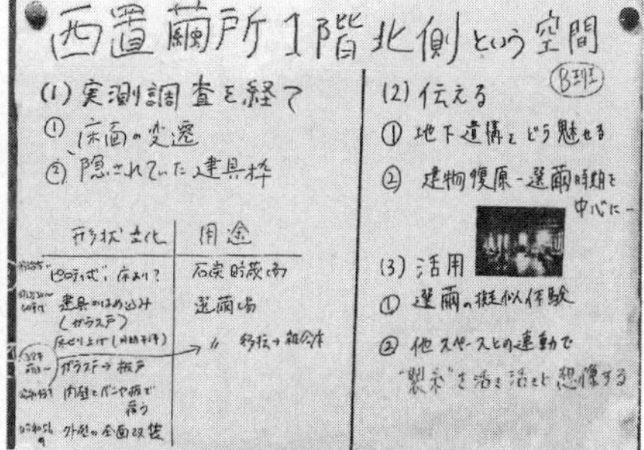

图 12　工作坊的状况（第十次）

第 11 回　旧富岡製糸場
セミナー・ワークショップ
参加者募集要項

平成 28 年 10 月 29 日(土)
～30 日(日)

图 13　第十一次学术研究会・工作坊召开通知

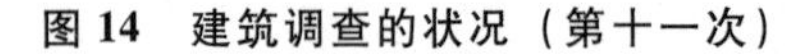

图14　建筑调查的状况（第十一次）

图15　建筑调查的状况（第十一次）

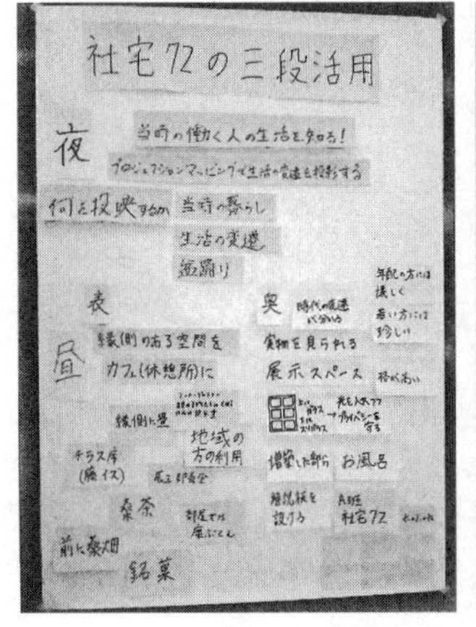

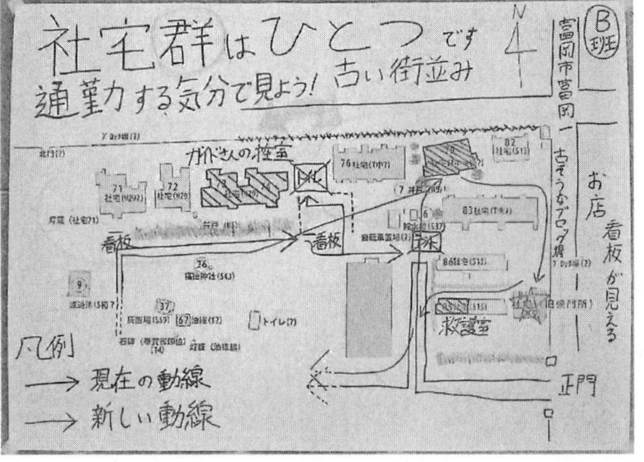

图16　工作坊的状况（第十一次）

图17　工作坊的状况（第十一次）

第十二次（2017年）的调查对象为员工宿舍。富冈制丝场从官办时期开始就为了解决女工住宿问题修建了员工宿舍。当时的员工宿舍（浅间寮、妙义寮）建在现在东置茧所的北侧，后经历变迁，现转至制丝场南侧名为“榛”的两栋建筑。浅间寮、妙义寮皆为两层，但由于建于“二战”之前，因此老朽化严重。之前活动的调查对象皆与制丝相关，本次则针对工场劳动者的生活，其毫无疑问也是富冈制丝场重要的一部分。女工作为制丝的主要工人，其宿舍应被置于怎样的位置来看待也值得思考。

工作坊的主题既包括“充分观察宿舍生活（卫生间、洗衣房、浴室、食堂等的动线）以及庭院及河流等周边环境”，还包括“以更为广阔的视野，对宿舍、宿舍周边环境、制丝场整体、周边街道等的开放与利用进行策划”。

策划方案包括“对公众开放的休憩之地”“女工生活轻体验”“通过居住来感受 通过眼睛来感受”等。

2018 年举行了第十三次活动，其调查对象转为诊所与病房。诊所与病房与员工住宅及宿舍一样，作为工场职工生活必需的建筑，从官办时期就延续了医生常驻的传统。本次的调查对象修建于片仓工业时代，除诊所外也配备了病房。活动策划案包括“探访工人生活”等。

图 18　建筑调查的状况（第十二次）

图 19　建筑调查的状况（第十三次）

图 20　建筑调查的状况（第十三次）

第十四次活动举办于 2019 年，调查了副蚕仓库、副蚕场（旧第二工场），目的是观察建筑的功能与动线。制丝场虽有制丝工业的主体功能建筑，副蚕等其他配套工程建筑该如何利用也是活动所关心的。

三、结　语

现在的富冈制丝场，基于 2008 年制订的《保存管理计划》及 2012 年制

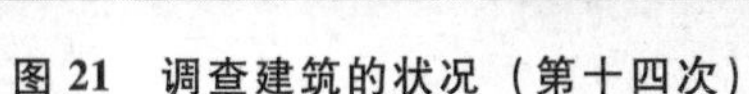

图 21　调查建筑的状况（第十四次）

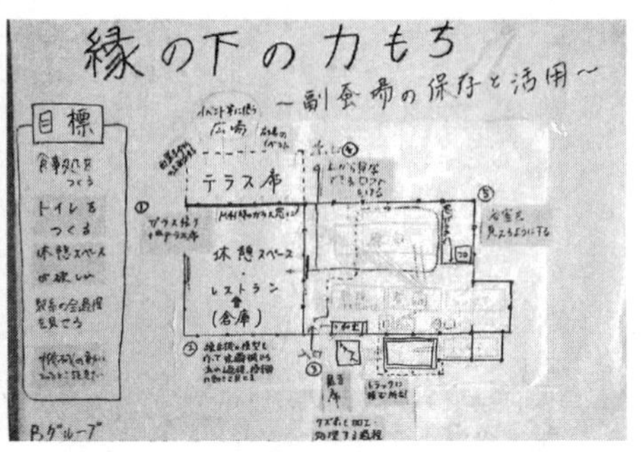

图 22　工作坊的状况（第十四次）

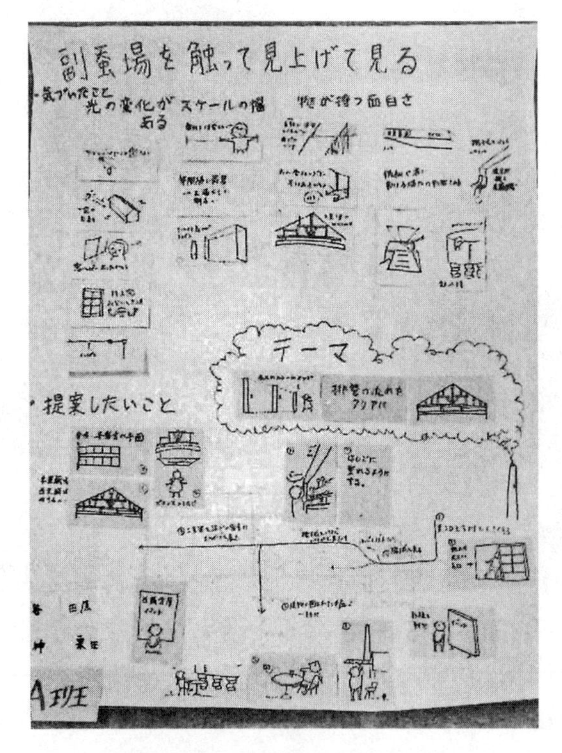

图 23　工作坊的状况（第十四次）

订的《旧富冈制丝场整修利用计划》，对历史遗迹设施进行了整修，对建筑进行保护修缮。西置茧所（国宝）的保护修缮工程于 2020 年正式开始，同时开始实际利用。[①] 此外，干燥场、茧处理场以及员工住宅等的保护修缮工

① 西置茧所保护修缮工程实施之际，除调查建筑之外，还进行了地下文化财产的调查。

程也在进行，[①] 整体工程完工约需要 30 年。保护修缮工程进行的同时，建筑的拆除以及地下遗址的确认也在同步推进，以弄清很多未知事实，对富冈制丝场的历史价值进行再评价。

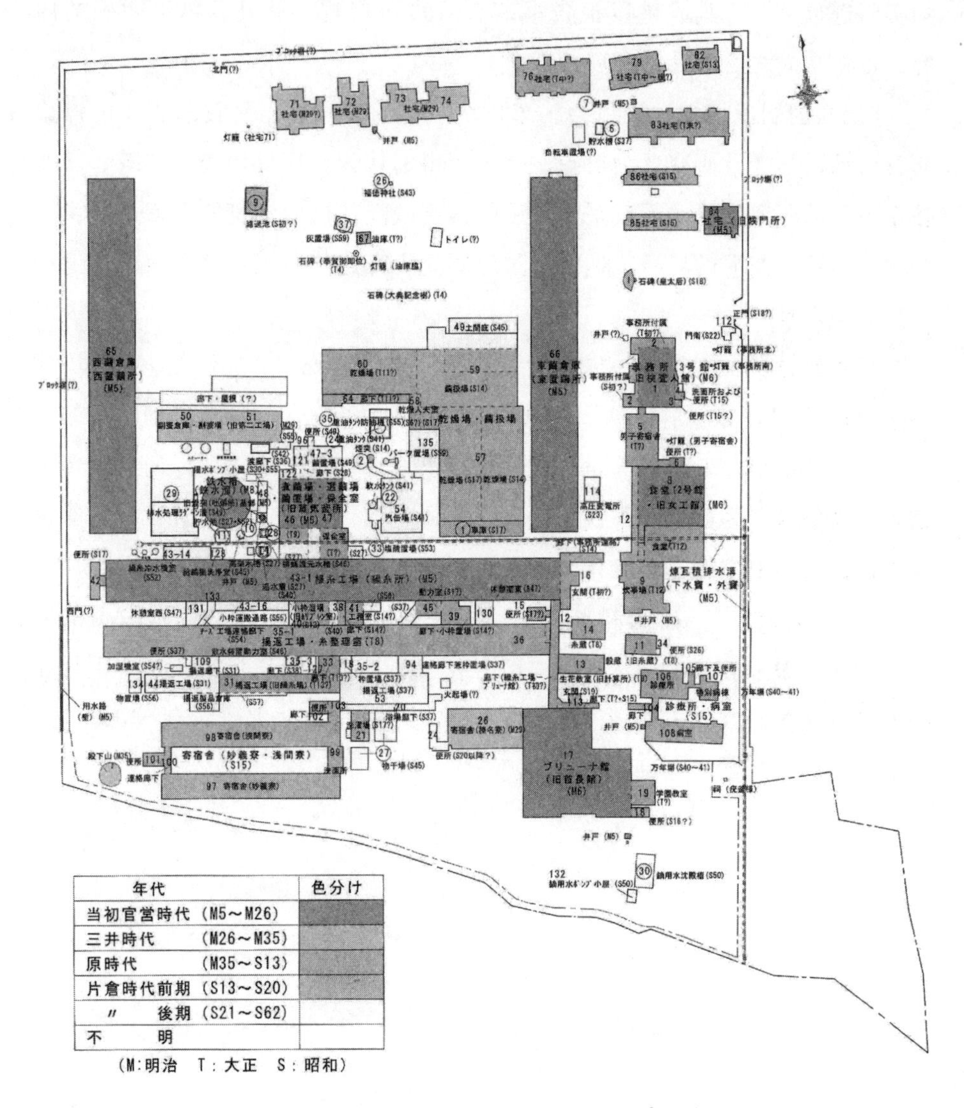

图 24 建筑配置图

来源：《历史遗迹・重要文化遗产（建筑）旧富冈制丝场保护管理计划》第 31 页。

---

① 2020 年，《历史遗迹旧富冈制丝场 建筑等保护整修相关调查报告》1—2 册出版发行。第 1 册为“76 号员工住宅内部”，第 2 册为“85 号员工住宅内部”。

2011 年实施的确认历史遗址的调查，西置茧所的保护修缮工程及地下遗址的调查，以及现在仍在进行中的建筑保护整修相关的调查，对于了解富冈制丝场的损毁建筑及设施有着很大的作用。今后将对目前已得到的现场调查的资料进行汇总，其成果以报告书的方式进行展现。此外，仍不明确的内容，也将纳入之后的计划开展调查。

"旧富冈制丝场学术研讨会・工作坊"如前文所述，到目前为止的调查研究活动以学生及研究者为对象。基于所得的认识，探寻历史、建筑、产业技术等新的研究素材，不仅是为今后的调查研究，也为建筑的整修以及实际利用提供信息交流的场所。期待学员对调查研究建筑、工业遗产及世界遗产产生兴趣。

学术研讨会・工作坊的提倡者清水庆一先生曾说过："不能好好利用就不用保护。""好好了解建筑，熟识其价值与魅力所在，并思考合理利用的方法。"清水先生于 2011 年去世。我们将继承清水先生的遗志，以向后世传承富冈制丝场遗产为己任。不仅是针对既存的建筑，已不在的建筑及设施等也是如此，对地下遗址进行确认调查亦是开展实证研究的一种方法。

2020 年度的"旧富冈制丝场学术研讨会・工作坊"因为新冠疫情的缘故而中止。未来的状况虽然不明，但由有志于对富冈制丝场以及日本近代化遗产进行调查研究的人们进行推动，"旧富冈制丝场学术研讨会・工作坊"以后得以继续的话，也是一件幸事。

富冈日记[①]

[日] 和田英　马冰洁[*]　译

《富冈日记》原名《明治六、七年松代女工富冈场中略记》，收藏在本六工社（前身为六工社）。作者从1873年（明治六年）4月到1874年（明治七年）7月在富冈制丝场当实习女工，该文献是她在1907年（明治四十年）根据当时的经历所作。1927年（昭和二年），该文献作为私人出版物出版，1931年（昭和六年），信浓教育会以《富冈日记》为名，将其作为学习文库版出版。

一、我的身世

我的父亲是信州松代的旧藩士——横田数马，在明治六年时是松代区区长。信州报纸曾报道过这件事：信州是养蚕业最兴盛的地区，因此县厅下达了命令，要求各区选拔13岁到25岁的女子去富冈制丝场（一区选拔16人）。在当地民众的眼中，此举如同"用活人祭祀"，无人响应。父亲为此而忧心，积极动员却毫无效果。民众议论纷纷，认为这是榨取人血汗的事，有人说："区长家里有正当龄的女儿，自己的女儿都不去就是最好的证明。"

① 本文选译自筑摩书房在2016年出版的《富冈日记》，《富冈日记》分为上下两部分，第一部分《富冈日记》共四十六章，第二部分《富冈后记》共二十八章，本文选取了其中比较重要的章节进行了翻译。原作者和田英（旧名横田英）出身于日本长野县松代町，日记记述的主要是富冈制丝场和六工社在明治初期的情况，所以原文有很多长野县方言和制丝业的专业词汇，翻译有一定难度。此次将初稿发表在《工业文化研究》上，还请诸位读者不吝赐教。

* 马冰洁，华中师范大学历史文化学院。

于是，父亲下定决心要派我去富冈。

亲戚的女儿去东京学机械纺织的时候，我也想同去。但我有四个弟妹，每日要干很多家务，所以家人不同意。我为此感到遗憾，现在有这样的机会自然非常高兴，对父亲说即便孤身一人也愿意去。事后回想，母亲当时正怀着最小的弟弟（后来才知道），想必非常为难。但父亲那样说了，母亲就没再说什么，她不愿当第一个提反对意见的人。祖父知道后非常高兴，说："身为女子，也要为国效力。去富冈后要振奋精神，诸事用心，不落人后。"听到这样的话，我也非常高兴。

事已至此，奇怪的是，我听到的几乎都是去富冈有什么好处。在富冈能学到新知识，有纺织场可以学习纺织，这些都是好事，所以我每天都兴高采烈地做着准备。一位叫河原鹤子的人当时13岁，说："小英去的话，我也要去。"父亲同意了她的申请，总算有人陪我同行（鹤子的父亲曾在北越战争中代表松代藩出征，作为总大将进入若松城）。

事情就这样定下来了。此前一年，我和丈夫（和田）已经订婚了，所以就将这件事告诉了他，刚好他也有去东京修学一两个月的计划，就同意了。当时我有一个叫初子的姐姐，她也想和我一起去，便决定同行。

就这样不可思议的，我的亲戚、朋友，以及知道了这个消息愿意与我们作伴的人，刚好凑齐了16个。此后又有人陆续报名，但人数已满，就没能成行。

二、人员名单

此时的人员有：

河原均（原名左京）次女：河原鹤子 十三岁

金井好次郎之妹：金井新子 十四岁

和田盛治之姊：和田初子 二十五岁

酒井金太郎长女：酒井民子 十七岁

米山友次郎之妹：米山岛子 十八岁

坂西某之未婚妻：宫坂しな子（しな：读作西奈）十四岁

小林石左卫门之长女：小林高子 二十一岁

小林石左卫门之次女：小林秋子 十六岁

小林某之长女：小林岩子 十七岁

福井友吉之长女：福井龟子 十八岁

塚田长作之长女：塚田荣子 十七岁

东井某之次女：东井留子 二十一岁

春田喜作之次女：春日蝶子 十七岁

横田数马之次女：横田英子 十七岁

五、出发陪同人员

明治六年二月二十六日，我们十六人在父兄们的陪同下，从松代町出发。陪同的人有金井好次郎、和田盛治、长谷川藤左卫门、小林石左卫门、米山某、小林岩母子等。富冈给我们提供了旅费，有人替我父亲来送我，他与我们一同出发后就没有回去。陪同的人皆自备旅费。

众人先到我家集合，早上7点左右一起出发。出发时的心情非常好，事后想想，其实是无知者无畏。我们此前去过的最远的地方就是八幡或善光寺，对别的地方一无所知。去如此陌生的地方，没有丝毫担心，我们是多么迟钝的人啊！想起来都觉得害怕（现在自然不用怕，但当时整个社会还未开化）。

八、路上见闻

（前略）

3月1日早上，我们从坂本出发，靠近安中时向左转，走了一段路后见到了高高的烟筒。终于要到富冈了，大家都很高兴，但也开始为前途感到一丝担忧。到了富冈町后，我们住进了一家叫佐浓屋的旅舍。时间尚早，我们有空参观了一下富冈町。令人惊讶的是，富冈虽说是城下町，但却像一个村庄。

第二天，众人一起来到富冈制丝厂的门前。映入眼帘的景象令人震惊，恍然如梦。我们此前只在浮世绘上见过砖瓦房，在现实中第一次看到，自然觉得震撼。众人一同前往役所，尾高、佐伯木、加藤、井原、中山等工作人员都坐在桌子后面接待我们。工作人员嘱咐了很多事后，将存物牌给了陪同我们的父兄。管理女工的人带我们去女工的房间，随行的人一起从接待室来到房间，然后离开。我们看上去比较合群，所以被安排在总管青木代子①的隔壁。我和河原鹤子、金井新子、和田初子、春日蝶子五个人住在一起，六张榻榻米大小的房间里有两个六尺的壁柜，显得非常拥挤。有人要求我们变成四人一间，但让谁搬走都不太好，所以大家都不同意，就这样五人继续住在一个房间里。其他人也住在附近，三人或四人一个房间。入场的那天，我有些不好意思，所以就脱掉了筒袖和袴，只穿着和服和羽织。

众人就这样在房间里安顿。第二天，也就是3月3日，我们终于要开始工作了。已经入场的人要在早上6点多到岗。在第一声哨子响起之前，已经有很多女工在房间门口等待，但不许踏出房门一步。第一声哨响之后，女工宿舍总管铃木（一人，男性）或副总管相川（男性）的妻子中的一人和女总管走在队伍的最前面，身后众人排着整齐的队列，一起通过东75间置茧场外的长廊，再从75间缫丝场正中央的正门入场。长廊的正中央是役所，役人们一般站在门口负责监督。一旦有人跑出队列，就会被斥责。

出门后，副总管前田万寿子带着我和伙伴们参观了一下缫丝场，然后就去了选茧场。此后，我和伙伴们就开始选茧。选茧场的西面也有一座75间的二层砖房。

九、场内的景象

我们第一次见到缫丝场内的景象时，非常吃惊。首先看到的是缫丝台，台上有勺柄、匙子和两个朝颜②（用来煮蚕茧的）。所有物品都是黄铜做的，散发着金光。其次看到的是轮子、灰色的铁，以及木头做的线框、大框、大框之间的板。西洋男女在场中穿梭，也有日本的男女来来往往。场内女工们形容规矩、目不斜视，非常认真地工作。这样的场景如同梦境，让人有些害怕。

---

① 原文：青木だい子。
② 漏斗形状的容器。

十、选茧场

到了选茧场后，一名叫高木的书生领着我们参观。有很多熟练工站在高大的桌子旁，认真挑选着蚕茧。我们前往各自的工位，有熟练工在一旁教我们选茧的方法。选茧非常难，必须要挑选那些尺寸大的、纹路整齐的茧，茧上不能有污渍，就算有针尖那么小的污渍都不行。我们选出来的茧要交给高木和教学的人检查，有一点失误就会受到严厉地斥责。

旁边有人说了一句话，立刻被训斥："不许说话!"一个叫贝朗的法国人偶尔在场内巡视，见到有人说话就会大声吼："日本女人都是些没出息的!"我们无依无靠，只能无声地选茧。我们本来习惯住在通风良好和式房屋里，但砖房的窗户通风不好，堆积如山的茧的气味熏人。这一切都让日子变得漫长，人变得疲惫。虽然做好了经历苦难的准备，但如此无聊的生活还是让我感到苦恼。此时让我继续坚持下去的动力，源自出发时父亲的教诲和众人的嘱托。

天气逐渐变暖，周围有很多苍蝇。日子太无聊了，有人捉到苍蝇摘掉翅膀，然后在苍蝇背上扎上小稻草，附上蚕丝和茧，再拉动它，非常好玩。大家纷纷效仿，包括我在内。我把小纸片粘贴在稻草上，扎在苍蝇身上，就像竖起了一面小旗一样。大家看到后，都低着头偷笑。高木无意中发现，也忍不住笑了。但他马上又严肃起来，问是谁干的。大家一口咬定说不知道，此事不了了之，但之后连这种乐趣也没有了。伙伴们忍耐了一日又一日，都期盼着能早日去缫丝场。有一次我们问高木何时能去缫丝场，他说山口县的40名女工会在20日左右入场，那时候大家就可以去缫丝场了。听了这话，我们都很高兴，期盼着那一天的到来。虽然大家逐渐习惯了选茧场里的气味和工作，不像之前那样辛苦，但还是希望能去缫丝场工作。

十一、各地的入场者和大部分同县人

在这里简单说明一下。从各地来的女工，每县多则十人、二十人，少则五六人。基本上都是从日本各地来的，甚至还有从北海道来的。其中，很多人是从上州、武州、静冈来的，她们入场比较早所以势力比较大。静冈县的女工们是旧旗本家的女儿，文雅且有东京风范，非常讨人喜欢。无论是从高崎、安中等旧藩来的上州人，还是从川越、行田等旧藩来的武州人，都非常文雅且意气风发。因这里是“尾高大人之国”，所以管理者都是川越那边的人。

有很多女工出身于长野县，约有两百人，我们是最后一批。小诸、饭山、岩村田、须坂等地的人都非常文雅。所有出身于城下的人都看起来比较好。这样说或许有人会生气，但山里人和乡下人不如现在这样开化，说话方式或其他方面与在城下长大的人不同。女工人数众多，各种各样的人都有。言谈举止稍有不当，就有人议论：那人是信州人，信州人干了这样的事、干了那样的事。每当我们看到、听到别人这样议论，心里就非常羞愧、难受。所以我们绝不说自己是信州人，只说自己是长野县松代人。就好像现在大家出国游历，听到别人说同胞品行恶劣就会感到难受一样。上州、武州人的言谈举止虽然很好，但她们中也有很多人非常粗俗。很多管理者都是从那边来的，因此她们比较有势力，绝不和旁边的人说话，让人害怕。

十二、山口县女工的入场和我们的失望

从高木那里得到消息后，我们一心一意地学习，等待那一日的到来。终于到了3月20日，从山口县来了大约30人。我们住在南下宿舍，总管青木的隔壁，面朝接待室，任何人入场我们都能看到，更不用说有30个人。她们出身于长州，穿着打扮非常不同，其中大部分人都穿着藏青色白点的短袖和服（木棉制品），腰带也多是同样的花色质地。当然，也有人穿着特别高级的衣服。大家都是士族出身，举止文雅，我们见到她们后非常高兴。

第二天早上，大家做好了去缫丝场的准备，互相提醒不要忘记带手巾等物品。虽然依旧被带去了选茧场，但大家仍然抱有希望，想着可能一会儿就有人带我们去缫丝场了。但一直到12点，都没有任何消息。大家忧心忡忡地透过窗户向缫丝场内眺望，令人吃惊的是，我们等了很久的人在入场后直接进了缫丝场，正在接受口头教育。看到这一幕，我们非常震惊，茫然失

措，一副泫然欲泣的样子。选茧场里还有七八十名女工，当着她们的面肯定不能哭。哨声响起，到了吃午饭的时间，伙伴们根本顾不上吃饭，来到我的房间商量对策。大家都在哭，有人说，这样被欺负，以后还不知道会遭遇什么过分的事；又有人说，自己不顾父母的反对来这里，果然受到了惩罚。伙伴们不停地抱怨着，在榻榻米上埋头哭泣。一名叫井原的管理者从总管房间出来，看到了房间里的情形，就把我叫出去，问我发生了什么事。我的眼睛也哭肿了，但现在不能保持沉默，就毫无顾忌地说明了原因：大家想去缫丝场工作，前几日听高木说，山口县的人入场后我们就能去缫丝场了，所以大家一心一意地努力。但是山口县的女工没有去选茧场，直接去了缫丝场，大家觉得很难过就哭了。井原听了我的话，也感到非常苦恼，答应尽快去缫丝场问一下具体的情况，让我调整一下心情再去工作。这时哨声也响了，大家擦干眼泪继续专心致志地工作，就这样沉默地度过了一天。

我们这些人，无论有多么难过、多么悲伤的事情，都不会同家里人说。身在远方的父母和兄弟姐妹本来就很担心我们，所以我们只把新奇的、高兴的事告诉他们，如宽敞的场地，严格的规则等。我们互相提醒，希望远方的亲人们高兴一点、安心一点。正因为如此，这次的事才让人格外难过。

十三、询问高木和缫丝

第二天，年长的东井留[①]、小林高带着伙伴们去找高木，问他为何食言。我说："前几日，您说山口县的人入场后我们就可以去缫丝场工作，但她们入场后没有来选茧场，直接去了缫丝场。请问为什么山口县的人可以直接去缫丝呢？我们离开故乡时，也从父亲那里听说了一些事，眼下这种情况必须和我们解释清楚。"高木也一副苦恼了很久的样子："你们说的非常有道理，但这次是西洋人的错。我们会安排解决这件事的，请不要生气。"听了这话，我们就没再说什么，回去继续认真地工作。

四五日后，场方在我们中选了七八个人。（这里稍微说明一下，场内工

① 原文为东井とめ。

作的时候，谁都不能说话，场方的人选中了谁，就对她稍微招一下手用手指一下，然后在前面带路，被选中的人在后面跟着。）当时大家都很意外，就这样被带到了缫丝场。当时在富冈制丝场缫丝的人年纪都很小，也有一些人和我们年纪差不多，但大多数人都在 12 岁到 15 岁之间。

十四、缫丝釜和缫丝

当时，缫丝场有 300 个缫丝釜，正在使用的只有 200 个。场内一边有 50 个缫丝釜，另一边有 25 个，后面挂着 13 个缫丝框。从西边开始数，前 100 个是一等台，后面 50 个是二等台，再后面 50 个是三等台。我们在一等台的南侧，有三个大缫丝框。小框是六角形的，非常结实，大框也是六角形。用小框缫丝的时候，先用水将小框弄湿，然后将其插在下面台子的棍子上，在六个角上装上黄铜材质的圆片。为了不让丝挂在角上，玻璃天花板上有钩子垂下来，可以将丝挂在上面。旁边有一个玻璃材质的蕨菜形状的东西，要先将丝穿过那个东西，然后再缠到大框上，非常麻烦。接头必须要剪得很短，不能有横丝。场里比我们年纪小的姑娘们非常细心地教会了我们留丝口①的方法，以及其他各种要领。

教学结束后，我们终于开始独自缫丝了，但我却完全不得要领，因为丝断了以后完全接不上。为什么会出现这样的情况？因为丝稍微有点不均匀的话，就会直接横着断开，很难接上。机器是铁制的，到处都有油，机器运转如同油墨印刷机一般。我们生产的生丝不能沾染上任何污渍，所以找断掉的接口时，会被严厉地训斥。我只能去缫丝框转动的地方尝试一下。框被取下来时，像一个小鼓一样。就这样，断断续续地，三个大框和十二个小框，我怎么都找不到接口，真的非常难过。

十六、缫丝方法指南与新平民

教我缫丝的人叫入泽笔，是西洋人直接培养出来的。她非常温柔且耐心

① 原文为口の止め方。

地指导我，在退场的时候，她拉着我的手像我的妹妹一样。更让我感到高兴的是，这位小老师的工位就在我的右边，这是我诚心向神佛祈祷的结果，我非常尊敬她。

第二天，入泽因为一些原因没有来上班，安中藩的松原小芳代替她成了我的老师。小芳和我差不多年纪，美丽且温柔，也同入泽一样爱护我。

之后两天，我一直和小芳学习。出师之后，三等台下方的新釜逐渐空了出来，我就挪到那边去工作。

那时，我曾登门拜访过入泽和松原，对她们表示谢意。以前就有人提醒我，说入泽是七日市的新平民。经常有人问："你是谁的弟子？"我一般会回答："我是松原的弟子"，不会特别提到入泽。所有老师和弟子之间的关系都非常亲近，弟子加薪了老师也会非常高兴，出来进去也会特意找到彼此然后牵手。虽然只做了一日的师徒，入泽在遇到我时也会牵着我的手。入泽是我第一位老师，我非常尊敬她，但因为内心的想法说不出来而感到苦恼。现在想起来，都感到非常遗憾。明治六年的时候，我还不擅长社交，非常容易陷入烦恼，真是可怜。

十九、场内巡查的情况

法国人：

普拉特・贝朗（男）

库劳兰德・玛丽・露易丝（女）

以上西洋人自上而下巡查。

日本人：

国重某（山口县）弘某（山口县）

白根某（山口县）佐伯木次郎（山口县）

三好某（山口县）长野某（山口县）

村井某（山口县）高木某（静冈县）

中岛某（静冈县、兼任翻译）某（忘记姓名，静冈县）

儿玉某（石川县）深井某（高崎）

村濑某（长野县上田）稻垣某（长野县小诸）

以上每人负责 25 釜，选茧场、缫丝场的巡查也包括在内。

负责场内巡查的日本妇女：

尾高勇 这位是尾高先生的女儿，现在是涩泽男爵儿子的夫人

青木圭①总管青木太②的孙女

森村时（武州）笠间爱（武州）

轰戸根③（武州）若林若（高崎）

矶贝某（上州小幡）

其他人的姓名已经忘记了。

以上诸人，有三人负责 50 釜，其余每人负责 25 釜。每人在场内巡视两小时后换岗。每个釜都有三个人轮流缫丝。有一男一女去 25 釜那里检查丝是否均匀，太粗或太细都不行。他们对热水的温度、出水的方法、出茧的方法都有非常严格的要求，一旦有人没有按照规定缫丝，就会受到斥责。

此外，还有西洋人在场内巡查监管，一旦注意到什么，就会非常严厉地训话。他们的评价直接决定了女工的声誉，任何人受到西洋人的训斥，都会感到羞愧。正是因为有严格的要求，才能生产出高品质的丝。我到了晚年，也一直保持着这种“富冈风格”。

二十一、皇太后、皇后陛下亲临当日场内的情况

终于到了这一天，场内打扫得很干净。300 个人全部集中在三等台边上，即东入口那里选茧（仅限当日）。

由布鲁纳和尾高带路，皇太后和皇后陛下一行从正门（平时我们入场的地方）进来，默默地走到了三等台边上选茧的地方，看我们选茧。此前蒸汽和机器都停了，等陛下们到了，才重新开始启动。女工们都脱掉束衣袖的带

① 原文为 青木けい。
② 原文为 青木たい。
③ 原文为 轟とね。

子，双手放在膝上低着头恭候各位陛下，等皇太后一行人到了，才立刻系上带子开始工作。那一天，气氛非常严肃。

见到龙颜，我们很自然地低下了头。昨天入场的女官也在，但装扮完全变了，穿着白绫上衣和红色的袴①。

关于两位陛下的御衣，其中一位穿着淡紫色的锦衣，衣服上有菊花纹；另一位穿着黄绿色的锦衣，带着同样的花纹。御衣的袖子是白色的，宽大有褶皱，袖口绣着花样，就像亲王的御衣一样。陛下们穿着红色的袴，金表的链子垂在下面，穿着传统的漆木屐。她们的鬓发很紧，从前到后梳得非常整齐，发梢有白纸做的三角作为装饰，女官们也是这样的发型。

陛下一行从正门离开时，我正在从下数第二排北侧角落的第 56 釜缫丝。一名叫阿鲁克桑的法国人把三釜的人召集到一边，入场查看缫丝的情况。在 20 分钟前，两位陛下刚来这里巡视过。那时我的操作还比较生疏，为了不让丝断掉，我非常小心谨慎。刚开始的时候，我的手一直哆嗦，等心绪慢慢平静下来后才能像平时一样操作。我内心非常惶恐，但一想到这可能是我一生中唯一能见到龙颜的机会，就低着头偷偷地看两位陛下。那时激动的心情，我一天都不曾忘记。那时，我的心中只有神。场内有约 600 名女工，有一位我认为长得很美的人也在场，此刻那个人的脸色非常苍白，实在令人惊讶。为免失礼，在这里就不多说了。

就这样，陛下们从二等台走到一等台，最后到西置茧场的别殿休息。随后布鲁纳夫妇拜见了两位陛下。

二十三、阿鲁克桑

阿鲁克桑是女教师中最擅长缫丝的人。明治五年年底的时候，她从自己教的女工那里拿了蜜柑。布鲁纳知道这件事后，禁止阿鲁克桑入场，让她去看护自己的孩子。两位陛下亲临的这一天，阿鲁克桑被允许跟随。此后，她经常到女工的釜那里去缫丝，技术熟练且高超。

① 袴：和服裤裙。

二十七、河原鹤子的病

我们一行人在之后的日子里也专心致志地学习。某日，河原鹤子突然说自己不舒服，让人感到意外。那一日，她在房间里休息，突然就站不稳了，第二天早上去医院被诊断为脚气病，因无法站立，直接住进了医院，日益虚弱。我每次休息的时候都去看望她，才两天她的病就看起来非常严重了，这让我感到非常震惊。当初我俩约定，即使只有两个人报名也要一起去富冈。我们之间有这样的情义，自然要互相鼓励、互相支持。河原比我小四岁，在大家庭中长大，需要照顾很多人，这些事我都很清楚。

当时，脚气病非常难以康复。我哭着找到寝室长说："我想马上带鹤子回故乡，只要越过了碓冰山，就算不喝药病也能好，请您批准。"寝室长将此话转达给了管理者，并去医院询问情况。场方认为，鹤子就算不回故乡，也不会有性命之忧。此后，我就成了鹤子的看护。然而，鹤子的病日益严重，连饭都吃不下了。她完全无法站立，我只能用肩膀架着她去厕所，像带小孩去厕所那样从后面抱着她。当时我也只有 17 岁，没什么力气，非常费劲。我竭尽全力，也没感到特别辛苦，只想着鹤子能早日康复，为此日夜向神祈祷。那时候如果像现在一样有马桶，病人也好，看护病人的我也好，该有多么开心啊。每次去厕所的时候，我和鹤子两个人都非常辛苦。

除了这些，吃饭也是一个问题。病人可以在病房吃饭，但我只能回我自己的房间吃一日三餐。医院在女工寝室的最东边，我的房间在最西边，中间隔着七十五加十几间，我必须在约八十五间左右的距离之间往返。我无论是去还是回来都非常匆忙，饭也吃的很急，连和同屋的人说话的时间都没有。正如那句谚语："因为讨厌等人，所以宁可让别人等我。"病人等我很久非常焦急，经常抱怨："英子回房间玩去了，所以这么久都不来。"我听了这话感到非常难过，一个人偷偷地哭了好几次。但转念一想，病人身体不自由，年纪又小，会这样说也很正常。我哄着、安慰着病人，就这样过了快三个月。等她身体好一点的时候，我们去洗澡。我把她背到浴池，两个人脱光后，我再抱着她入浴。朋友们看到后都在笑，我却完全笑不出来。

看到这样的情况，尾高和青木都说："只有横田英一人看护病人也太可怜了，让其他人也帮忙轮流看护吧。"听到这话，我非常高兴。这绝不是抱怨看护病人辛苦，而是因为担心工作。每天都练习缫丝，尚且不熟练，看护病人几个月，在工作方面自然没有进步。每次哨声响起之时，我在医院里踮起脚来向外望，就能看到大家路过的身影。但我总踮着脚向外望，病人注意到了就会生气。我生平第一次如此焦虑。

从那以后，伙伴们轮换看护病人，每人看护一周。但我只要有休息的时间，就会去医院探望。病人每次见到我都眼角含泪，高兴地让我带她去厕所。不熟的人带她去厕所，不仅不方便，还会让她痛、嫌她臭。我担心我不在的话，她会一直等我来帮她上厕所。所以我有空就去，连夜里都往医院跑。

这段时间，病人逐渐好转。等她能扶着东西站起来的时候，她的父亲来了。最终，鹤子还是要回故乡了，我们哭着道别。听说鹤子现在改名为雪，成了一名基督教传教士。

二十八、一等女工

我和伙伴们都专心致志地学习，虽然经常有人因病休息，但大家都很努力。和其他人不一样，我们的目标是在故乡建立制丝场。我们当中若有人成为一等女工，就会成为大新闻。当西洋人拿着笔记本同负责巡查的书生、女工们谈话的时候，我们未曾留意。

直到某一天晚上，铃木监督将我们叫出去，分别传达指令。正当我们坐立不安时，我也被叫了出去。

"横田英，任命你为一等女工。"

听到这句话，我喜上心头，流下了激动的泪水。

在我们 15 人（此前坂西泷子因病回乡）中，有 13 人成了一等女工。后来才被叫出去的人一开始都急哭了，认为只有被偏爱的长得好看的人才能成为一等女工。等她们也被叫出去接受任命后，前面的人狠狠地嘲笑了她们。虽然有这样一段小插曲，大家都如升天一般，喜不自胜。剩下的人年纪都很小，其中还有人没有缫过丝。一等女工的薪水是一元七十五钱，二等是一元五十钱，三等是一元，巡查是两元。

我成了一等女工。当时正门以西全部是一等台，有 150 釜，我在西边第二排最北边那个位置。去到那里一看，在我左边工作的正是前面提到的静冈县的今井小溪①。我更开心了，今井也非常高兴，从那以后我们出来进去都拉着手，比姐妹都亲近。管理一等台的书生叫深井，是高崎人。后来才知道，我父亲有一位同藩好友叫玉川渡，深井正是他夫人的侄子。玉川的儿子跟随深井来这里参观时，曾向我点头致意。我不禁感慨：无论去什么地方都有人知道我的身份啊。自从来到一等台，工作也变得快乐了。这里的茧是最好的，又大又整齐；同伴们对我也非常好。我每天早上去缫丝场都很开心，不到天明就想去工作，大家都是这样的状态。

二十九、从故乡来的男工入场

父亲来富冈实地考察之后，发现开办制丝场，只有女工是不行的。他回去后，开始招募男工。男工里我只记得海沼房太郎和田中政吉这两个人，他们住在七日市，每日通勤上班，但基本没来过缫丝场，在置茧场等地干杂务，还有人在烧蒸汽的锅炉场或其他岗位上工作。在六供社创立之初，海沼房太郎与大里氏一同发明了蒸汽机。详细情况留到讲六公社的成立时再说。

三十、年　末

天气逐渐变得寒冷，转眼就快到一月了。宿舍里有陶瓷做的火盆，厨房的人每日三次来添火。楼梯处的大箱子里装着炭，需要将其取来生火，虽然费事但从没有耽误过。工场发给每人两床四幅宽的被子，但我们依旧觉得很冷，所以两个人睡一张床。我晚上经常要去厕所，厕所在距我们房间二十间

① 原文是今井おけい。

左右的地方，离得很远。走廊里挂着夜灯，烧菜籽油，所以非常昏暗。我胆小容易害怕，经常叫人一起去厕所。但我去得太频繁，就没有人陪我了。我经常捂着眼睛往返，去的时候很慢，回来的时候却一路小跑。好不容易进了房间，我又突然感到很害怕，就猛地把门关上，青木经常因为这件事斥责我。我为什么会如此害怕？因为在特别大的屋子的长廊下，经常有狸和貉出没。它们经常捉弄人，如板壁上有刚砍下来的人头，厕所里有毛茸茸的东西探头等，大家都知道这些事。

某一夜，同寝室的和田、金井、春日还有我，我们四个人到南部宿舍二层最东边的房间里玩。回来的时候夜已深，走廊里灯都熄灭了。我们四个人心惊胆战地往回走，途中看到走廊中间的楼梯边的房间里竟然有火。那个房间长期没有人住，怎么会有火，好可怕！我这样想着，竟又发现那火是绿色的，大吃一惊。如果说出来的话，大家一定会很害怕，所以我就一言不发地往前走。到了下第二个楼梯的时候，春日哆哆嗦嗦地说："刚才的火是怎么回事?""啊!"大家齐声叫了出来。"为什么要在这里说这些话，更吓人了!"我们三个人一起抱怨着，赶紧跑回自己的房间睡下。每个人都在不同的地方看到火，我是从破掉的纸拉窗那里看到的，其他三个人是在楼梯角或楼梯上看到的。第二天早上我赶紧去查看，发现那里的窗户并没有破。至今想起来都觉得不可思议，除了我们以外，其他人也看到了一些别的东西。富冈的夜晚真的非常恐怖，令人苦恼。

三十二、除　夕

所有的工作在 12 月 28 日结束，之后就开始放假了。终于到了 31 日，晚上是除夕，不知厨房会准备什么。到了吃年夜饭的时候，竟然只给了我们一小块竹荚鱼、冷饭和酱菜。大家都感到意外，饭也没吃好，回到房间就开始抱怨。工场只给我们每人发了两片四方形的年糕，每块有一升斗那么大，现在想想，真的是好大的年糕。春节前三天，我们踢毽子、踢球，去市区散步游玩，从 4 日开始恢复工作。我们的工作能力在不断进步，心情愉悦，所以并不觉得无聊。

三十三、食　物

我们在工场的时候，都是在自己的房间里吃饭。房间的门口挂着名牌，按照人数提供饭和菜。厨房将一日三餐装在半切桶中①，用车拉过来，饭不够吃可以再领。从 11 月开始，工场有了大食堂，大家只需拿着碗和筷子去食堂吃饭即可。

吃饭的时候，所有管理者都会出来巡视。大家吃得很快，动作慢的话就会被剩下，所以大家动作都很快。每月的 1 日、15 日和 28 日，食堂会提供赤饭和咸鲑鱼，非常好吃。和现在不同，上州在山里，交通不便，我们之前连鲜鱼都没见过，只有咸鱼和干货。偶尔也会有牛肉之类食物，但以煮红扁豆、海带片、炸蒟蒻、八头芋等为主。我们在上州每天都吃薯类食物，没办法。食堂的早饭是酱汤配咸菜，午饭是刚才提到的炖菜，晚饭大多是干货。我们每天都在劳动，吃什么都香，非常幸福。

尾高经常一边吃饭一边巡视，有一次，他发现厨房给我们提供不新鲜的食物，就将厨房总管叫出来，破口大骂，厨房的人不停道歉。此后厨房就再也没有给过我们不新鲜的东西了。

三十六、四　月

四月初旬的某一日，青木有事找我。我过去一看，发现尾高在那里。尾高对我说：“你和你的伙伴们都非常努力，非常令人钦佩。为了工场的发展，明年也继续留在这里工作吧！”我回答道：“在家乡开办制丝场之前，我们打算一直在这里努力工作。”尾高说：“请把这个意思也传达给你的伙伴们吧。”于是我立刻回去将这些话告诉了伙伴们，大家都表示同意。尾高特别高兴，写信告知我父亲，并派人去县厅说明此事。（那封信我现在还保存着。）

---

① 半切桶，一种浅且宽的桶。

虽然我们很愿意留在富冈工作，但在我们的故乡，埴科郡西条村的六工那个地方，很快就要有制丝场建成了。新建成制丝场叫“六工社”，社长是春山喜平次，副社长是大里忠一郎，此外，场方的人还包括增泽利助、土屋直吉、中村金作、宇敷政之进、岸田由之助等。大家为创办工场日夜赶工，终于在5月末完工。

三十八、升　数

一等女工每日缫丝的数量一般在四五升左右，我大约也是如此。今井小溪缫丝的数量非常多，能达到6升。我也非常努力，渐渐地也能达到6升。

那时候，在我们缫丝的那一片区域——南台的东角有一位叫小田切千①的人。她出身于武州押切，大约19、20岁左右，精力非常充沛，缫丝量也有六七升。某一天，小田切千的缫丝量达到了8升，打破了富冈制丝场的记录。负责管理她的书生（佐伯木次郎）和她周围的女工都非常高兴。这件事在场内引起了轰动，书生们都前去围观，我们也感到非常惊讶。管理我们台的书生深井，站在我和今井的前面，望着对面对我们说：“对面台的小田切千完成了8升，今井小溪、横田小英，你们也能完成8升吧。”我们两人同时说：“我们两个没办法达到8升的。”听到这话，深井一言不发地离开了。我对今井说：“小溪，小千能缫8升的丝，大家都很激动，我们用着同样的茧、同样的蒸汽，拼尽全力未必不如她，从明天开始，我们努力试一下如何？”今井也赞同我说的，约定从明天早上开始努力。

那时的一等台，茧的质量很好，大家的技术也很熟练，工作相对轻松所以不会偷懒。但每当巡查们不看我们这边的时候，我们也经常偷偷地聊天。特别是关系好的两个人挨在一起工作，两个人连上厕所都要一起慢悠悠地去。不说话的时候，两个人就用眼神交流，被巡查和书生们看到了就会被取笑。但到了约定的那天，从早上到岗以后，我们两个就默不作声，也不用眼神交流，专心工作，中间甚至都不去厕所，不得已要去的时候也是跑着来

① 原文：小田切せん。

回，尽量节约时间。我们拼尽全力，勉勉强强缫了7升多。之后我们继续努力，终于在第三天的时候两个人都完成了8升。我们特别兴奋，负责管理我们的深井等人也非常高兴，笑眯眯地看着我们的脸，说："做得很好，以后也继续这样努力干活吧。"

这件事情也在场内造成了轰动，书生们一边思考我们是如何做到的，一边来观察我们。事实上，我们缫丝的方法并没有什么不同，只是活干得比较细致，尽量不要让丝断掉而已。换开水的时候也严格按照步骤来，不浪费时间，特别是不要把时间浪费在无效的事情上。富冈制丝场严禁将落绪茧和蛹留在釜中污染水，我们的缫丝量虽然提高了，但釜并没有被弄脏。

傍晚我们回到房间，心情愉悦笑容满面。等大家都回来后，和田先开口了："小英，你今天完成了8升呢。"我回答道："啊，好不容易才完成了8升。"和田又说："不可能完成那么多，一定是将七八粒茧拢在一起缫丝的。为了提高产量，深井也默许你们这么做了。"我说："深井无论如何都不可能默许我们将七八粒茧拢在一起缫丝的，西洋人也看着呢。"我们又争执了许久，最后不了了之，互不理睬。我们如果再不停止争吵，就会被青木发现，无论是谁占了上风，都会损害松代女工的声誉。富冈生产的生丝比较细，缫丝时若用厚茧，就将四粒正绪茧的绪丝合并，若用薄茧，就将两三个茧混在一起，然后再将五粒正绪茧的绪丝合并。这方面有严格的规定，用的茧多了少了都不行。那天晚上，我们就这样休息了。和田是胜负心很强的人，第二天早上，她也开始专心生产，希望能提高缫丝量。据说那天晚上她完成了约7升的量，我知道后什么也没说，只专注于自己的工作，尽可能每天完成8升。

过了三四天，深井过来对我们说，钟楼角方向第二个工位的和田初今天完成了8升。我内心感到非常奇怪，单傍晚回到房间后什么也说。和田主动对我说："今天终于完成了8升。"听到这话，我笑着说："太好了，果然是将7粒还是8粒茧并在一起缫丝了吧。"和田哈哈笑着说："之前对你说了那样的话，对不起。"我说："自己没有体验过的事情就没有发言权，我倒是无所谓，但是……"和田保证道："以后我再也不说那种过分的话了。"我也哈哈大笑，两人就此和好，谈论了很多缫丝方面的技巧，非常开心。

从那以后，我们一群人都不愿服输，酒井、春日、小林高、福井、东井等很多人都完成了 8 升。其他人也逐渐能生产 8 升了，这件事就变得很平常。偶尔因中途落绪或操作失误，只完成了 7 升，深井就会说："不许偷懒!"无论从事什么工作都是一样的，最重要的是不服输。

我们的缫丝技术提高了以后，获得了缫丝框的优先使用权。书生自不用说，连巡查见到我们都经常笑眯眯的，无论我们提出什么请求都会立刻答应。那些认为管理者偏心我们的人应当都是不熟悉业务的人。我专注于工作不屈于人后，大家都很喜欢我。我和伙伴们如山野中的孤木，富冈的管理者、书生、巡查，没有一个人是松代出身。但我们专心致志努力向上，上至尾高下至书生、巡查，都很爱护我们（大家所处的位置都不一样）。离开富冈的时候，大家舍不得我们。也许我说得有些夸张，但事实如此。

三十九、束　丝

五月末的时候，六工社的工程基本完成了。我的父亲将这件事告诉了尾高，请求他让我们学习制丝业的全部流程。从 6 月 1 日开始，我被派去束丝，同去的人有田初子。

束丝多由年长的人或视力不好的人从事，没有像我们这样的年轻人。因此我们入场的时候，所有人都在看我们。我们跟在熟悉的人后面，拿着小木槌走到大框所在处，束丝，然后将茧并排放到笼屉里，放满后再将其拿到役所的丝线加工场，将数量记在账本上。

束丝非常难，熟练的人负责束，不熟练的人负责捻。但总是弄成圆的，到处漏丝。过了一两个月，我们还不能亲自束丝。尾高替我们争取了一下，教我们束丝一周多的人同意让我们亲自尝试一下。但是，我们束起来的丝总是像蛤蜊一样扭曲。我们其实没有特别紧张，每天晚上回到宿舍，我和和田两个人将手巾接在一起，仿照丝的幅度，练习束丝和捻丝的方法。就这样我们终于学会了束丝，教我们的人经常说："你们回到故乡之后，也是老师了。"听到这话，我们非常不好意思，脸也变红了。教我们的人非常热情，让我们操作了 400 多回。

在这里稍微介绍一下“大框”。富冈的一等、二等茧缫出的丝缠在六角形的框上，有三升的量，比六工社的尺寸大很多；三等茧缫出的丝缠在四角形的大框上，也是三升的量，但尺寸比六工社的稍小一点。情况大概是这样，也许有不准确的地方。

我们在束丝时操的心比较少，所以心情非常好。和田和我跟着不同的老师学习，工作的场地也不一样，只能远远地瞥见一两眼，每天只有回宿舍的时候能在一起。我们束丝，然后到役所交丝，这样的工作干了有 400 回。工作很辛苦，但我们非常快乐。教我们的老师也特别温柔，非常爱护我们。

四十、从故乡来接我们的人到了

七月初，六工社的创立者宇敷政之进、海沼房太郎两人来到富冈制丝厂，向富冈提出申请，希望松代女工能辞职回乡。

尾高也非常高兴，很快就批准了：“这是非常值得庆贺的事，自富冈制丝场创办以来，第一次遇到这样的好事，我非常高兴。现在让这些勤劳的女工回乡的话，会给我们工场今年一年造成 900 元以上的损失。但为了地方的发展，这是没有办法的事。大家都很努力，令人钦佩，这次回乡顺便让她们去东京游览一下吧。”我们没想到事情能如此顺利，宇敷事先从六工社领取了 100 元作为此次回乡的开销。

之后，我和伙伴们就被叫到了役所，尾高给我们颁发了奖励。

“因勤勉于缫丝业，特赐赏金五十钱作为嘉奖——制丝场印”。

奖状上写了我们的名字。我们中的大部分人都收到了奖励，其中有三四个人因病退出所以没有奖励。

当时国内被称为“制丝场”的只有富冈，所以印章上只有“制丝场”三个字。我现在还保存着这个奖状。

尾高为了我们能在回乡之前圆满完成学习任务，让我们参观工场所有的地方。蒸茧场、蒸汽机、置茧场、工场二层以及其他地方，我们全部参观了一遍。随后，我们再次前往缫丝场与众人辞行。书生和巡查们与我们客气地闲谈，依依不舍。二月初工场给我们发了藏青色白点的制服，离开工场的话就必须交回去。但出于特殊的关照，工场将制服送给了我们以作纪念。

四十一、回乡的准备

我们大家迫不及待地想要离开富冈制丝场回故乡，兴高采烈地做着各种准备。我们中有一些少女，她们在家的时候都是父母管钱，自己没有花过钱。现在每月有一元七十五钱的工资，大家就想买点什么，于是纷纷在布庄买了腰带、腰带衬垫，还在女性用品店买了各种东西。这些店都是食堂员工家属开的，买东西时记账，然后按月结算。我们马上就要离开了，但大部分人都欠债五六元，甚至还有人欠了十几元。不还清这些钱，就没办法走。宇敷知道这个事后非常震惊，说完全没想到会有这样的事，事先无准备。我的父亲托宇敷给我送来了回家的费用，再加上我是喜欢操心的人，所以没有欠钱。我用父亲送来的钱买了腰带衬垫和其他一些东西，也买了非常多的土特产。但我无法无视他人的困境，所以不断请求宇敷说，大家都回家了，把这些欠钱的人留在这里也太可怜了，请一定借钱给她们。最终，大家都了结了此事，做好准备一起高兴地离开了富冈。我们在一家叫青木屋的旅店住了一晚，那时候前来接我们回家的有今井、小林（女工们的亲属）等。

富冈后记

《富冈后记》原名“大日本帝国民间蒸汽机之鼻祖 六工社创立第一年卷制丝业之记”“明治八年一月于横滨市 大日本蒸汽机之鼻祖六工社制丝场首发”，收藏在本六公社（本六工社的前身即六工社）。《富冈后记》的作者从1874年（明治七年）7月到12月在六工社担任技术指导者，该文献是其在1908年（明治四十二年）和1913年（大正二年）回忆当时经历时所作。1927年（昭和二年）该文献作为私人出版物出版，1931年（昭和六年），信浓教育会以《富冈后记》为名，将其作为学习文库版出版。

《第二年开业》这一章内容在 1972 年（昭和四十七年）被发现，《定本富冈日记》（创树社、1976 年）首次将这章收录在《富冈后记》中。

一、初次参观六工社

我和伙伴们在明治七年七月七日到达故乡松代，七月八日回到家中。七月九日，我们一同前往位于植科郡西条村字六工的六工社制丝场。路上顺便拜访了大里忠一郎家，见到了大里、大里的夫人里子，以及大里的老母亲，随后我们跟着大里来到了六工社。

我们参观了场内的机器等设备，因为已经做好了心理准备，所以并没有嫌弃工场简陋，反而觉得能建成这样已经相当不错了。六工社和富冈比，自然是天壤之别。原本该用铜、铁、黄铜做的缫丝用具变成了木制的，玻璃变成了金属丝，砖地变成了土铺面，如此种种让人如同做梦一样，但最重要的是日本人学会蒸汽缫丝了，所以我们怀着感动的心情离开了工场。

二、在六工社初次制丝和我的病

七月十日，我待在家里。七月十一日，终于到了第一次去六工社缫丝的日子。我和六七个伙伴去了工场，在釜场通道正对面的南侧（大发条西侧的第二个釜）那里开始缫丝。我们轮流干活，但工场提供给我们的是在太阳下晒干的小粒茧，重量轻、丝口细，总会缠在手指上，非常难操作。我记得在富冈，丝从来没有缠在手上过。富冈用传输蒸汽的大管将茧蒸干，无论是什么样的茧都有一定的重量。虽然有很多困难，但能成功地缫出丝来，大家都很高兴的。

六工社的缫丝釜是半月形的，中间有管子。因为形状比较小，所以笤帚用起来很不方便。那一日，我们轮流缫丝，十二日也是如此。我在中午的时候突然感到身上发冷，越来越冷，脸色变得苍白。大家都很担心，大里夫人也注意到了，把降霜色的绉绸羽织借给了我，劝我回家休息。于是我决定回家，走的时候一位老仆要送我，我再三谢绝，但他坚持要送我，我只能随他一起走。路上我一直在想，如果旁人知道我因病离开六工社，不知会议论些什么。为了不影响刚入场的女工们的人缘和声誉，我打算先去马场町的金井家休息一下，到了晚上再回家。我直接去了金井家，说明情况后，在客厅里休息。紧张的心情一放松下来，病也变得严重了，我甚至连动一下的力气都没有了，只觉得身体热得像着火一般，口渴，然后就什么都不记得了。那天去六工社的时候，我在路上遇到了父亲老家的伯父。回到故乡后还未去他家探望，心中非常挂念，据说我在昏迷的时候一直在念叨此事。

我在金井家一直待到傍晚，金井看到我的样子非常害怕，赶紧通知了我的家人。母亲和姐姐赶了过来，医生诊断我得了"伤寒"。金井全家人都来照顾我，连金井夫人的姐姐也来帮忙。我在众人细心的照顾下终于回到家，开始养病。后来我逐渐康复，但直到7月22日，我还没有办法靠自己站起来。六工社在那一天举办了盛大的开业仪式，六工社制丝场是日本帝国民间蒸汽缫丝的鼻祖，举办如此盛大的典礼，我却没有办法参加，不由得在病床上哭了起来。

幸运的是，我的病没有传染给其他人。和现在不同，过去的人没有防疫的观念，大家饮食起居都在一起，现在想想，真是可怕。

三、六工社开业仪式和同行者的等级

六工社在开业典礼当天公布了我们（离开富冈时，尾高托付给宇敷的松代女工）的等级。有两三个伙伴前来探病，告诉了我这个消息。大家的等级如下：

二等女工　横田英　和田初　小林高　酒井民

三等女工　福井龟　春日蝶　其他

让人非常意外的是，大部分富冈的三等女工在这里变成了四等，而我们却成为了二等（级别最高），众人一时间又喜又忧。

据当时在场的人说，被降级的女工都哭了。我因为生病没有参加开业典礼，本来觉得很难过，但知道这个消息后反而觉得有些幸运。我如果参加了典礼，一定会为降级的人感到难过。再加上我的级别最高，根本没有立场安慰她们，她们也会讨厌我。总之，生病反而成了幸运的事，我不由得松了一口气。

我认为，女工被降级不是因为她们技术不精，而是因为懒惰或生病等理由经常停工导致的。我们成为最高级别的女工，不一定是技术比别人好，而是因为努力勤奋，这一点超过了别人。事实上，我并没有成为第一的自信，因为伙伴中有很多人都擅长手摇缫丝。我在家的时候也养过少量的蚕，但一般将茧交给别人缫丝。我天生喜欢缫丝，但每年不过是用一些碎茧缫一点丝而已。手摇缫丝和蒸汽机缫丝的方法虽然不同，但擅长的人和不擅长的人还是有区别的。我不是天生聪明的人，所以入场后非常努力。出发前祖父教导我不要落于人后，父亲也嘱咐我诸事用心，再加上我曾放言就算孤身一人也要去，万一比不上别人，会无颜面见父母，也会让父亲脸上蒙羞。所以我入场以后，一刻不敢放松。靠我个人的力量是不够的，还需每天早上向神佛祈祷，做好拼命的准备。这种干劲儿确实超过了很多人，无论是尾高还是负责巡查的书生，他们都认可我的努力。我没有过人的天赋，只有努力的精神是一流的。

我缫丝的产量绝对不比别人少，我也从来没有被场方的人斥责过，这证明我生产的丝的质量也不比别人差。只要功夫深，铁杵磨成针，说的就是这个道理。

后来海沼来看望我，提到这件事。他说六工社之所以在开业典礼那天公布女工的等级，是因为尾高在交接时曾说："女工等级在开业典礼前决不能公开，大家都是女孩子，提前公开不知会引发多大的混乱，如果有人要求回富冈或辞职，那就麻烦了。"尾高办事如此周到，我真的非常钦佩他。

四、六工社女工的选拔方法及女工的管理

六工社终于开业了。新加入的女工都是出身很好的良家妇女。当时是明治七年，社会尚未开放，男人们不愿意家里的女人寄宿在制丝场里，不愿提供支持。以大里为首的工场负责人在一起商讨后，决定请原松代公的御刀番

樋口旗之助来管理女工宿舍，他很痛快地答应了。工场女工有樋口的女儿元子、睦子、上原紫都子[①]等，大多是武士的女儿，也有平民出身的，但没有之前提到的那种粗俗的人。

为什么要这样挑选女工呢？因为工场有很多女人聚集在一起，一旦有不合规矩的地方就会被人质疑。六工社刚刚成立，一步踏错就没有返还的余地。人们建立工场是为了故乡的发展，制丝场的女人不是良家妇女，就会让制丝场陷入不义，因此工场在应对这个问题时必须非常谨慎小心。樋口已经60岁了，他性情温和思虑周祥，是非常难得的管理方面的人才。

工场进行了如此周到的安排，女工们的家属也都放心了。女工们大部分都在工场寄宿，只有住在同村距离比较近的人住在家里，每日通勤。

凡事有利就有弊。家里贫困的人使用起来相对容易，从富冈回来的女工们家庭比较富裕，她们离开富冈来到六工社，仅仅是为了发展故乡的产业，所以她们刚入场时态度就比较高傲，遇到一些小事就会有各种各样的怨言。

五、慰问与入场

我的病一直没有痊愈，每天躺在床上修养，非常焦虑。家中母亲负责照料我，六工社的大里、中村、宇敷、海沼每天轮流来探望我。过了约40天，我终于可以从家中走到庭前了。六工社不断催促，希望我能早点入场，哪怕早一天也行。

六工社方面说，一定要来，哪怕只是来工场休息。我在认真思考后认为，虽然我去工场什么也做不了，但工场这样说了，不去的话不太好。我非常疲惫，但还是振奋精神盘起头发，在病后第42天——8月22日上午8点后离开家，步履蹒跚地走向工场。我每走几步就在无人路过的地方靠在石头上休息，就这样走走停停，终于到了六工社。场方的人和女工们都在等我，看到我后非常高兴。

我休息的时候，和田负责束丝。我去了工场，肯定得干点什么，再加上

① 原文为上原しとこ。

我内心激动，一进工场就有了精神。自那天开始，我束丝、缫丝多达400次。18岁的我到了工场，并不需要处理什么特别的事，只是需要调解女工与场方的矛盾。两个人有了矛盾，要相互妥协，工场与女工之间也是如此，最重要的是积极沟通。我对任何人都可以毫无隐瞒地表达我真实的看法，就算被人讨厌也无所谓。我身处其间，与双方进行沟通，发现他们各有各的道理。女工们经常抱怨茧的质量不好、机器不好、蒸汽不足等，场方的人觉得我们太任性。我对大里等人说："大家的抱怨事出有因，你们对此不了解才会觉得我们任性，我们在富冈时，茧的质量是非常好的。"我也对女工们说："你们说的虽然有理，但富冈和这里的条件是不一样的，用劣质的茧缫出高质量的丝，这才是我们的本事。现有条件只能这样了。"有女工反驳道："小英，你这样说是因为你现在不缫丝。"我说："缫丝的人才是最快乐的，只要拼尽全力缫丝就好，其他什么都不用管。像我这样从早到晚一直站着，不仅要帮忙缫丝，还要听场方和女工们的意见，才是最辛苦的。"众人听完我的话，就不再说什么了。

新入场的女工常常因为谁说了什么话，或觉得被人瞧不起，就直接向场方辞职。遇到这种情况，我就会说："大家都是为了故乡的发展，特意来这里工作的，为了这点小事就辞职，会被世人看不起，父母脸上也无光。这个道理大家都明白。"我用这种方法规劝大家，六工社挑选的女工都非常重视名誉，听到这样的话，就不再提辞职的事了。

通过这样的方式，问题通常能得到解决，但麻烦依旧很多。实际上，我作为中间人，按照自己的理解传达双方的意见，既要负责缫丝，又要负责调停，无论哪一方面都令人感到焦虑。场方的人每天都忧心忡忡，女工也有诸多抱怨。我日夜操劳费尽心血，不知何时才能安心。

六、众人的抱怨与母亲的劝导

我的家在代官町，伙伴们往返于六工社时会顺路去我家。每当伙伴们抱怨勺柄是木头的、匙子是旧的、洗脸水装在缸里时，母亲就会说："每家的情况都不一样，富冈和这里的差距如同皇宫与我家的差距，身在小家，抱怨有什么用，也只能如此了。”大家在母亲的劝导下停止抱怨，回到场里继续工作。现在我也经常同母亲提起这些往事，两人都觉得非常好笑。

当时我在大家面前一副义正词严的样子，私下里却对母亲说：“妈妈，其实大家的抱怨都是有理由的，我也觉得蒸汽不足、机器不好用，一想起这些来就想哭。但我带头抱怨的话，大家会更加不满，所以我只能当着别人的面说一些场面话，心里其实非常难过。”母亲说：“怎么连你都理解不了大里和海沼的苦心，说出这样任性的话。想想他们到目前为止都遭遇了什么样的困难！海沼他们忙的连晚上都无法睡觉。把茧切成两半用来代替釜[①]，把铁丝弯曲成蒸汽管道的样子。海沼和大里两个人千辛万苦，终于做好了能通蒸汽的管子和能缫丝的简易机器，这都是两个人努力的结果，我们必须懂得感恩。无论你们在富冈学了多少东西，如果没有六工社的话，你们学的东西就荒废了。工场的条件虽然不好，但如果没有工场岂不是更糟？吃现成的饭就要懂得感恩，不要挑剔好吃与否，好好想想那两位的苦心吧。我也知道你们的辛苦，本来做这份工作就不是为了享乐，为故乡的发展效力绝不是一件容易的事，你首先得有这样的见识和觉悟。”听到母亲的教诲，我为自己说的话感到非常后悔。从此以后，我一直不忘恩人的苦心，为了制丝场的繁荣发展努力奋斗。

七、为六工社的创立付出努力的人们

场方在创办六工社的过程中，努力研发了蒸汽机。其中，大里忠一郎是发明蒸汽机最大的功臣，海沼房太郎也贡献了许多力量。海沼排在第二位，经常被世人忘记。其实，这两个人的功劳几乎是一样的。

世人都很了解大里的事，我就不再提了。海沼的事正如我在富冈卷里提到的，他曾在我父亲的安排下与四名同志一起前往富冈制丝场当了三四个月的男工。海沼回到故乡后就绞尽脑汁发明蒸汽机，却没有资金支持。他虽然

① 原文为：繭を二つに切って釜の代わりにし。应该是指海沼等人用简易工具做蒸汽缫丝机的模型。

不穷，却也谈不上富裕，收入只能维持一般的生活。在付出了种种努力后，他幸运地遇到了大里。大里为了故乡的发展想建立制丝场，两人一拍即合，共同创办了六工社。

大里过去从事与轮船相关的工作，负责将锅炉里的蒸汽用大管输送到小管里。海沼主要负责制造小管，即用螺丝将小管与煮茧釜和缫丝釜连接起来，此外他还负责所有机械的设计与调整。

现在回想起来依旧感到不可思议的是，当时交通不便，日本帝国第一个民间蒸汽制丝场六工社成立时，场方没有任何人参观过富冈制丝场。宇敷第一次去富冈是为了接我们，但那时六工社的蒸汽机和其他设备已经建好了。我的父亲从布鲁纳那里抄来了条约书和说明书，以此为基础，将一切都委托给了海沼，由此可见我父亲对海沼的信任。海沼没怎么上过学，不擅长画图，即使这样他都能完成所有工作，足见其努力的程度。他在富冈制丝场只有三四个月的时间，因工种不同，除了休息日，平时不能进入缫丝场。我父亲拜托尾高，让他在休息日的时候到缫丝场内参观。现在如果让有名的技师去画图，或许很容易，但当时并没有这样的条件。（后文关于海沼的出身的部分，略）

为六工社的创立做出贡献，排在第三位的是横田文太郎和金儿某。横田过去在松代藩负责锻造铁炮，住在字离山。在没有实物参考也没有图的情况下，横田用螺丝连接蒸汽管道，尝试了很多次却无法让海沼满意。在此过程中，他偶尔会感到烦躁、生气，但为了故乡的发展，不断地重复、改进，总算做出了不漏气的管道。他做的东西看起来微不足道，但在没有图和实物的情况下，仅靠人的描述和比划凭空造物，真的是非常辛苦。

排在第四位的是汤本宇吉。他过去在松代藩负责制造长枪的柄，是一名枪师，也是制作指物[①]的名人。工场里的大车、小车、发条等都是他做的。汤本也是在没有图和实物参考的情况下造出这些东西，付出了艰辛的努力。

排在第五的是一名叫与作的木匠师傅。他在没有参考的情况下建造了前

① 指物（古代武将背上的靠旗）一般为单面旗，旗上多绘制有家徽或姓名，旗的底色和字的颜色各有不同，主要用作战时指引自家的队伍前进或其他行动的标志。

所未有的建筑，其艰辛自不必说。

上述几位的工作全靠海沼用口头描述或比划的方式进行指导，可见其辛苦。母亲近距离地观察、了解到了这些事实，当然会觉得我们任性，想要劝导我们。如果没有母亲的规劝，我这么年轻，很可能会在不知不觉中继续任性下去，真是惭愧。在知道了实际情况后，我认为海沼用行动证明了他确实有伟大的祖先。当时的日本，普通农家出身的人没有像海沼一样有如此志向的，36 年前的世道与现在是完全不同的。

八、茧的粗劣与不足

因采购不到茧，场方会在自己家里培育蚕茧。此外，六工社也会生产赁丝。生产赁丝时，茧的质量比较好。但生产自己的丝时，用的都是经市内手摇缫丝市场筛选淘汰后的茧，这些茧一般是用来制造绉绸的，但场方认为这样的茧也可以缫很多丝。我一般不缫丝，只有在教新人时才偶尔操作一下。我看着别人缫丝感到很不自在，经常对大里说："我这样闲着，技术水平也会下降，干脆让我代替和田缫丝吧。"大里说："你这么说让我很为难啊，和田负责缫丝，你就负责监督好了！"如此拒绝了我好几次。我非常焦虑但没有办法，只能放弃。

六工社主要由中村和土屋负责采买、收集茧，岸田也经常参与，其工作的艰辛程度，一言难尽。

九、束　丝

六工社开业以来，一直由中村的母亲负责束丝。她 50 多岁，是女子之表率。中村的母亲仪态端正，说话轻声细语，年轻时应该是一位美人。她经常面带笑容，从来不说别人的坏话，干起活来认真细致。我们每天在一起，从来没发现她有任何缺点，是一个没有缺点的人。我们有时会因为不如她而感到羞愧，但理应如此。她从 23 岁开始守寡，一个人养育金作，因为能守妇道，经常受到松代藩的奖赏。我的母亲经常说，每天能和这样的人待在一起真的太好了。

束丝对于我来说非常难。我在富冈卷中也提到了，教我们束丝的人说："你们回乡之后也能成为老师了。"我在富冈已提前学习过束丝，虽然不能做到完美，但我想熟能生巧，只要认真地将绫缠到大框上，通过努力练习，束丝的技术应该可以变好。但是，无论我怎么练习，都无法将绫缠到大框上。束丝用的大框和手摇缫丝的大框几乎一样，每次都无法固定好，缠好的丝一从框上取下来立马就变直了。中村的母亲已经是老年人了，手很瘦，指尖都磨损了。她不像年轻人一样爱挑剔，只会因为工作完成的不好而感到非常为难。这位老母亲因家中有事不在的时候，大里和中村宇敷这两个人就轮流代替她束丝。

此外，我们必须给生丝评级。我先默默地评级，然后把显示级别的木牌藏起来，大里和中村再评。我逐渐掌握了评级的方法，但现在想起来觉得不好意思的是，年轻时候的看法不一定可信。当时我说一等就是一等，我说二等就是二等。我非常努力，尽量不出错。为了准确，我评级时不看场内的名牌。无论是多么熟练的工人，都可能缫出三等、四等的丝。如果看了名牌，就会想：这样的人应该缫不出这样的丝，然后靠主观印象提升丝的等级，这样做肯定是不行的。而且，刚开始学习缫丝的人也未必缫不出高质量的丝，所以不看名字评级是最可靠的。

十、蒸汽锅炉的注连绳①

当时负责烧锅炉的人是草川某和藤田五三郎。这两个人都非常善良，草川是住在六工社附近的草川某的弟弟，藤田是松代公的近臣为太郎的弟弟。两人都在良好的家庭中成长，品行端正勤劳努力。

但是，这两个人都是年轻小伙子，女工进入锅炉场后有什么差池就不好了。场方的人决定在锅炉房的四周挂上注连绳，然后和女工们说：妇女会玷污锅炉场，女工禁止入内。只有 11 岁到 13 岁的负责缫丝的少女可以偶尔进

① 注连绳是用秸秆编成的绳索、草绳，表示禁止入内。

去取火，其他女工决不能入内。场方连这样的事都能考虑到，非常令人敬佩。就算没有品行不端的人，但大家都是年轻人，在一起聊天聊得起劲的话，不知会犯什么错，甚至可能会闹出人命。石川县金泽市小立野有一家叫小锯屋的制丝场，有很多女工在早上6点左右会进入锅炉场和烧火男工闲谈。烧火男工聊得起劲时，蒸汽锅炉破裂了，七名女工和两名男工当场死亡，还有很多人负伤。所以让女工进入锅炉场真的是非常危险的事情。

十一、蒸汽不足，场方的困难

相对于缫丝釜而言，六工社的蒸汽量满足不了需求。蒸汽机动一下就停一下，动两下就彻底停了。一开始烧松柴还行，后来连松柴也不行了。就这样工作了9天，油烟堵塞在管道里，蒸汽更加不足。缫丝场的女工等得不耐烦，不断地抱怨："草川，请烧松柴！""藤田，烧火认真一点！"我虽然听不下去，但女工们的抱怨并不是无理取闹，所以只能装看不到。

出现了这样的情况，于是在即将放假的那天，工作结束了以后，大家马上开始清扫缫丝釜。和现在不一样，过去的釜是半月形的，一半用土涂抹而成，所以需要将旧土削掉涂抹新土。涂抹新土的时候，大里、中村宇敷、土屋等人都光着脚，和泥、运畚箕，手上脚上都是泥。我看到这个场景，感到很过意不去。大家都是非常认真负责的人，从这件事就可以看出当时创业者有多么不容易。那时候大家连第一锅炉是什么马力都不知道，真不知遭遇了多少困难。

十四、舍长与规则

在我入场之前，舍长和总舍长就已经选出来了。宿舍分为南宿舍两间和北宿舍两间。南边的总舍长是和田初子，舍长是福井龟子；北边的总舍长是我，舍长是酒井民子。酒井和福井都是普通舍长，非常可惜但没有办法。女工因事因病想要离开宿舍，必须先由舍长向总舍长提出申请，然后再由总舍长向管理员樋口申请，然后再由他向管理处申请，得到许可后女工才能离开。在休息日以外回家也是这样的程序，个人绝对不能直接向管理处或管理员提出申请。离开宿舍的手续非常麻烦，但如果不这样做，大家就光想着回家了，所以专门制定了这样的规则。

我的房间里住着很多伙伴，有小林高、米山岛、东井留、长谷川浜、春日蝶、金井新、宫坂品，新人有樋口元、上原紫都、井上密[①]等，除了这些还有几个人。隔壁酒井所在的房间，也住着很多人。

一到晚上，大家就待在房间里不出去，管理起来很容易。大家在家里都受到了良好的教育，行为举止端正，没有睡姿不好的人。除了休息和入浴的时候，没有人仅穿着浴衣。休息的时候，大家也是礼貌地互道晚安，说“失礼了”之后才躺下。

我晚上睡不着就起来加班，喜欢工作的人果然会加夜班。早上大家也会礼貌地打招呼。起床后，大家只收拾自己的寝具，有两个值日的负责打扫卫生（大家轮流值日）。我也打扫宿舍卫生，其他人都劝我不要干，但我想做大家的榜样，不想闲着，所以一直都做卫生。我们的房间非常干净，这么多人住在一起，如果不严格要求卫生的话，宿舍可能会变成猪圈，其他房间也是如此。值得称赞的是，伙伴们从来不违抗我的要求。当然，这是场方赐予和田与我的权利，但我们绝不会轻视其他人。我能理解大家的心情，觉得很过意不去。我作为舍长，之所以能坚持下去，最重要的是大里的关照以及伙伴们的温和、稳重的性格，直到现在我都非常感谢他们。

十六、场方众人的苦心——大里夫人来场内缫丝

（前富冈女工们的决心和对场方的诉求）

大家每天按部就班地缫丝，但产量却和手摇缫丝一样少，这让大里等人非常焦虑。大里经常对我说：“让大家把茧煮久一点再缫丝吧。”这虽然是大里的请求，但我无论如何都不能听从。“如果这样做的话，丝的质量会变差。”我说完这句话后就独自一人回到了缫丝场。场方命令我们延长煮茧的

① 原文为 井上みつ。

时间，但大家都拒绝这样做。我们私下里抱怨："我们只学过制作生丝，又没有学过制作熟丝的方法，场方到底想让我们怎么办。"

我们拒绝了场方的要求，场方想与我们协商解决此事。某一日，大里夫人（里子）来到缫丝场南侧——釜场通道旁的釜前，将约五合[①]的茧倒入釜中，开始煮茧。等茧从淡蓝色变成深灰色之后，大里夫人才开始理绪缫丝。她用头发代替收拢器，宽距[②]只有一半（正常宽距为手拇指加中指的长度，即曲尺[③]六寸），与手摇缫丝一样。大里夫人索绪的方法也和手摇缫丝一样，将整个索绪帚放到热水中，之后所有步骤都和手摇缫丝一样。我们经常见到场方的人，对大里夫人亲自来缫丝这件事并没有很在意。

大里夫人缫了两升的丝，然后将这些丝拿到束丝场。这些丝与其他丝放在一起缠绕到大框上时，对比鲜明，就是生丝与粗丝的区别。我们什么也没说，将这些丝束起来，两升的丝在重量上有约二两的偏差。这时场方有人说："富冈来的这些家伙只知道埋头干，导致丝的分量不够。为了提高产量，今后无论如何都要让她们像大里夫人这样煮茧缫丝。"听到这句话，我们感到了前所未有的愤怒，纷纷说："早就想离开这里了，把那种劣质丝和我们生产的丝放在一起，太过分了，大家一起回去吧！"我说："想回去的话，什么时候走都行，再等等吧，场方的人不懂其中的区别才做出了这样的事情。我们应该向场方提议：把我们的丝和大里夫人的丝运到横滨去，让西洋人开价，如果两种丝价格差不多，大里夫人的缫丝方法对制丝场更有利的话，我们就按大里夫人的方法做。只要场方同意让西洋人查看丝的品质，就会发现我们的缫丝方法才是正确的。如果大家现在就走了，那我们在富冈付出的努力，以及在这里付出的努力，就全部化为泡影了。"大家都很赞同我说的话，认为这样才有意思。经过讨论，大家在我的房间和场方的人沟通。

于是我去了管理处说："非常抱歉，我们有些事想和诸位商量，请大家去北宿舍一趟。"在这之前，从富冈回来的同伴们在吃过午饭后没有回到缫

---

① 合：日本度量衡制尺贯法中的体积单位，1 升的 1/10 或坪或步的 1/10。

② 原文为友より。

③ 日本一尺约 30.3 厘米。

丝场，我担心出事，所以立刻找到大里、中村、土屋和宇敷，神情坚定。直到现在，我依旧记得他们当时的表情。我一直以来扮演调停者的角色，这次却与其他女工站到了一起，这让他们十分担心。

大里等人到达宿舍后，同伴们纷纷散开躲在后面，甚至有人在偷偷地笑，没有一个人敢上前说话。我年纪比较小，站在旁边让她们有话直说："和田你先说""酒井你先说"。然而大家都躲在后面不敢说话。我只好强迫和田第一个发言，但和田无论如何都不想出头："还是小英先说吧。"再这样下去，不知还要拖多久，所以我决心开口："我年纪小，想听大家的意见，但大家都不说话。我最近没有缫丝，只是作为中间人，转述大家的看法。"然后，我说了如下这段话：

> 今天请诸位到场没有别的意思。这次大里夫人用那样的方法缫丝，产量很高。我们知道，诸位想让我们效仿她。这种要求也合理，但我们这样做，专门去富冈学习缫丝的意义又在哪里呢？我们学的是生丝的制作方法，不是熟丝。我们现在还不知道丝的价格，诸位难免会焦虑，不如将大里夫人的丝和我们的丝运到横滨去，让西洋人定价。如果价格没什么差别，制作熟丝对工场更有利，我们愿意为了家乡的发展改变缫丝的方法。无论如何，西洋人才是买家，在西洋人没有开价之前，我们是不会妥协的，就算是尾高亲自来和我们商量都没有用，以上就是我的想法。我们可以拿木板作类比：刨过的木板和没刨过的木板相比，看起来更薄，分量更少，但价格却比较高。同样的道理，生丝的分量虽然少，但价格高，生产这样的良品，才是为了家乡好。

我一口气说了这一大段话，场方的人都沉默了。过了一会儿，大里缓缓说道："大家的看法很有道理。我们给别人生产赁丝，对方一直抱怨产量低，我们非常为难。我在夫人不情愿的情况下强迫她去缫丝，绝不是让大家都效仿她的意思。你们当中有的人产量高有的人产量低，大家向产量高的人学习就好，像往常一样缫丝就行。"女工们一起回答："我们会努力缫丝的。"在我多次强调要将丝运到横滨之后，此事暂时告一段落，大家一起回到了缫丝场。

常言道"塞翁失马，焉知非福"，我作为协调者，替女工们非常强硬地拒绝了场方的要求。场方也知道说什么都没用，此后再也没有抱怨过任何与制丝相关的事，也没有向横滨的西洋人打听生丝的价格，事情就这样不了了之。（后略）

二十、六工社的夜校

日渐短，夜渐长。场方不想浪费夜晚的时间，决定组织女工们在晚饭后上夜校，学习的内容包括读书、习字和珠算。正如我在富冈卷中提到的，我没有练过字，听到这个消息非常兴奋，迫不及待地想要参加。

中村是丸山的弟子，擅长“御家流”[①] 书法，成了我们的老师。他拿来了很多过去学书法时用的字帖，借给很多女工，我也借了一本。让人感叹的是，这些字帖大部分用木板从两侧压紧，没有任何污渍和褶皱，说明中村非常珍爱这些字帖，中村母亲的家教真令人钦佩。我借的字帖开头写着“残暑甚敷”，只“残暑”这两个字我就花了四五晚练习，却不得要领。中村也因为我的笨拙感到为难：“横田，你擅长写草书，努力练这个没什么效果。字会写就行了，相比这个，练练算盘如何？反正都要学嘛。”我觉得他说的有理，虽然很遗憾，但算盘也得学，所以第二天晚上我开始跟着他学珠算。

和我一起学算盘的有十几个人，从“二一添作五”开始学。我的记性向来不好，其他人不仅记性好而且打算盘的声音也很清脆。我专心致志地学，想记住这些知识，将来可作一生的财富。就这样日积月累，我终于背到了九段。学习算盘，如果能熟练掌握八算口诀，就能成为高手。我每天晚上都打算盘，回到房间也要练到 12 点以后。然而我好不容易记住的知识，一到泡澡的时候就忘得差不多了，所以我两三天都不洗澡。等学到“见一”的时候，最初的十几人只剩下两三人；我继续坚持，等学到“买卖分配”的时候，就只剩我一人了。在不间断地努力下，我终于学完了全部的内容。

---

① 御家流：尊元法亲王（1298—1356）首创的书法流派，在江户时代盛行，用于书写各类公文。

从那以后，我就可以熟练地使用算盘了。这项技能到现在都非常有用，多亏了六工社的夜校。中村能把愚钝的我教到如此程度，其恩情无以为报。我把那时写的账目仔细收藏着，作为纪念。

场方的人都在夜校当老师，大里教读书和习字，中村教习字和珠算，土屋教习字和珠算，宇敷教读书和习字，大部分女工都积极地参与每晚的学习，非常热闹。

二十一、六工社与小野组

那时，在上田町有一家叫“小野组”的机构，就像现在的银行一样。大里将小野组称作“小店”，说六工社的茧由这家机构提供（但我觉得是钱）。

某日，大里忧心忡忡地对我说：“小店的经营变得越来越困难，也许会倒闭，六工社也可能关门。”我非常担心，但没有将此事告诉同伴，怕引起混乱。我每日都很焦虑，总在观察场方众人的脸色。

土屋、中村和岸田每天都买少量的茧，六工社总算没有因为缺茧而停产。就这样一直坚持到了 12 月，然后在 12 月 12 日歇业。

二十二、年底歇业庆典和制服

明治七年十二月十二日，工场圆满完成一年的工作，准备歇业。未来不好预测，但六工社明年应该还能顺利开业。我们在富冈的时候有制服，可能是出于这个原因，六工社也给我们准备了制服——唐丝花纹的黑色布料，上面有三道深灰色的条纹。11 岁左右的女工们也穿这样的衣服，显得特别朴素。高级女工的制服有外套和内衬（浅黄色棉布），低级女工只有外套。自备寝具的人得到了两把捻子，我也有份。

场方在当天晚上举办了歇业庆典，大摆宴席，甚至准备了酒。南宿舍的酒席摆在和田的房间，北宿舍的酒席摆在我的房间。大家坐定后，大里领着场方的人前来敬酒，并率先发言：“诸位，今年还在创业的阶段，有很多不周到的地方，辛苦了，明年也拜托大家了，借此机会聊表心意，大家慢慢吃。准备的东西不多，因为小店倒闭了，不能不节约用度，有所怠慢，非常抱歉。等六工社发展起来了，那时再准备好酒好菜款待大家，还请大家不要在意。”随后大里走到我面前说：“这段时间辛苦了，非常感谢。”然后举起了酒杯……（后略）

第二天，13 日上午，我和伙伴们一起离开了工场。创业第一年，在我们的种种忧虑中，工场的工作能圆满结束，场方和女工能笑着说再见，这是值得庆祝的好兆头。

此前听了大里的话，我才知道小野组已经倒闭了。

二十五、初次销售六工社（蒸汽机鼻祖）的生丝

（两捆生丝 中村在生丝市场的故事）

中村喜气洋洋地出现在我们面前。他的面相虽然和蔼，但通常很严肃。在进行了季节问候之后，中村说：“去年一年都很担心，但这些销售生丝的过程非常顺利，出于礼貌，我想尽快告诉大家此次销售的情况。”我和母亲每天都是一副无忧无虑的样子，却非常挂念这件事，二话不说赶紧让中村讲他在生丝市场的故事。

中村的故事如下：

> 我带了两捆黝黑的丝去生丝市场，这些丝都是用质量差的茧制成的，我感到非常紧张。同行的人都带着大量雪白的、高级的丝，其中有些人把我当成傻瓜，说这样的丝怎么卖得出去。我身处其间非常难受，只能无声忍耐。今天终于到了要去生丝检验场的日子，我无比紧张，怀着羞愧的心情排在后面。同行的人得意扬扬地拿出各自的丝，光彩绚丽。终于轮到我了，我拿出那两捆丝，就像把长满毛的腿与公主们的腿放在一起一样，羞得面红耳赤。同行的人看着我的丝和我的表情，不停地笑，我恨不得钻到洞里。西洋人见到这些黑色的丝，马上问道：“这种丝很少见，是用蒸汽机制作的丝对吗？”我说：“没错。”“这样的丝，你有多少我们买多少，你带了多少过来？”“只带了两捆。”“可惜啊，为什么不多带点呢？我们对这些丝很满意，你如果多带点我们可以买七

八百件。丝虽然好但量太少了，只有两捆的话，我们只能先买650件，下次记得多带点。”听了西洋人的话，我以为自己在做梦。西洋人看到手摇缫丝机制成的雪白的丝后说：“只能买450件。”同行的人惊讶地说：“那种黑丝能买650件，为什么这种丝只能买450件呢?”西洋人答道：“你们如果有那种丝，有多少我们买多少。”西洋人的奚落让他们的脸色变得很难看，我却得意了起来（模仿天狗的鼻子，将两手放在鼻尖装天狗）。我惊叹于西洋人的眼光，第一次知道蒸汽制丝的优势。我自出生以来就没有像今天这样高兴过，看到其他人无精打采的样子，感到非常滑稽。他们很瞧不上我，说：“就算是黑色的丝，我们也不会带这种来卖，至少要高品质的才行”，然后就无话可说了。我们用手摇缫丝市场淘汰的茧制造的丝，竟然比高级茧制造的丝多卖了200件，这真让人难以置信。后来那些人再也不敢瞧不起我，真是痛快！

中村讲故事的时候，我和母亲有一种死而复生的感觉，高兴地合不上嘴。在生丝正式销售前，说什么都没用。特别是之前有场方劝我们制作熟丝，大里夫人当着我们的面缫丝之类的事，我当时代表女工们义正词严地拒绝了场方，显得非常固执。我的喜悦之情无以言表，只能说：“真的太好了，终于安心了。”中村又和我们说了一些闲话，就离开了。

从七月开业到十二月歇业，我们只生产了两捆丝。平时我们需要给别人生产赁丝。大家用小型四角缫丝框将丝固定好，然后将这些下丝①送到岛田，放到手摇缫丝机里，主人家再来取。丝的主人将丝解开后，丝就会变成一根一根散乱的状态。丝的主人因此会抱怨：“不要把丝做得像丝绵一样软。”场方的人也经常因我们的丝太软而抱怨。他们不知道茧煮久了丝会变得劣质，所以不管别人怎么说，我始终坚持在富冈学到的缫丝方法。幸运的是，其他女工也和我一样不愿听从不合理的意见。听了中村的故事，我和母亲一整天都在讨论此事，母亲说：“真好啊，这样总算安心了。”我也说：“太高兴了，这下场方应该明白我们的苦心了。”我将此事告知了前来打听消息的女工们，大家都很高兴。

---

① 原文为下げ糸。

二十六、销售市场的价格

之前遗漏了，现补录如下：

当时的生丝价格皆以银为单位。六工社首次销售生丝650件，值现金1 083元30钱。手摇缫丝制成的生丝450件，值现金750元。

这是39年前的事，我在这里稍作说明：银子数量除以6就是现金。

高级茧制作的生丝卖了750元，我们用手摇缫丝市场淘汰的用来制作绉绸的劣质茧制作的丝反而卖了1 083元30钱，这当然令人惊讶。或许，西洋人这么做正是为了鼓励蒸汽制丝。

二十七、出名后的六工社

六工社在横滨初次售卖生丝的故事，前文已提到了。生丝界的人自不必说，市内的人也都知道了。当时只有东京才两三家报社，信州虽然没有报社，但人们口耳相传的速度惊人，大家一提到六工社，就会想起生丝。六工社的发展如旭日东升，还不到半年就发生了翻天覆地的变化，让人非常意外。

此后我们去工场时，再没有人叫我们“猪”了，也听不到“末了是流氓”这首歌了。

我为人们的正直而感动，我们的喜悦之情无以言表。这是我们期盼已久的成果，并不会因此而自满。我们日夜祈祷两件事：努力让制丝场兴盛起来；发扬富冈制丝场的美名。

日记抄本

大正二年十一月二十五日记

和田英

二十八、第二年开业

六工社在四月二十日开业。今年大家都兴高采烈的，在二十日早上，大部分女工都顺路聚集在我家（我邀请大家来我家），然后一起出发。入场后，我们路过管理处和缫丝场，然后回到各自的房间。缫丝场的入口有一张醒目的告示（粗笔浓墨写在一张纸上），我看了一眼，上面似乎写着：

第一条　任何事都应向巡查请示，不得直接联系管理处。

第二条　不得违背巡查之命令。

第三条　不明。

第四条　不明。

我当时正在想自己的事情，没有特别留意。整装出门后，我遇到了两名不认识的男工和一名肥胖且傲慢的二十七八岁左右的妇女，他们正旁若无人地巡视着缫丝场。我非常惊讶，大里、海沼和其他场方的人，都一言不发。此刻，我变得非常生气，但在表面上维持着笑容一言不发。我得先看清楚他们在干什么，然后再做打算。

我像往常一样，独自前往缫丝场和复摇场[①]工作，故作镇静。当我拿着黄背草制成的“笤帚”去找新入场的女工时，看到男工和那个妇女正在指导女工们理绪、接绪等。他们虽然来找我们富冈女工，但大家都很生气。众人悄悄向我抱怨，我说：“现在说什么都有失体面，今天先装作什么都不知道的样子，晚上我们再商量。”大家都同意了，吃过午饭，等到傍晚工作结束后，一起来到了我的房间。

伙伴中有人非常了解去年入场的新人，说那两名男工是佐久间猪之吉和木村某，妇女叫藤田富美[②]。佐久间和藤田来自奥州二本松的“焚火”制丝场，擅长意大利缫丝。两人已夸下海口：“富冈回来的女工能做出来什么呀，靠我们才能做出世界一流的生丝。”

听到这话，我们非常气愤。创业之初，面对什么都不懂的场方，我们苦心经营，首次销售也圆满成功。本来以为今年双方可以愉快地合作，用更优良的茧制作优质的生丝。我们嘴上不说，心里想的都一样。大家满怀期待地来上班，但实际情况却完全相反。场方完全没和我们商量，就将事情委托给

① 原文为揚枠場。
② 原文为藤田ふみ。

不知底细的人，让他们染指最重要的缫丝，让我们颜面尽失。一想到规则都是由场方制定的，就感到异常愤怒。今天一天，我们都装作毫不知情的样子，积攒的委屈在此时此刻一下子涌上心头。我第一个哭出声来，其他人也都哭了起来。伙伴们互相拉着手，放声哭泣。我说："我已经没办法再在这个制丝场待下去了，我走了并不代表大家得跟着我一起走，你们各自做决定吧。"听了我的话，没有一个伙伴表示会留下来。

"不知底细的人都能在我们面前摆架子，谁要在这种地方待着啊！""既然如此，我们马上回家，让管理处知道就麻烦了，我们早点做准备。"大家拿着各自的包裹走到管理处时，大里正对着箱火钵①看着外面的走廊。

我走在最前面，用非常快的语速说："大里先生，感谢您一直以来的照顾，告辞了。"说完立刻就退了出去。同伴们也跟着说："谢谢，谢谢"，然后像飞鸟一般退了出去。一旦被叫住就麻烦了，所以大家头也不回地拼命跑。后来听说，当时大里望着我们离开的背影，茫然无措。

我们一起回到了家（代官町横田家），七嘴八舌地向我母亲说明情况。母亲说："你们做的对，离开那里比较好。"众人纷纷说："现在工场一定陷入混乱了。"大伙刚才还在哭泣，现在却放声大笑。这时，海沼气喘吁吁地赶来了。母亲出去接待他，他说："大家似乎对工场不满，所以收拾东西回家了。大家不满意的地方，我们会改正的，请回去吧。"母亲回答："不，小英绝不会回工场的，也没必要回去了。既然已经把六工社交给那些了不起的人了，就没什么可担心的了。无论你说什么，大家也没有必要再回去了，你还来这里干什么呢？回六工社的时候帮我带句话，这么长时间，多谢关照，有那些了不起的人在工场我们就放心了。'"母亲的态度非常坚决，丝毫不愿妥协。

海沼眼里含着泪，无法说服母亲，只能垂头丧气地回到六工社。我和伙伴们坐在里屋的席子上谈笑了一会儿，就各自回家了。后来母亲又和我说："真是想不到，海沼他们经常来我们家，却背着我们做了这样的事。装作什么都不知道的样子，好像故意欺骗我们一样。场方的做法真是让人无法理解。"我们带着疑问，就这样睡下了。

---

① 日本传统的方形火盆。

第二天，我很早就起床，打扫房间，干各种活。上午，樋口来到我家对母亲说："大家遇到这种意外一定很生气，但请原谅我们。"母亲说："把所有事都交给那些人难道不好吗？"母亲不接受道歉，樋口只能离开。

下午两点多的时候，大里亲自上门了。母亲出去接待，大里一副非常为难的样子，缓缓说道："这次真的非常抱歉，诸位肯定很生气，我亲自来此致歉。其实我并不打算那样做，那些年轻人是二本松制丝场的男工和女工，我答应雇佣他们，但并不打算让他们担任巡查或教员。招这些女工，当然是让她们来缫丝的。昨天我比较忙，傍晚回到六工社的时候，小英和其他富冈女工已经收拾东西回家了。我感到很奇怪，问了其他人才知道怎么回事。我也感到意外，狠狠地责备了工场里的人。今天早上，我让那个叫藤田文的女人缫丝，她一点都不会，连八木泽浪那样的程度都做不到，场方的人都感到意外（八尺泽浪是去年开业时入场的女工，那时已经是第二年入场了，在新人中算技术非常好的），我马上就把她赶走了。总而言之，这件事都怪我思虑不周，请千万千万原谅我，和以前一样回去工作吧。"听到这话，母亲说："我们并没有生气，只是觉得，既然工场招到了这么了不起的人，把事情都交给他们做，我们就放心了。既然实际情况是这样的，那么我让她们今大傍晚就回工场。"大里非常高兴，然后又抱怨了几句："那个叫藤田的人只会说大话，其实什么都不会。""那些年轻的家伙真讨厌。"随后就离开了。

樋口和场方其他人也分别去了伙伴们的家里，告诉她们："藤田文已经被赶走了，请回工场吧。"知道这个消息，大家都决定回去。傍晚的时候，我把大家召集到我家，将大里的话告诉她们，众人笑着说："这下他们应该看明白了吧！"母亲对大家说："诸位，以后你们身上的担子就更重了。去年工场只有你们这些人，没有什么需要担心的。今年场方的人顾及你们的面子，把好不容易招来的人赶走了。以后就不要再提这件事了，做任何事都要努力勤勉，以六工社的繁荣昌盛为先，不要摆架子，否则就会失去场方的信任。"在大里离开之后，母亲再三嘱咐我："此后你身上的担子就更重了，不要再因为一些小事抱怨了。"众人收拾好东西，一起前往管理处打招呼，然后分别回到自己的宿舍睡觉。

第二天早上我们到了缫丝场，海沼、佐久间等场方的人依旧神色不渝，只有大里的态度一如往常。我和伙伴们佯装不知，努力工作。佐久间可能被大里训斥过，不敢来女工这边，只是远远地认真观察着女工们缫丝的方法。

值得一提的是，工场改良了缫丝机。富冈的缫丝机让小缫丝框停止转动的装置在腰的左后方，操作时必须用左手。机器改良之后，变为用脚来控制。这当然是佐久间仿照二本松的缫丝机改良的。像富冈一样用高级的茧缫丝，即使用手来控制小框也没什么不方便的地方。但如果茧的质量不好，用手控制小框就会特别浪费时间，且会让丝变得不均匀。大家都因为机器的改良感到高兴，此后几年（12 年左右），佐久间一直在六工社工作，不知做出了多少贡献（约 10 年间）。

此后，场方的人没有再提这件事，女工们也安分守己，双方齐心协力努力生产，关系非常融洽。

从今年开始，缫丝的女工增加到了 50 人。新入场的女工也逐渐掌握了娴熟的技术，但还是比不上从富冈来的女工。蒸汽锅炉虽然变成了两个，但需要给 50 个釜供汽，所以经常会出问题。每当这个时候，场方的人包括佐久间在内，全部都要去担土、和泥。

负责打包生丝的是一个叫木村的人和佐久间。我在富冈学到的打包方法是将两张厚纸拼成一个长方形，然后将十捆生丝放入其中卷起来，然后在两个地方用绳子绑好。富冈的打包方法浪费空间，并不合理。现在我们将生丝打包成四方形，用的是二本松的“意大利”式打包法。

从今年开始，工场不断地购买质量好的茧。自开业以来，所有的缫丝釜都是濑户烧，大里和海沼将其改造成能直接通蒸汽的缫丝釜。场方资金不足，所以一切从简。改造后的釜非常适合煮茧，大家用起来很方便，缫出来的丝也非常有光泽（这一点最重要，所以场里的釜都换成了这一种）。这种釜是松代町字代官町①岩下清周②家的濑户烧，最初是由一个叫加藤的人特意为六工社烧制的，后来畅销到很远的地方。这一年没发生什么特别的事，工场在十二月二十日左右顺利结束了一年的工作。

---

① 原文为：松代町字代官丁。
② 房主的名字是岩下清周。

工场歇业后，制造了新的蒸汽锅炉。锅炉的制造者是横田文太郎，他在西条村大宫的院内挂起了帐幕（横田之幕），旧的锅炉被卖到了上州前桥和信州。连接缫丝釜的管道等装置，全部折旧卖给了别人。从这一年开始，按照新规定，女工的工资由产量决定，月收入五元的人越来越多，月收入只有七八十钱的人也有。工资每月都会公示，所以大家都非常努力。

六工社的生丝逐渐闻名于世，前来参观的同行非常多。和现在不同，过去交通不便，大家穿着草鞋一路走来，非常辛苦。

我们重复着同样的工作，直到明治九年末，富冈制丝场给我们发来了消息："最近富冈的女工情绪低落精神萎靡，你们回富冈工作给她们做个榜样吧。"联系我们的是信州小诸的加藤，曾在生丝整理场[①]工作（我们在富冈时，他是这个岗位）。我们都是年轻人，时常怀念富冈丰富多彩的生活，所以很想回去（尤其是我）。我和大里商量此事，他笑着说："横田，我觉得你们没必要回去。"父亲回家听说此事后非常生气，说："现在抛下六工社回富冈，有这个必要吗？"听了父亲的话，我打消了回富冈的念头。我们当中，也有三四个人回去了，她们输给了新入场的女工，大概在第二年即明治十年的春天回去了。[②]

① 原文为：糸仕上げ場。

② 原文如此。

野麦岭的缫丝女工

李瑞丰[*]

摘要：日本近代自明治以来生丝业蓬勃发展，生丝出口国际市场赚取巨额外汇，为日本资本主义发展做出重要贡献。拍摄于1978年的日本左翼电影《啊！野麦岭》改编自山本茂实的同名小说，讲述了20世纪初一批飞騨女工穿越野麦岭到丝厂缫丝的感人故事。其中以女工阿峰、阿雪、阿实等经典形象为主，展现了缫丝女工在资本剥削下顽强生存、不屈不挠的精神面貌。善良、坚毅、悲苦的野麦岭缫丝女工形象塑造是工业文学史上的成功范例，也反映了20世纪初期日本生丝行业的盛衰浮沉。

关键词：生丝业；出口；野麦岭；缫丝女工

一、从开港到明治的日本生丝业

日本生丝业在近代以来快速发展，取得了举世瞩目的成就，为日本近代化做出了重要贡献。生丝业是日本传统手工业之一，安政开港（1859年）后，由于国际市场的需要，日本生丝价格高涨，在开港当年就上涨了60%，此后直到1865年，生丝价格每年涨幅均超过10%。[①] 价格的高涨带动了日本生丝产量的急剧增长，生丝也成为日本近代出口到欧美市场的主要商品之一。但此时，日本的生丝品并没有占据生丝国际市场的主要份额。在中国、

---

* 李瑞丰，湖北省社会科学院。

① 许宁宁：《日本蚕丝业的发展历程对中国茶业的启示》，《福建茶业》2020年第11期。

日本、法国、意大利四大产丝国中，中国丝独占鳌头。法国是欧洲市场中最大的生丝生产国与消费国，1845 年爆发的蚕微粒子病使得欧洲生丝业遭受冲击，法国不得不从亚洲国家进口生丝。随后中国生丝大量涌入欧洲市场，在当时伦敦生丝市场上，中国生丝曾一度占据交易总量的 70% 至 80%。[①] 此时，虽然日本丝在法国市场站稳了脚跟，但由于技术、质量等方面的落后，还远不是中国生丝的对手。

然而这样的情况并没有持续太久，1868 年爆发的明治维新改写了日本近代发展的历程，日本生丝业也迎来了巨大变化。为提升日本生丝的国际竞争力，明治政府对生丝业进行了大刀阔斧的改革。明治政府鼓励生丝的出口，加强对出口生丝质量的检验，同时较早地开始了机器制丝。1869 年，“生丝检查所”在商港横滨和神户成立，以此严格把控生丝的出口质量。19 世纪 70 年代，日本国营生丝企业富冈制丝厂引进西方机器制丝技术，聘用法国技师，成为“模范工厂”，在日本普及机器缫丝技术。许多工厂开始采用“复缫”和更先进的足踏缫丝机，增加生丝产量，改善生丝质量。与传统手工缫丝品相比，机器制作的生丝品质显著提高，日本生丝也因其质优价廉的优势获得了国际市场的青睐。19 世纪七八十年代，美国作为一个丝织生产和消费大国崛起，生丝主要生产国开始激烈竞争，1882 年美国进口的日本生丝首次超过了中国生丝，日本生丝逐渐取代了中国生丝在美国市场的地位。美国新兴丝织业的迅猛发展也刺激了日本生丝业的快速发展，到“二战”前生丝一直占据日本出口量的 30%左右。20 世纪 20 年代前，日本缫丝占据美国市场份额 80%，世界市场份额的 60%。[②] 生丝作为近代日本最具竞争力的出口商品，在国际市场上赚取了巨额外汇。近代日本的铁路、电信、轮船、军舰等都是依靠欧美国家输入的，获得外汇的生丝由此为日本的殖产兴业政策以及近代资本主义发展做出了重要贡献。也就是说，如果没有生丝赚取外汇，明治时代或许会更加不同。

① 许宁宁：《日本蚕丝业的发展历程对中国茶业的启示》，《福建茶业》2020 年第 11 期。

② 中林真幸：《日本近代缫丝业的质量监控与组织变迁》，《宏观质量研究》2015 年 9 月，第 3 卷第 3 期。

二、新女工的缫丝生涯

记录并研究日本近代缫丝业的文艺作品良多，日本左翼现实主义电影《啊！野麦岭》（以下简称《野麦岭》）改编自山本茂实的同名小说，讲述了20世纪初期日本飞驒地区的农家姑娘到信州山安足立厂缫丝做工的动人故事。电影一经上映便引起轰动，成为1979年日本十部优秀影片之一。日本近代主要的缫丝区域包括信州（今日本长野县）、上野、岩代等地，随着日本生丝业的蓬勃发展，缫丝工厂越来越多，到1896年（明治二十九年），日本缫丝女工数已多达59万余人，成为日本缫丝业的重要力量。[①] 野麦岭是连接飞驒与信州的重要通道，明治至昭和年间，曾有很多飞驒地区的年轻女性，越过这道山脊前往信州地区冈谷、松本等地的缫丝工厂打工。电影《野麦岭》以阿峰、阿实、阿雪等几个经典缫丝女工形象为主，讲述了她们在工厂老板和工头剥削下顽强生存的动人故事，揭示了她们共同的悲惨命运——“抽丝的活机器”，是一部生动的缫丝女工血泪史。

1902年春，日本蚕丝振兴会在东京举办晚宴，日本名流、各国使节偕同夫人纷纷前来祝贺。华丽的大厅内，灯火通明，绅士淑女们在华尔兹乐声中翩翩起舞，庆祝日本生丝生产跃居世界第一，象征着日本缫丝业的繁荣前景。而此时飞驒山区白雪皑皑，寒风凛冽，一批十四五岁的农家姑娘在两个山安足立厂工头的带领下，背着行囊，冒着风雪，向信州地区的工厂进发。缫丝女工们在离家前便和山安足立厂签下了五年的劳动合约，立约期间，女工们不得去其他缫丝工厂做工，若违约则要赔付工厂违约金50元。和往年一样，从飞驒去信州的缫丝女工中又有一批第一次离开家乡去做学徒工的少女，阿峰、阿实等年轻女工依依不舍地向家乡的方向告别，向远方的父母告别。缫丝女工一行浩浩荡荡几百人，她们从飞驒的古川町出发，经过见座、阿多野乡、野麦岭等地到信州，有40多里的山路，通常要步行四天才能到达。野麦岭可谓是最艰险的路段，这片山地海拔1 600多米，山谷陡峭蜿蜒，

① 山本茂実：「あ、野麦峠―ある製糸工女衰史」，角川文庫，12頁。

在夏秋之际这里景色优美尚可游山玩水，但一遇到暴风雪，野麦岭就变成一把坚硬的冰刃，成为来往女工的夺命之地。经过野麦岭时，女工们一起拉着绳索，在齐膝深的积雪中艰难前行。足立厂监工呼喊女工们抓紧绳子，“在经过野麦岭前死也不能松手”。而缫丝女工阿峰、阿实和阿花还是不小心跌下山坡，经过众人帮忙才捡回性命。险要的地势，凛冽的寒风，厚重的积雪，野麦岭留下了无数缫丝女工来往的印记。缫丝女工们在野麦岭山顶的客店歇脚一晚后，就继续赶路了，跨过乘鞍山、奈川渡、盐尻岭等地便到了信州的冈谷。看到信州的诹访湖后，第一次来到这里的女孩们兴奋地惊呼：“看到大海啦！”野麦岭外面的世界对女工来说是新鲜的，她们只有到冬天过年时才能回到家乡，与家人团聚。

到山安足立厂后，女工头阿岩便带着 30 名新女工来见老板足立藤吉，藤吉一本正经地对新工人训话：“我们也算有缘分，从今天起我就算你们的父亲，我们就像一家人一样，我的话你们一定要好好地听，当个好工人。”正当藤吉训话时，一名工厂伙计匆忙冲进办公室向藤吉汇报横滨生丝价格上涨的情况，急需大量生丝出口，藤吉当即决定将仓库存货全部发往横滨。横滨自 1859 年开港后便成为日本国际贸易港口代表，日本各地所产生丝多汇集于此，经过出口商销往欧美国际市场。

信州的诹访湖畔周边有不少缫丝工厂，天还未亮，林立在这里的烟囱喷出黑烟，铺天卷地，各个工厂的汽笛声响起，缫丝女工一天的工作也便开始了。足立厂女工头阿岩调节好缫丝机器的温度后，便摇着铃冲进女工宿舍大声吼道：“快起床！上工了！上工了！”工厂内顿时变得嘈杂起来。女工们匆匆叠好棉被，边系腰带边奔向楼下的井台进行洗漱，众多女工挤在狭小的空间里，稍有怠慢就会遭到女工头严厉的打骂。女工们早上起床的时间被限制得很短，很多姑娘连厕所都来不及上，就被工头赶进车间。车间里雾气缭绕，老女工们已经开始坐在缫丝机前工作，她们不停地将手伸入釜锅的滚水中抽丝擦茧。此时的窗外仍然寒气刺骨，但车间温度已高达 40 摄氏度，女工们随手准备两条毛巾搭在肩头，忙得团团转。而新来的缫丝女工们一大早便被要求搬运蚕茧，她们捧着装满蚕茧的竹筐，在车间里来回穿梭。因绊倒而摔出蚕蛹的阿峰和受不了蚕蛹气味而呕吐的阿实，都被工头狠狠教训打骂。午饭的铃声一响，女工们便争先恐后地涌进食堂，狼吞虎咽地吃着六分米四分麦的“混合饭”，吃饭的时间也只有 10 分钟—20 分钟。即便如此，能吃上白米饭对这些来自农村的女孩来说已经足够幸福了，曾亲历缫丝的女工回忆道：“因为可以吃米饭，所以比在家里好。”① 能够吃上白米饭并为家里省下口粮，也是不少贫苦农家女工来到这里的动力之一。新女工们下午进行观摩学习，她们聚精会神地看着熟练女工们手指间每一个细微的动作，就这样，这批年轻姑娘正式开始了她们的缫丝女工生涯。

光阴荏苒，转眼间阿峰、阿雪这批新女工来到山安足立厂已有三四年的时间。她们日复一日缫丝做工，殊不知此时远东日俄战场的风云变化。当俄国日益展现出在远东的野心时，日本制丝同盟临时总会就动员缫丝行业同仁努力增加生丝出口，换取外汇来增强陆海军的军事装备。1904 年，日俄战争开始时，日本联合舰队下有军舰 57 艘、驱逐舰 19 艘、水雷艇 76 艘，总计 26.5 万吨。这时日本的海军规模已是甲午中日战争时的四倍，也大大超出了俄国东洋舰队总排水量 19.2 万吨的规模。当然，这和明治政府对军事的高额投入不无关系。

在日本与俄罗斯的紧张局势中被催生的日本“六六舰队”三期建设总经费高达 3.28 亿日元，当时日本一年的出口总额为 1.36 亿日元，可见造这些军舰的花费在当时也是一个巨额数字。② 日俄战争爆发后，日本拥有的大军舰着实让人惊讶。原产意大利的军舰“莫雷诺号”搭载仰角很高的炮弹，其射程堪称世界第一，在日俄战争中发挥了惊人作用。可以说，日俄战争的胜利也是新武器的胜利，这些军舰、坚船利炮都是用巨额外汇换来的。战争胜利的消息传到了日本国内，山安足立厂的老板藤吉拿着报纸冲进车间向女工们报告这个好消息，并鼓舞女工道：“你们抽的丝买了军舰，打败了老毛子。要拼命干！拼命干！”女工们一片沸腾，为自己对国家的贡献而荣幸。但陶醉于胜利气氛的国民却无暇考虑购买军舰的钱从何而来。日本缫丝女工日夜做工集成的“生丝的经济力量”在当时几乎很少有人注意。战争结束后，日本生丝对美国出口好转，诹访湖附近的工厂多了起来。缫丝工厂由原来靠水

---

① 山本茂実：「あ、野麦峠—ある製糸工女哀史」，角川文庫，50 頁。
② 山本茂実：「あ、野麦峠—ある製糸工女哀史」，角川文庫，55 頁。

车为动力现在转以烧煤为动力，锅炉房的大烟囱不断出现，这就是人们所说的“諏访湖畔，烟囱林立”，日本生丝业继续繁荣发展。

三、不屈不挠的女工们

经过几年的历练，心灵手巧的女工阿峰和阿雪已成为优秀女工，能够缫出质量上乘的生丝。缫丝是一门精细的工艺活，虽然是机器缫丝，但煮蚕茧的时间长短、女工们的手速、指间的细致度等都会大大影响生丝品质，若蚕茧煮得太久，生丝的光泽就会下降，生丝也更加容易断。横滨的出口商严格把控日本出口生丝的品质，只有达到标准的生丝才会出口，而劣质生丝则被遣回内销。所以，日本的缫丝企业不仅要追求产量，更要提高品质。对于缫丝女工来说，则意味着更多的剥削。山安足立厂的工头黑木采用法国式的丹尼尔检查法，详细记录每个女工缫丝的数量与品质，并计算平均水准。丹尼尔检查法是当时信州地区普遍采用的生丝检查方法，其标准是14丹尼尔，比他粗或者比他细的生丝都是次品，此外，生丝的光泽、均匀度也是重要标准。女工阿峰、阿雪缫丝成绩尤佳，获得了奖金，但这些奖金都是用低于平均成绩女工的罚款所抵扣的。缫丝数量低于平均水平的女工们不仅被克扣工资，还被惩罚不准吃饭。女工阿实缫丝手慢，虽然勤勤恳恳做工，但几个月过去也依旧每天被罚款，欠债日益增多。阿实终日郁郁寡欢，以泪洗面，想到家中母亲病情加重，自己又一直被罚款，难过得心如刀绞，最后选择投湖自杀。

阿实含恨而死已有半年时间，不知不觉新年将至，女工们回家的日子越来越近了。随着年终下工汽笛拉响，缫丝女工们兴奋地从座位上跳起来，欢呼道：“回家过年啦!”回飞驒过年的女工们在工头的带领下穿越野麦岭回到小镇，她们的父母早已在此等候。女工阿峰见到哥哥欣喜万分，回到家后，她把一年所赚来的100元都交给了父亲，父亲接过钱酸楚地说：“阿峰，辛苦你了。谢谢你，我们家能过个好年了。”100元并非小数目，在当时足够盖两栋普通的房舍，能当上“百元女工”也是飞驒姑娘的骄傲。[①] 缫丝女工

① 山本茂实：「あ、野麦峠—ある製糸工女哀史」，角川文庫，71頁。

的工资急剧上涨是1899年之后的事了，优等女工一年可以赚100元以上。[1]飞驒女工最高兴的事便是将缫丝赚来的钱带回家，让父母高兴。据一位缫丝女工回忆："我有四个姐姐都是百元女工，我也不甘示弱。最多的一年，五个人拿了600日元。父亲用这笔钱来买土地。"[2] 女工们缫丝赚取的辛苦钱是山区农村重要的收入来源。但当上百元女工并非易事，据日本国政府村的资料记载："明治四十三年，该村外出打工的461名女工中，年收入150元的只有一人，其余绝大多数都是10元至30元，其中也有两元、五元的，平均为28元40钱。"[3] 大年初二，女工阿峰来到山上的炭窑给哥哥送饭，哥哥辰次郎感叹家里的窘境，忧心忡忡地说道："丝厂里的活很苦，阿峰！老板会把你的骨髓吸干的……可是弟妹们都还小，你再去干一年吧，下次回来就再也不去了。"阿峰会心地笑道："我喜欢抽丝这活，我一定多赚点钱，给家里买块地。"赚钱给家里买地成为百元女工阿峰心底的动力。丝厂的工头们将女工送回家后便留在飞驒的小镇过年，老板留他们在这里的目的是防止本厂的熟练女工被别的厂挖走，同时也要把其他厂里的优秀女工挖到自己厂里来。工厂之间的熟练女工争夺战在当时并非罕见，一个熟练女工一年所缫出的生丝是普通女工的几十倍，质量也更高，利于生丝出口。因此，经营者对优秀女工的争夺也是理所当然的了。

过完了春节，飞驒的女工们便像往常一样，翻越野麦岭，回到丝厂继续做工。过年时无家可归的女工阿雪留在了工厂，丝厂的少东家春夫对其表达了爱慕之意，阿雪轻信了春夫的甜言蜜语，不久后便怀上了春夫的孩子。而藤吉夫妇为了丝厂的发展，为春夫和一家银行老板的女儿订亲。这对阿雪来说犹如晴天霹雳，藤吉和春夫要求阿雪打掉孩子，以后还可以来厂里做工。倔强的阿雪却执意要生下孩子，她告别阿峰后就孤身回到乡下。面对不幸的遭遇，坚强、倔强的阿雪并没有轻易低头。她默默许下诺言，以后要抱着孩子回来做工，让那些人瞧着，阿雪与少东家抗争着，与命运抗争着，绝不低头。女工阿雪走后的第三天，少东家春夫就娶了亲，这天山安足立厂张灯结

---

① 山本茂実：「あ、野麦峠—ある製糸工女哀史」，角川文庫，72頁。
② 山本茂実：「あ、野麦峠—ある製糸工女哀史」，角川文庫，198頁。
③ 山本茂実：「あ、野麦峠—ある製糸工女哀史」，角川文庫，201頁。

彩，气氛热烈。此时艰难行走在野麦岭山路上的阿雪由于过度劳累不幸流产，被茶馆的老婆婆救下后才险些捡回性命。老婆婆安慰了阿雪一阵后感叹道："每年都有不少女工被糟蹋，这里哪还是什么野麦岭，简直是野生岭啦……"野麦岭是飞驒女工去丝厂缫丝的必经之路，翻越野麦岭前，她们带着憧憬向往外面的世界，殊不知这是一条充满荆棘的艰险之路。

1908年，美国爆发经济危机，这迅速混乱了日本的生丝出口市场。山安足立厂卖到横滨的50包生丝也被退了回来，在美国市场恢复以前，丝厂只能依靠内销维持经营。少东家春夫为弥补出口损失，对工人的压榨更加厉害。春夫不仅将女工们吃午饭的时间改为五分钟，还在早上将时钟拨快20分钟，晚上下工前又将时钟拨慢20分钟。变本加厉的剥削使女工们的日子更加艰难，闷热的车间里，女工们个个汗流浃背，因缺乏休息而头晕目眩。缫丝时打瞌睡的阿峰不慎操作失误，就引来了工头的一阵毒打，晚上阿峰又发起高烧，面对女工姐妹们的关心，阿峰反倒安慰大家，令人心疼。次日，阿峰强撑着虚弱的身体做工，突然她猛咳一阵，咳出了一口鲜血，虽惊恐不已，但阿峰迅速抹了嘴角后便继续忙起手中的活来。面对身体的辛劳与苦难，阿峰也并未停下步伐。日复一日的劳作下，阿峰积劳成疾。一天正当其他女工们奔向餐厅准备吃饭时，阿峰突然倒在缫丝机前，口中流出的鲜血染红了热锅中的沸水……得了结核病的阿峰被单独安置在一间堆放杂物的房屋内，不准人去探望，此时的阿峰面无血色，奄奄一息。阿峰的哥哥辰次郎接到丝厂"阿峰病危"的电报后心急如焚，迅速向信州出发。当他匆匆赶到木棚时，阿峰用微弱的声音对哥哥说："哥哥，你可来啦。我想回家……回飞驒……"阿峰说着双手合十。辰次郎想必也很后悔让阿峰再来做工，此时他能做的就是尽快带妹妹回家。阿峰和哥哥从工厂里出来时，女工们都在车间工作，她们纷纷想为阿峰送行，却被春夫阻拦："今后谁也不许提阿峰，你们都是抽丝的活机器，抽不出丝就得报废，这就是机器的命。"工头们也连打带骂逼迫女工们回去干活。在春夫眼里，女工的命犹如草芥，不值一提。阿峰由哥哥背着，沿着野麦岭经过新村、波田、赤松等地，经过好几个夜晚，终于到达了野麦岭的山顶。秋天的野麦岭，满山红叶，分外艳丽。阿峰坐在山顶小憩，她凝视着远方，突然眼中迸发出异样的光芒，喃喃道："看见飞騨了……回到家乡了……回来了……”阿峰说罢便无力地倒在椅背上，百元女工阿峰就这样结束了她短暂而悲苦的人生！

啊！野麦岭！它是缫丝女工们血泪史的见证，女工们不屈于命运，无暇于辛劳、家人甚至病痛，克服重重障碍，坚强地活着。值得注意的是，结核病在当时的缫丝女工中并不少见。缫丝工厂车间内温度高，湿度也大，室内外的冷热温差袭来，女工们很容易感冒，再加上长期的过度劳累、体力透支，使得女工们得结核病的概率大大增加。据平野村公所在明治四十一年的《女工病症调查》显示，一万名女工中患结核性病症的人数为 168 人，该调查的数字还算是少的，这仅仅是平野村的记录。[①] 女工多患有肋膜、胸膜、腹膜、呼吸系统的结核性疾病，根据《国家医学上的女工现状》数据显示：1 000 名日本缫丝女工中每年有 13 人死亡，按照这个比例，大正中期时每年就有 1.65 万女工死亡，相比一般同龄女子死亡率高出三倍。[②] 其中因结核病死亡的女工约占四成，这是令人瞠目结舌的惨状。

就在阿峰去世后的第二年，随着美国经济的好转，日本的生丝市场再次迎来了春天。蚕丝会为庆祝日本生丝出口再次跃居首位，又举办了盛大的舞会。绅士与淑女们在灯光的照耀下翩翩起舞，闪烁着耀眼的光芒。而此时偏僻的乡村外，又有一批批贫苦农家姑娘冒着风雪越过野麦岭，从飞騨前往信州的丝厂去做工。

四、缫丝女工形象的塑造

影片情节感人至深，催人泪下。善良坚强的阿峰勤恳缫丝，改善家中窘境，即使是病痛也没有轻易放弃做工，最终积劳成疾，患病身亡；老实本分的阿实因做工成绩落后而遭受辱骂，被老板克扣工资，在绝望中选择自杀；单纯倔强的阿雪立志做百元女工，面对少东家的无情抛弃，她立志要带着孩子回来继续做优秀女工，却不幸流产……女工们的悲惨遭遇与她们不屈不挠

① 山本茂実：「あ、野麦峠—ある製糸工女衰史」，角川文庫，152 頁。
② 山本茂実：「あ、野麦峠—ある製糸工女衰史」，角川文庫，153 頁。

面对困难的坚毅态度交相辉映。在明治时代日本生丝业繁荣发展的盛况下，影片揭开了鲜为人知的缫丝女工生活，塑造了经典的女工形象，是典型的工业题材现实主义电影。

电影《野麦岭》的原著作者山本茂实花费数十年的时间，走遍了野麦岭附近的村落，寻访尚在人世的缫丝女工们，记录下她们的缫丝生活，并依据大量村志文献资料创作了这部经典的文学作品，成为当时的畅销书。亲历跨越野麦岭去缫丝的老人们也会时常聚在一起回忆那段往事——野麦岭的暴风雪、缫丝的技艺、工头的监管，这些印记在她们的生命里挥之不去，谈笑间仿佛就回到那个并不遥远的明治时代。在日本近代缫丝研究方面，相比以统计研究为主的作品，《野麦岭》显然更加贴近女工生活，生动描绘了明治年间的制丝景象。更重要的是，在缫丝女工形象背后所展现出的日本生丝业的盛衰浮沉，以及缫丝女工与国家休戚相关的命运。野麦岭的缫丝女工们或许难以想象自己辛苦劳作所集成的生丝经济力量对日本近代发展的重要意义。

1956 年山本萨夫读了文学作品《啊！野麦岭》后深受触动，产生了将其拍为电影的念头。山本萨夫是日本社会派电影导演，以拍摄社会政治片著称，代表作品有《战争与人间》《白色巨塔》《不毛地带》《华丽的家族》等影片，其一生创作了 57 部电影作品，擅用现实主义手法展现日本劳动人民的生活，揭露资本主义的腐朽，是战后日本社会派的重要支柱。原著作者山本茂实企图通过对野麦岭缫丝女工的生活，让人们感受明治时代的发展。山本萨夫在此基础上编写剧本，细腻刻画了阿峰、阿雪、阿实等几位典型女工形象。过去的明治历史多书写的是政治家、军人的历史，而山本萨夫要写的是劳动人民的历史，就是要告诉人们："日本资本主义的发展，不是帝王将相和资本家的功绩，而历史的前进是建筑在无数劳动人民的辛劳、苦难和牺牲上面的。"[①] 日本资本主义积累的过程是通过这些劳苦大众而实现的。但山本萨夫并非想将《野麦岭》拍成一部阴郁的女工哀史，而是注重描绘缫丝女工们认真劳动、顽强坚毅的崇高形象，展现她们面对困难克服艰险的青春活力。为还原明治时代的缫丝景象，丝厂的缫丝机器等器具都要进行仿制，导

① 陈怀皑：《日本同行谈电影导演创作》，《电影艺术》1980 年第 8 期。

演还专门请老年女工来教导女演员们学习缫丝技术。经过细致筹备，电影上映后风靡一时，引起极大反响，令人意外的是，初中生、高中生的反应最为激烈。中学生们从影片中学习到了缫丝女工们“咬紧牙关、爽朗地活下去”的乐观精神，批判日本当代年轻人的通病“三无主义”，即面对日本自民党的贪污腐败而产生的脱离政治、无目的、无思想、虚无主义的思想。[①]《野麦岭》热映后也斩获不少奖项，如第三十三届日本电影技术奖、第五十三届《电影旬报》奖十佳电影、第三十四届日本每日映画大奖最佳电影等，风靡一时。

五、小　结

山本萨夫经过改编将明治时代的缫丝女工生活搬上银幕。电影的显著特点是人物刻画细腻，生活气息浓厚，展现了明治时期日本资本主义快速发展下缫丝女工的生活景象。导演擅于捕捉女工们富有变化的表情，以此刻画姑娘们鲜明的性格特点。女工阿峰缫丝技术娴熟，成为百元女工，当她将一年辛劳所得交给父母时，心中的喜悦溢于言表；当同伴遭遇不公对待时，她挺身而出，向老板请愿；当她患病离开丝厂时，依旧感念大家的关照默默祈祷归来。缫丝女工的鲜明形象成了明治时代的一个特殊符号。

电影的创作深受导演自身风格影响。《野麦岭》热映后，不少观众都同情缫丝女工们的悲惨遭遇，批判资本主义的沉重剥削，这与山本萨夫所处的时代及创作特点不无关系。随着“二战”的结束，日本政府开始了战后民主改革，迎来了经济的高速增长阶段。然而经济腾飞的背后，日本的社会问题层出不穷。在快速增长时期，资本主义社会矛盾还没有充分暴露，但进入20世纪70年代，伴随着国内外局势变动，尖锐复杂的社会矛盾再次激化，曾经喧嚣的高速增长阶段基本结束。山本萨夫作为社会派的先锋，在20世纪70年代先后拍摄了《金环蚀》《华丽的家族》《不毛地带》等进步影片，抨击资产阶级的假民主，揭露日本上流社会官商勾结的内幕。山本萨夫擅用现

① 山本萨夫:《关于〈啊！野麦峰〉制作过程及其反响》,《电影新作》1980年第6期。

实主义手法揭露资本主义的腐朽,《野麦岭》也延续了其一贯的手法,善良坚毅的缫丝女工与资本家的剥削形成强烈冲击,渲染了影片的悲剧色彩。

影片中塑造的女工形象深入人心,不仅让观众看到明治时代下劳动人民的另一面生活,也激励着当代年轻人迎难而上。文学、电影等文艺作品,都是时代的一面镜子,折射着作者的敏锐视角与现实关怀。当山本茂实走访于野麦岭的山村时,他依靠大量文书记载以及女工们的口述史,形成文学报告,让读者了解更加真实的明治时代。而山本萨夫作为战后社会派导演,在刻画艺术形象时,糅入了更多个人体验以及审美情感,使其作品更具时代特色。

从工业到文化的储能与辐射：工业遗产保护与利用的成都“红仓模式”初探

严　鹏*

摘要：成都市成华区摸索出了工业遗产保护与利用的“红仓模式”，从工业储能与辐射的传统产业发展模式，成功转型到文化储能与辐射的后工业城市经济模式。与其他地区相比，成华区没有沦为“锈带”，也没有让工业遗产仅仅成为景观或纪念物，而是实现了产业再造与价值链重构，相关政府部门的导引作用功不可没。将工业遗产本身产业化，使地区经济能够保持不中断的循环，就是对工业遗产最好的保护，而这本身就是工业文化的一种发展。当以工业遗产为中介的地区经济形成新的循环后，“双循环”才能有健康的微观基础。

关键词：工业文化；工业遗产；红仓模式；成华区

习近平总书记在为《福州古厝》作的序中指出：“保护好古建筑、保护好文物就是保存历史，保存城市的文脉，保存历史文化名城无形的优良传统。”他同时指出，保护文化遗产与发展经济是辩证统一的：“在经济发展了的时候，应加大保护名城、保护文物、保护古建筑的投入，而名城保护好了，就能够加大城市的吸引力、凝聚力。二者应是相辅相成的关系。”与传

*　严鹏，华中师范大学中国工业文化研究中心。

统文物和名胜古迹相比，工业遗产是一种离当代并不遥远的文化遗产。作为工业文化的产物，工业遗产具有经济与文化的双重属性，保护与利用工业遗产不仅有利于传承城市文脉，而且能够促进经济发展的“双循环”格局。四川省成都市成华区是一个老工业区，随着城市更新，该区的产业出现了“退二进三”的演化，形成了大批工业遗存与工业遗产，而该区在保护与利用工业遗产的过程中，也逐渐探索出了富有特色的“红仓模式”。“红仓模式”最大的特点在于实现了从工业到文化的储能与辐射，让工业遗产重组为产业链，进而承载价值链，具有一定的推广价值和借鉴意义。

一、工业遗产与“双循环”格局

工业遗产是第二次世界大战后兴起的一个概念，传入中国的时间更晚。1978年，国际工业遗产保护委员会（The International Committee for the Conservation of the Industrial Heritage，以下简称“TICCIH”）诞生，成为目前具有权威性的国际工业遗产组织。2003年7月，TICCIH在俄罗斯北乌拉尔市下塔吉尔镇召开会议，通过了《关于工业遗产的下塔吉尔宪章》，对工业遗产进行了定义，成为工业遗产概念发展史上的里程碑。

2011年11月28日，在第17届国际古迹遗址理事会（以下简称“ICOMOS”）全体大会上通过了《国际古迹遗址理事会—国际工业遗产保护委员会联合准则：工业遗产、构筑物、区域和景观的保护》，简称《都柏林准则》（*The Dublin Principles*）。《都柏林准则》系目前国际上最新的有关工业遗产界定的共识。该准则对工业遗产的定义为：“工业遗产包括遗址、构筑物、复合体、区域和景观，以及相关的机械、物件或档案，作为过去曾经有过或正在进行的工业生产、原材料提取、商品化以及相关能源、运输等基础设施建设过程的证据。工业遗产反映了文化和自然环境之间的深刻联系：无论工业流程是原始的还是现代的，均依赖于原材料、能源和运输网络生产和分销产品至更广阔的市场。工业遗产分为有形遗产和无形遗产的维度，有形遗产包括可移动和不可移动的遗产，无形遗产包括技术工艺知识、工作组织和工人组织，以及复杂的社会和文化传统。这些文化财富塑造了社群生活，给整个社会带来了结构性改变。”应该说，《都柏林准则》对于工业遗产的定义比《关于工业遗产的下塔吉尔宪章》更为丰富和完备，在关注工业建筑物等物质遗存的同时，强调了包含精神文化的非物质层面的工业遗产。在阐释定义时，《都柏林准则》分析了物质工业遗产与非物质工业遗产的辩证关系：“工业遗产的意义和价值内化于建筑或遗址自身中，包括物质构造、部件、机械和布局，以工业景观和书面文件以及记忆、艺术和风俗等无形的记录作为呈现方式。”目前而言，《都柏林准则》对工业遗产的定义最具官方性与权威性，是工业遗产认知与实践的重要基础。该准则的中文版本经中国工信部工业文化发展中心的马雨墨翻译、周岚审阅，以中英文对照形式发布于 TICCIH 网站。

中国接触工业遗产这一概念较晚。直到 2002 年之后，在学术刊物与媒体上才开始见到一些讨论。2006 年对中国的工业遗产事业来说是一个重要的节点。当年 4 月 18 日的“国际古遗址日”，中国工业遗产保护论坛在无锡举行，发表了《无锡建议——注重经济高速发展时期的工业遗产保护》（以下简称《无锡建议》），以文物界为主体的学者和各界人士开始明确提出要重视和保护工业遗产。《无锡建议》对工业遗产的界定与《下塔吉尔宪章》相仿，重点强调了在中国经济高速发展时期，工业遗产受到了各种威胁，包括工业外迁导致城内旧工业区废置、传统工业衰退导致不少企业“关、停、并、转”、未被界定为文物的工业建筑物正急速消失等。因此，《无锡建议》呼吁：①“提高认识，转变观念，呼吁全社会对工业遗产的广泛关注”；②“开展工业遗产资源普查，做好评估和认定工作”；③“将重要工业遗产及时公布为文物保护单位，或登记公布为不可移动文物”；④“加大宣传教育力度，发挥媒体及公众监督作用”；⑤“编制工业遗产保护专项规划，并纳入城市总体规划”；⑥“鼓励区别对待、合理利用工业遗产的历史价值”；⑦“加强工业遗产的保护研究，借鉴国外工业遗产保护与利用的经验和教训”。这些建议，时至今日仍然是中国工业遗产保护工作所致力于实现的目标。

综上所述，工业遗产是一个 20 世纪后期形成的较新的概念，目前为止无论是其学理内涵，还是其公众认知度，都无法与传统的文化遗产概念相提并论。但工业遗产和传统文化遗产一样，都是人类社会的宝贵财富，既见证了历史的发展，又传承着精神文化与价值观。18 世纪中叶发生的工业革命改变了人类的历史进程，工业社会创造了人类历史上前所未有的生产力。然而，工业革命是一个创造性毁灭的进程，工业化加速了人类的创新，但也使工业本身的自我淘汰速度远远高于农业和手工业。可以说，工业遗产是工业创新的某种副产品。从社会角度看，作为工业历史遗留物的工业遗产，是工业文明自我记忆的凝结，是工业社会的一种新的“乡愁”。在工业化的最初阶段，人们的乡愁寄情于在工业社会中不再作为主要活动场域的乡村，而到了工业化自我革命的阶段后，生长于工业社会与城市文明中的人们，对工业与城市自身的遗迹产生了怀旧与眷念，这就是工业遗产本质性的起源。因此，工业遗产是现代社会历史的一部分，是城市文脉的重要构成，是现代人自己创造与留下的文化传统。这是保护工业遗产的基本依据与出发点。

工业遗产不同于一般的文物或传统文化遗产，在保护的同时，必须妥善加以利用，才能真正将其价值发挥出来。况且，由于工业遗产的物质遗存体量大，维护成本高，维护周期密集，其保护费用等同于再度投资，在不可能完全依靠财政支持的情况下，也只能采取以利用促保护的途径。2019年11月，习近平总书记在上海考察时，来到杨浦区滨江公共空间杨树浦水厂滨江段，指出滨江的“工业锈带”如今已经变成“生活秀带”，城市归根结底是人民的城市、老百姓的幸福乐园。将“工业锈带”变为“生活秀带”，就是对工业遗产进行保护与利用的过程。

工业遗产大致分为两类，一类是本身仍在从事工业活动的活态工业遗产，另一类则是退出工业领域而丧失原初功能的工业遗产。活态工业遗产的主体即工业企业，或者仍在利用其遗产要素进行工业生产，或者拥有充裕的资金投入到遗产要素上，其遗产的保护与利用通常问题不大。真正需要从外部获取大量支持的工业遗产，是那些已经退出工业领域的主体，这些主体构成了“工业锈带”。“工业锈带”的形成，意味着该地区原有的经济循环被切断，而其留下的物质工业遗产，必须设法进入到新的地区经济循环中，否则只能在荒废闲置中不断破损，或者沦入被彻底拆除清空的命运。从保存工业历史和城市文脉的角度说，对“工业锈带”中有价值的工业遗产必须进行保护。而从将“工业锈带”转变为“生活秀带”的角度说，唯有对工业遗产进行利用，发挥其经济价值，才能为保护找到资金来源，并聚集社区再生所需的人气，将保护落到实处。

因此，结合工业遗产的实际情况，进行空间再利用，积极发展创意产业、文化产业、工业旅游等产业，既是工业遗产保护的必由之路，也是创造新的地区经济循环的路径。非活态工业遗产的形成，意味着当地的生产要素已经不适合发展工业，但是，旧的工业建筑和厂区，提供了可以再利用的空间。例如，一些老工业城市“退二进三”，将制造业迁出市区，而在老城区利用原有的工业厂区发展创意产业、餐饮业、娱乐业等服务业。这样既保留了城市的工业记忆，又使城市经济能继续保持活力，还为工业遗产的维护等提供了资金，解决了工业遗产保护与地区经济发展之间的矛盾。这样打造的“生活秀带”就是一种新的经济循环。此外，依托工业遗产开展工业旅游、工业文化研学，则既传播了优秀的工业文化，发挥了工业遗产的核心价值，又能刺激地区相关配套产业的发展，在经济与文化之间形成良性的互动。在这一方面，不同地区可因地制宜，发挥本地工业遗产的特色。

因此，将工业遗产本身产业化，使地区经济能够保持不中断的循环，就是对工业遗产最好的保护，而这本身就是工业文化的一种发展。当以工业遗产为中介的地区经济形成新的循环后，“双循环”才能有健康的微观基础。

二、工业储能与辐射：成华区工业文化的形成与积累

工业文化有广义与狭义之分，狭义的工业文化“是伴随工业化进程而形成的，包含工业发展中的物质文化、制度文化和精神文化的总和”。就这几种类型的工业文化来说，“工业物质文化是基础和前提；工业制度文化是协调和保障；工业精神文化是核心和根本”。[①] 工业文化是工业遗产的基础，工业遗产是工业文化在特定时空中演化的产物。因此，工业遗产的本质性价值是由工业文化赋予的。

成华区位于成都市东部，是中华人民共和国成立后逐渐兴起的老工业基

---

① 王新哲、孙星、罗民：《工业文化》，北京：电子工业出版社，2016年，第40页。

地，对于成都乃至整个大西南地区，起到了工业储能与辐射的作用。在工业储能与辐射的过程中，成华区形成了自己的工业文化，而成华区工业文化的积累，为日后该区工业遗产提供了最基本的资源。

实际上，此处所说的成华区只是一个基于现实行政区划的泛指，用以指代该行政区划的地理空间内所形成的成都的一个工业区。成华区位于成都市区东北部，于 1990 年 10 月经国务院批准正式建区，隶属成都市。在建区之前，其地域曾分属成都县和华阳县、成都市东城区和金牛区。成华区即因成都县和华阳县而得名。[①] 因此，成华区的工业文化实际上形成于该区正式建区前，可以被称为成都的“东郊工业区”，但为了叙述方便，本文统以成华区来叙述和表述。

总体而言，成华区的工业是中华人民共和国成立后在几乎一片空白的基础上逐渐形成和壮大的，是一个储能与辐射的演化过程，体现了艰苦创业和自强不息的工业文化。这种工业文化，是成华区工业经济的精神内核，也是成华区工业蓄势储能的动力机制。在中国工业史上，成华区占有一席之地，因为它是中国电子工业的摇篮之一。在苏联援助中国的 156 项重点工程中，电子工业占 9 项，其中 4 项集中布点在成都东郊，包括锦江电机厂、成都无线电厂、西南无线电器材厂和雷达探照灯厂，其中雷达探照灯厂后来取消，其他项目均顺利建成。后来国家又追加了国光电子管厂项目，该厂最初拟在德阳筹建，1958 年改在成都建设，1963 年工厂建成。成都的 788 厂原拟生产配套军用高照度探照灯，但该产品为苏联在 20 世纪 30 年代的淘汰产品，且国外研制出了飞行高度在两万米以上的飞机，探照灯本身容易暴露目标，788 厂就于 1957 年停建。同年，该厂转为国营成都红光电子管厂，沿用原有班子，于 1958 年开工建设，内部代号为 773 厂，建厂时只有一个维修车间和一座库房。

红光厂早期主要从事军用真空显示器件生产，设计规模为显像管、指示管、示波管、摄像管四大类共 11 个品种，年产 60 万只。建厂初期，一些苏

---

① 成都市成华区地方志编纂委员会编：《成都市成华区志（1990—2005）》，北京：新华出版社，2014 年，第 35 页。

联专家到厂指导工作，培训技术人员。由于中苏关系恶化，该厂引进苏联设备实际到货2 214台，仅占应到设备数的50%。当11名苏联专家撤离后，红光厂根据当时国家的需求改变产品生产方案，自力更生，建立了自己的研究开发基地和生产车间，采用代用设备、小型配套等办法组建3条显像管生产线，核定年产量15万只，1961年底基本建成，1963年12月基本建成投产，验收后生产14英寸—17英寸黑白显像管、示波管、指示管及摄像管等四大类共10个品种的电子束管。从1958年末红光电子管厂玻璃筹备组成立之日起，该厂就艰苦创业，自行设计、砌筑了烧煤坩埚炉和退火炉，采用零件车间废旧的冲床改制成了成型机。没有通煤气时，该厂玻璃系统全体职工就用炭花做加热模具和模圈的燃料，终于在很短的时间内，试制出中国第一只对角线35厘米黑白显像管玻壳。[①] 1964年红光厂生产出全国第一只批量生产的黑白显像管。

1966年后，李铁锤担任该厂彩色显像管突击队队长，生产出第一只彩色显像管。不过，当时生产出的彩色显像管成本每只8万元，卖出去的售价仅2万元，亏损过高。1968年下半年，国家发出全民大办彩电的号召，红光厂因为拥有吴祖垲等一流的电子束管专家和技术试制基地，成了彩色显像管试制的首选单位。试制开始就遇到新增工序工作地、设备、设施、仪器、仪表、技术资料、原材料等诸多困难，红光厂职工设法一一克服：没有工作场地，研制人员就把大楼西端底层的大通风间改造成曝光、焊网、测试等工作间；没有设备，该厂职工就组成攻关组，连夜自行设计，制造简易电子束曝光台、焊网机、测试台和飞点扫描彩色图像发生器。[②] 除了自力更生精神外，研制人员还体现了忠于职守的敬业精神和精益求精的工匠精神：“在那段时间，设计所大楼几乎夜夜灯火通明，二楼东端的六室试验室里，谢晓元全神贯注地在研究、优化单枪三束电子枪的各种参数，最终解决了电子束聚焦和对中的难题，为新管型作出了重大贡献；在西端六平方米的狭小涂屏间，童

① 中国人民政治协商会议成都市成华区委员会学习文史委员会编：《激情岁月：成都东郊工业史话》（内部），2009年，第84页。

② 中国人民政治协商会议成都市成华区委员会学习文史委员会编：《激情岁月：成都东郊工业史话》（内部），第119—120页。

振仁、陈如密、郁增蓉、王怀德、刘永全以所为家，克服涂屏间环境极差，既无空调设备，也无恒温、恒湿、超净环境，仅有一台抽风机排放有害气体等困难，以大智大勇的革命精神和逐日积累的经验攻下了全流程涂屏关键中最难的混色关。”① 红光厂的创业历程很典型地诠释了成华区工业文化的原初内涵，也从一个侧面展现了工业文化对于工业发展的促进作用。

红光厂内部的工业文化聚合变化是一个工业储能的过程，而积累到一定程度后，其工业文化就对外辐射，对中国工业化发挥重要作用。上海电子管厂、上海灯泡厂、电珠一厂和北京、南京、天津、长沙、韶山、广州等地的72家企业都到红光厂学习取经。当时来学习的技术人员中有长沙曙光电子管厂的周子正，他提出“不但要参观学习，还要逐个工序实习一段时间”。后来周子正成了安彩集团总工程师。这就是成华区的工业辐射，也是该区工业储能到一定阶段后的必然结果。

除了电子工业的代表红光厂外，成华区其他工业企业同样依靠艰苦创业的工业文化进行了工业储能。例如，成都量具刃具厂就是勤俭办厂的典范。该厂最初系川西机械厂建厂办事处，包含国民党留下的川西机械厂（后来的南光厂）老厂，后来又与老厂分开，确定为制造通用设备的工厂成都刃具厂，代号205厂。1955年，成都刃具厂选址重建，后来依靠哈尔滨量具刃具厂的支援进行建厂，厂名也正式定为成都量具刃具厂。1957年，朱德视察了成都量具刃具厂，于3月16日向中央提出报告，称赞该厂建厂经验符合中央增产节约指示精神，应该加以介绍和推广。报告指出成都量具刃具厂的主要经验包括“一、重复使用哈尔滨量具刃具厂的设计图纸，因而节约了设计的时间和费用……二、在建设程序上采用先生产后福利，先厂房后办公楼，先建主要生产厂房，后筑一般辅助性的建筑……三、在投资使用上精打细算……四、设备上尽量采用国内制造的产品，该厂设备百分之八十以上为国内制造的。”② 这一工业文化储能—辐射的模式，刻在了成华区的工业基因里。

---

① 中国人民政治协商会议成都市成华区委员会学习文史委员会编：《激情岁月：成都东郊工业史话》（内部），第120页。

② 中国人民政治协商会议成都市成华区委员会学习文史委员会编：《激情岁月：成都东郊工业史话》（内部），第61页。

成华区工业的崛起，离不开铁路的建设，铁路及其附属产业构成了成华区工业储能的重要环节。1952 年，成渝铁路通车，而就在通车当天，宝成铁路破土动工，成都东郊成为铁路线上的一个重要节点。1958 年，成都火车东站在成华区境内兴建，1961 年正式建站，位于成都东北郊八里庄，车站位于宝成、成渝、成昆 3 条铁路干线及达成铁路的交汇点，占地 1 230 亩，货场仓库使用面积 26 071 平方米，年货运吞吐量 1 353 万吨，是全国铁路七大零担运输中转组织站之一。[①] 与铁路配套的一是 1952 年搬迁至成都的成都机车车辆厂，为铁路提供机车车辆修理服务。二是在成都东郊兴起的仓储业。1956 年，成都商储（集团）有限公司的前身——四川省成都市商业储运公司成立，该公司位于二仙桥西路 34 号，占地 120 亩。四川煤矿储运分公司成立于 1957 年，原名四川煤矿建设物资转运站，位于二仙桥东路 13 号，占地 120 亩。西藏自治区贸易总公司驻成都采购站成立于 1957 年，位于二仙桥西路 18 号，占地 23.3 亩。1950 年代，成都东郊还建有邮电器材 102 仓库、邮电 106 仓库、中药材 522 仓库、土产 533 仓库、陶瓷 533 仓库等一批仓库。[②] 成都东郊的仓储业使成华区的工业具有了名副其实的“储能”功能，进而使成华区成为大西南工业辐射的中心之一。这是成华区在历史中形成的得天独厚的工业文化资源。

改革开放以后，成华区工业经历了一段时间的继续发展。1991 年，成华区有区属工业企业 198 个，其中，国有工业企业 3 个，集体工业企业 184 个，联营企业 2 个，工业总产值按 1990 年不变价为 48 258 万元，利税总额 2 203 万元。到 2001 年，成华区域内有工业企业 3 168 个，其中，国有和年收入 500 万元以上的非国有工业企业 114 个，区属工业企业 3 054 个，工业总产值按 1990 年不变价为 1 017 213 万元，利税总额 202 410 万元。2005 年，成华区工业总产值 121.54 亿元，比 2001 年增长 0.19 倍，利税总额 13.06 亿元，比 2001 年下降 0.54 倍。[③] 成华区经过几十年的发展，积累了深厚的工业文

① 中国人民政治协商会议成都市成华区委员会学习文史委员会编：《激情岁月：成都东郊工业史话》（内部），第 80 页。

② 中国人民政治协商会议成都市成华区委员会学习文史委员会编：《激情岁月：成都东郊工业史话》（内部），第 79 页。

③ 成都市成华区地方志编纂委员会编：《成都市成华区志（1990—2005）》，第 317 页。

化。成华区的工业文化资源，在产业结构变动之时，就转化为了丰厚的工业遗产资源。

三、文化储能与辐射：成华区工业遗产的保护与利用

成华区的工业经济随着成都市整体社会经济的发展而发生了变迁，大量工业企业搬迁至区外，留下的旧厂区与仓库等，形成了工业遗存或工业遗产。成华区通过对工业遗产的保护与利用，在工业退出的新形势下，依托长期沉淀的工业文化，形成了文化储能与辐射的新局面，填补了工业退出后的产业空缺，有效维持了地区经济循环。这一过程逐渐形成了成华区独具特色的“红仓模式”。

（一）文化储能：工业文化生成工业遗产

随着时间的推移，成都市作为中国西南地区的区域性中心城市，规模不断扩张，城市功能尤其是原有城区的职能，也相应地发生着变化。以成华区来说，原本一直是成都市的郊区，故有东郊之名，但在城市扩张大势下，也逐渐中心城区化。与这一过程相伴随的是，各类要素的价格出现相应的变化，而依赖各类要素发展的产业也面临着成本变化。在成华区发展工业的成本越来越高。根据2000年的调研，成都东郊成华区、锦江区区域规划56.24平方千米的超过30%以上是工业用地，影响了城市建设和发展。而在企业方面，东郊工业企业尤其是曾经辉煌的老国企厂房破旧、设备落后、产品落伍的状态也具有普遍性。在环保方面，当初在沙河两岸建厂，只考虑排污方便，但随着东郊中心城区化，工业排放已经成为严重的问题，每年上千吨的生活垃圾、一万余吨粉煤灰流入沙河河道，沿河500多个排污口每天排放上万吨污水，河道淤积总量达31万多立方米，年排入污水量1.5亿立方米。①

① 中国人民政治协商会议成都市成华区委员会学习文史委员会编：《激情岁月：成都东郊工业史话》（内部），第215—216页。

在这种形势下，成华区工业按传统模式发展，其竞争力只会下降，而城市与工业之间也不能形成相得益彰的良性循环，反而会陷入互相排斥的恶性循环。表1为1991—2005年成华区地区生产总值贡献率统计，可以看到工业的比重长期来看经历了从上升到下降的趋势。

表1　成华区各产业地区生产总值贡献率（1991—2005年）

年份	国内生产总值（%）	第一产业（%）	第二产业			第三产业（%）
			总计（%）	工业（%）	建筑业（%）	
1991	100	0.7	38.6	32.6	6.0	60.7
1992	100	0.8	49.3	42.9	6.4	49.9
1993	100	2.7	57.4	50.7	6.7	39.9
1994	100	2.7	56.8	49.7	7.1	40.5
1995	100	1.7	53.6	47.4	6.2	44.7
1996	100	-1.7	54.4	46.6	7.8	47.3
1997	100	0.8	52.9	44.7	8.2	46.3
1998	100	0.7	52.1	47.9	4.2	47.2
1999	100	-3.4	53.8	45.1	8.7	49.6
2000	100	0.7	37.3	34.8	2.5	62.0
2001	100	-0.6	54.6	46.6	8.0	46.0
2002	100	-0.7	43.9	37.7	6.2	56.8
2003	100	-0.9	44.0	32.4	11.6	56.9
2004	100	-1.0	52.3	49.7	2.6	48.7
2005	100	-1.5	51.2	37.3	13.9	50.3

资料来源：成都市成华区地方志编纂委员会编：《成都市成华区志（1990—2005）》，第597页。

实际上，成华区经历了不少大城市中心城区都出现过的“退二进三”产业演化现象。这并不意味着成都市出现了大规模的去工业化，因为一批工业企业只是从曾经的东郊转移到了更加偏远的郊区。对那些转移的东郊工业企业来说，在更偏远的郊区能够获取更低成本的要素，更有利于发展，因此，这实际上还是成华区工业在储能后的一种辐射。

成华区及整个成都东郊的产业结构变迁，既是产业自然演化的结果，也与政府具有前瞻性的政策有密切关系。从 2001 年开始，成都市就开始实施东郊工业区结构调整的重大决策，简称为“东调”，其思路为“改原有的政府组织、企业参入方式为政府引导、企业为主体、市场化运作模式；在对东郊工业区进行结构调整的同时，辅之以沙河整治，进一步带动东郊土地的全面升值；利用东郊与区县开发区土地的级差地价，对企业实施搬迁改造；通过招商引资、联合重组、制度创新、技术改造实现搬迁企业的发展壮大；通过对企业搬迁后土地的综合整治与开发，改善东郊城市功能”。[①] 东调的重点调整区域为一环路以外，南至府河以内，东至沙河以内，北起解放路北，沿驷马桥经八里庄、二仙桥接牛龙路至沙河口，涉及规模以上企业共 104 户，涉及土地 17 096 亩、职工 13.15 万人、资产 259.86 亿元。纳入东调的企业向成都市的高新区、经济技术开发区、青白江区、新都区等各工业集中发展区搬迁，形成聚集效应和规模效应。从 2001 年 8 月启动到 2006 年 10 月，东调历时 5 年，耗资 500 多亿元，先后有 12 批共 160 户规模以上企业实施搬迁改造，累计完成新厂建设投资 160 亿元，涉及总资产 320 多亿元、职工 15.1 万人、工业用地 1.5 万亩。[②]

东调政策在一定程度上可以解释成华区工业产值贡献率的降低问题。该区纳入搬迁计划的规模以上企业共计 12 批 75 家，含连带搬迁规模以上企业 7 家、规模以下企业 1 家。从 2002 年到 2006 年，成华区共调整推出东调企业用地 3 690 亩，有 2 200 余亩上市交易，引进了万科地产、上海世茂、香港华润等品牌企业进行开发建设。[③] 应该说，即使没有东调，成华区也会出现产业结构变迁，而东调加速了产业演化的自然趋势，并用“政策之手”对其

① 中国人民政治协商会议成都市成华区委员会学习文史委员会编：《激情岁月：成都东郊工业史话》（内部），第 218—219 页。

② 中国人民政治协商会议成都市成华区委员会学习文史委员会编：《激情岁月：成都东郊工业史话》（内部），第 219 页。

③ 中国人民政治协商会议成都市成华区委员会学习文史委员会编：《激情岁月：成都东郊工业史话》（内部），第 221 页。

进行了有序导引，尽可能消除了老工业区常出现的“锈带”综合征。

成华区的产业结构变迁，使其工业文化同步演化。从物质层面说，一些工业遗存保留下来，在失去工业储能与辐射的功能后，依旧储存与蓄积着长期积累的工业文化，从而具有了不自觉的文化储能功能。之所以说这种文化储能功能是不自觉的，是因为工业遗存只是工业文化的一种载体，是工业文化所附着的天然的空间，但是，无形的工业文化并不必然从有形的物质遗存中显现，工业文化所具有的价值，需要人们自觉的活动去认识、挖掘、提炼与利用。进一步说，只有当工业文化价值被挖掘和发挥后，工业遗存才能变成严格意义上的工业遗产，而工业遗产才是一种真正具有文化储能功能的物质存在。从这一点来说，东调只是成华区后工业产业演化的第一个阶段，同时也并非一个必然具有后续延展的阶段。比如，假如成华区将原有的工业遗存全部铲平来建设住宅楼，就不会有工业遗产存在，该区的产业演化和城市功能形态亦将锁定，城市工业文化的文脉亦将断绝。这种演化结果，在世界范围内，事实上也很普遍。

但是，成华区从主动进行产业结构调整的开始，就自觉储存该区丰厚的工业文化。2005 年 12 月 31 日，成都市在建设南路利用原成都宏明厂（即原西南无线电器材厂）机修车间，改建为馆舍占地 74 亩的成都东郊工业文明博物馆。[①] 该馆是西南地区首座利用旧厂房改造的主题公园式新型博物馆，集成都市工业历史展示和文化产业于一体，整个室外展区面向沙河，形成一个小型的工业公园，室内展区利用展板、展柜等图片及实物来再现当年东郊工业的红火场面以及工人生产、生活场景。[②] 从某种意义上说，该馆是成华区产业发展模式从工业储能演化到文化储能的一个原点，因为只有从观念上意识到工业文化的重要性，要为地区保留工业文化文脉，才能有后续的工业遗产进入地区经济新循环。换言之，在产业结构转换的过程中，文化储能是老工业区产业蝶变的一个必经阶段，其意义堪比老工业区创业初期的工业储

① 中国人民政治协商会议成都市成华区委员会学习文史委员会编：《激情岁月：成都东郊工业史话》（内部），第 233 页。

② 中国人民政治协商会议成都市成华区委员会学习文史委员会编：《激情岁月：成都东郊工业史话》（内部），第 241—242 页。

能。到了一定程度后，就像工业储能形成工业辐射一样，由文化储能引发的文化辐射，会带来产业发展的新变化与新格局。

（二）文化辐射：工业遗产承载新价值链

成华区在产业结构转型过程中，注重保存工业文化文脉，从而使一批工业遗产得以在新的产业链中发挥文化储能的作用，再通过工业文化的辐射带动新价值链的形成，由此构造出新的地区经济循环。工业遗产也因此成为新价值链的承载者，而非城市更新的负担。

与全国其他地区相比，成华区工业遗产的特色在于其形成了新的产业聚集区，并隐然有新产业集群的雏形。在成华区相对紧凑的空间内，工业遗产与工业遗存较为密集，并形成一个个相对完整的园区，这一点得益于其工业遗产保护与利用工作的落实。换言之，成华区的产业再造，充分利用了原有的工业留存要素，也就在保留凝结了城市工业记忆的工业遗产的同时，让这些遗产充分活化起来，演化为新的产业形态。毋庸置疑，成华区工业遗产所承载的新产业形态是后工业的，但由于工业遗产本身是工业文化的载体，保留后的工业遗产实现了工业文化的辐射，为成华区的新产业赋予了文化的厚重感，使新产业不仅具有经济价值，还具有不可替代的文化价值，由此形成了新的价值链。这促使成华区的产业再造成为可能，摆脱了老工业区的“锈带”诅咒。

成华区在工业储能转化为文化储能的基础上，形成了一批具有各自特色的工业遗产，每一处工业遗产皆寓保护于利用，成为新的产业园区。以红光电子管厂旧址为基础形成的东郊记忆被评为工信部国家工业遗产，是成华区目前最具代表性的工业遗产产业园区。东郊记忆 · 成都国际时尚产业园是成都市委、市政府交由成都传媒集团在原红光电子管厂旧址上改建而成的文创产业园区。园区坐落于成都市东二环路外侧，占地面积 282 亩（商业用地 205 亩、公园绿地 77 亩），建筑面积约 20 万平方米，园区总投资约 20 亿元，于 2011 年 9 月 29 日正式对外开放。园区坚持“时尚设计与音乐艺术双柱求发展”的发展定位，由成都传媒集团下属全资子公司成都传媒文化投资有限公司负责投资、开发、建设和具体运营。目前，园区已入驻今日头条、香港文旅卫视、紫光影业、深圳合纵音乐集团、华星璀璨、繁星戏剧村、开心麻花、名堂、容艺艺术教育、中国新视觉影像艺术中心、Domartist设计美学馆等116家优质企业，业态涵盖时尚创意、数字音乐、新媒体、展览演艺、教育培训、娱乐体验等产业。东郊记忆以发展时尚产业为其战略，在工业遗产的空间内以遗存保留的形式展现了红光电子管厂所蕴含的艰苦创业的工业文化，同时又通过新业态的生长来进行成华老工业区的再创业，使工业遗产在精神与产业两方面仍能保持活力。在这一过程中，成华区的工业文化也由传统大国重器文化向设计创意文化转型，形成新一轮的产业与文化双储能。

红仓·完美文创公园坐落于成都东郊文创集聚区腹地，占地约49亩，原为始建于20世纪50年代的禾创医药仓库工业遗产点位（前身为成都医药采购供应站仓库）。2017年11月，成华区携手完美世界控股集团，共同打造完美文创公园，隶属于成华区“红仓”品牌体系工程。园区以仓储文化为主题，深度挖掘梳理4 000年以来仓储文化的精华和要义，打造仓储文化特色铺装大道，形成了最具特色的园区时光轴线，提升了园区文化内涵。同时，在改造过程中完成了园区植物造景、立体绿植墙设计安装、雕塑及功能坐凳设计制作、VI导视导览系统及标识标牌的设计安装、园区宣传片制作、音乐旱喷、园区光彩效果等七项专题亮点工作，确保了园区从外部视觉效果到内部文化提炼全方位呈现。红仓·完美文创公园在利用具有标识性的品牌来打造工业遗产产业，将成华区原有的工业文化延展为仓储文化，既在宣传层面进行了文化赋能，又使工业遗产本身成为文化产业的存储器。

中车科技园成都项目是成华区工业遗产保护与利用的另一种模式，即由中国中车股份有限公司操盘，利用了成都机车车辆厂旧址，在保留与保护历史优秀建筑与部分旧厂房的同时，进行综合性的地产开发，将园区打造为一个“微城市”。在产业业态上，该项目同样开发的是后工业的数字娱乐产业，与东郊记忆等成华区其他工业遗产园区业态形成聚集与联动。

因此，经过一段时间的演化与发展后，成华区的工业遗产已经完成了从工业储能到文化储能的转化，并由文化储能向文化辐射的阶段迈进。这一模式，或许可以初步以“红仓模式”来命名。在工业遗产的空间里，新的产业链正在发育，但逐渐成长壮大的不仅仅是产业链，更是具有文化内涵的价值链。在“红仓模式”中，文化不仅仅是一种静态的怀旧追忆与历史展示，还是实际的生产力，是成华区后工业产业的产品基因和生产方式。于是，成华区的老工业区转型，没有沦为问题丛生的“锈带”，也没有斩断长久的文脉，而是以工业文化为抓手，在产业再造的基础上构造了新的价值链，从而使地区经济的新循环得以畅通。

四、小　结

成华区工业遗产保护与利用事业充满活力，是一个方兴未艾的新兴事业。因此，现阶段尚无法对“红仓模式”进行有效的总结，因为这一模式具有鲜活的生命力，充满自我塑造与调整的创造力，在文化辐射的作用下，还会不断创新。如果从目前的成绩出发来总结，“红仓模式”最大的特点就在于，从工业储能与辐射的传统产业发展模式，成功转型到文化储能与辐射的后工业城市经济模式。与其他地区相比，成华区没有沦为“锈带”，也没有让工业遗产仅仅成为景观或纪念物，而是实现了产业再造与价值链重构，相关政府部门的导引作用功不可没。在“红仓模式”中，成华区的工业遗产不是零星散乱的单个园区点缀在老工业区，而是老工业区整体实现产业转型，这是最值得深入探究的工业遗产活化机制。在中华人民共和国成立初期，成华区以艰苦创业的工业文化成为中国电子工业等新兴工业的辐射地，在高质量发展的新时代，成华区也必将以工业文化产业化的“红仓模式”，成为双循环格局下的新价值链高地。

工业遗产语境下广州协同和机器厂的活化利用

黄　蓉*

摘要：中国走过近两百年的工业历程，留下了丰富的物质遗产和非物质遗产，是我国工业发展和城市记忆的重要见证。活化利用是指让工业遗产融入当代生活，使其成为公众日常生活的重要组成部分，对工业空间的创意产业园改造是其中一种常见方式。本文以协同和机器厂旧址上兴建的广州市宏信922创意园为个案，综合分析地方工业文化遗产再利用的内在动力与表现形式，从而探讨产业结构转型与城市空间更新、文化创意业态的共融共创，以期为工业遗产活化利用与创意产业园区开发经营提供镜鉴。

关键词：工业遗产；协同和机器厂；活化利用；创意产业园

《世界遗产名录》（World Heritage List）将工业遗产（Industrial Heritage）列为重大遗产保护类别以来，这种全新的文化遗产类别及其紧密关联的价值评估与保护利用问题逐渐从政府、学界的议程走入大众的视野。正如“工业较发达的国家向工业欠发达的国家展示了后者未来的图景”①，工业遗产作为工业化与城市化发展到一定阶段的必然产物，早期工业国家改造与复兴传统工业区的经验为后发展国家提供了参考。西方国家对工业遗产的关注始于20世纪50年代在英国兴起的“工业考古学”（Industrial Archaeology）。大量旧

---

* 黄蓉，华中师范大学中国近代史研究所。

① ［德］卡尔·马克思：《资本论》，中共中央马克思恩格斯列宁斯大林著作编译局译，北京：经济科学出版社，1987年，第3页。

工厂在技术革新浪潮的冲击下倒闭、毁弃、重建，学者们萌发了工业遗存保护的初步意识，呼吁对工业革命与发展时期的物质性工业遗迹和遗物加以记录和保护。

经过半个多世纪的发展，英、美、德、日等国对于工业遗产的保护，寓于适当的再利用之中，模式多种多样。[①] 其中，工业空间的创意产业园改造是目前工业遗产保护、管理和更新的一种常见方式，国内外都有大量的成功案例。广州协同和机器厂是近代中国民族工业重要代表之一，是华南地区机械制造业的骨干，曾诞生“中国第一台柴油机”。2009 年，在协同和厂旧址上打造开发了产业、文化、旅游和社区四位一体的宏信 922 创意园，为实现经济建设与遗产保护的协同共生提供了良好示范。

一、背景：百年老厂的历史积淀

（一）协同和机器厂的发展沿革

历史赋予了工业遗产以稀缺性，这是工业遗产乃至任何文化遗产价值生成的根本点。[②] 遗憾的是，工业遗产虽然从考古学中发源，却并未进入历史研究的主流话题，主要集中在建筑、城市规划甚至旅游资源等领域的探讨上。多数研究者对工业遗产的历史价值往往只做整体性考量，似乎存在时间愈久者价值愈高，缺少对其产生背景与社会活动的具体关照。因此，对工业遗产综合价值做出恰当评估，需要重回“工业”成为“遗产”的历史现场。

19 世纪中叶以降，中国各阶段的近现代化工业建设留下了各具特色的工业遗产，构成了中国工业遗产的主体，见证并记录了近现代中国社会的变革和发展。[③] 广州得风气之先，成为中国近代民族工业重要发祥地之一。在民国初年“兴办实业”的热潮之下，广州均和安机器厂技师陈拔廷、陈沛霖与

① 整体而言，工业遗产再利用实践主要包括工业博物馆模式、景观公园模式、创意产业园区模式、综合开发模式等。

② 严鹏、陈文佳：《工业文化遗产：价值体系、教育传承与工业旅游》，上海：上海社会科学院出版社，2021 年，第 11 页。

③ 《无锡建议——注重经济告诉发展时期的工业遗产保护》，国家文物局文保司、无锡市文化遗产局编：《中国工业遗产保护论坛文集》，南京：凤凰出版社，2007 年，第 1 页。

碾米厂老板何渭文三人筹出资金1.2万银元创办了协同和碾米厂。广东珠三角洲一带盛产粮食，对加工稻谷的机器需求旺盛，陈拔廷吸取美制与德制碾米机的长处，自制成出米率更高的“米磨二号”碾米机，深受客户欢迎。1912年吸纳股东，在米机厂旁创建协同和机器厂（下文简称“协同和厂”），今位于广州市荔湾区芳村大道东毓灵桥北侧，主营业务是生产自制米机，兼营机器修配。机器厂开办时十分简陋，设备只有旧车床2台、钻床1台，需要凿墙开洞，把皮带伸进米机，借用动力来开动机床。[①] 虽然起步维艰，但技师出身的陈拔廷“习见机器，善于模仿、吸收外国先进技术”，又注意根据实际需要加以改进，几年时间内协同和厂便在广东机械工业界站稳了脚跟。例如，该厂发现英商亚细亚火油公司的一艘火胆柴油机邮轮停泊在大涌口附近江面，陈拔廷待英国船员上岸过夜后，在该船中国船员的配合下，带领工人上船拆解机器、探究构造，逐件量好尺寸，绘制成图，以此为蓝本，着手仿制船用柴油机。经过反复调试，于1915年仿造成功一台75马力波轮打式火胆柴油内燃机，据记载这是第一台国产柴油机，意义非凡。[②] 不仅提高了协同和厂的声誉和竞争力，也对企业发展的方向产生重要影响，为进军内河航运业创造了有利条件。

“一战”爆发后，外国机器输入中断，协同和厂抓住时机扩大生产经营，产品销至临近省份，并远销往越南、泰国、新加坡、加拿大等地。1914年，协同和扩大经营，改建旧厂房，增添设备，工厂初具规模。1930年在香港开设分厂，两年后通过购置国外的新机器，引进新技术、新工艺，完成第三次扩厂。到1936年，协同和厂的生产水平达到了它在旧中国的顶点，职工350人，年产内燃机28台，拥有各类设备90台，包括当时华南地区厂矿所罕有的齿轮罗床、炮台车床、勾槽床和歪心软罗床[③]，同时独家具备铸造单件10 000余磅重量机件的能力[④]，成为华南地区最大的机器制造厂。令人扼腕

---

① 寿乐英主编:《近代中国工商人物志（第三册）》，北京：文史出版社，2006年，第68页。

② 寿乐英主编:《近代中国工商人物志（第三册）》，第71—72页。

③ 广东卷广州分册编辑组编:《中国资本主义工商业的社会主义改造·广东卷广州分册》，北京：中共党史出版社，1993年，第615页。

④ 广州立银行经济调查室编:《广州之工业》（上篇），广州商务印书馆广州分馆，1937年，第12页。

的是日军侵略打乱了发展态势。1938 年，日军迫近广州，陈拔廷及大部分工人迁往香港分厂，留下 20 余人护厂。广州沦陷后，日商福大公司将厂里 2/3 机器设备、原材物料劫运到海南岛。1941 年 12 月，香港陷落，协同和厂随之停业。日本投降后，陈廷拔将香港协同和机器厂的大部分运回广州，1946 年 6 月正式恢复营业，改组为协同和机器厂股份有限公司，但饱经日本铁蹄摧残加之内战动乱，生产陷于停顿和衰落状态，产值甚至无法与建厂初期比肩。

中华人民共和国成立后，在人民政府贯彻“发展生产，繁荣经济，公私兼顾，劳资两利”的经济方针下，协同和厂获得大量的国家加工订单，重焕活力。例如，中华人民共和国成立初期为广州纸厂复产修理柴油机，为内河船舶修理船机，为恢复广州通讯制造了大批电线杆螺栓，为解放军加工因解放海南岛改装机动船所需的螺旋桨尾轴等。1950 年和 1951 年，除了修理业务外，还生产了发动机 11 台、抽水机 8 台、碾米碾谷机多台、轧钢筋 1 070 吨，① 产值从 1949 年的 13 万元增长到 1951 年的 57 万元。② 1954 年 1 月，协同和机器厂实行公私合营。③ 1966 年 8 月改名为广州市柴油机厂，经过几代人的开拓与奋斗，如今在全国 500 家最大机械工业企业中位居前列，被列为广东省重点装备企业之一，“广柴品牌”享誉国际。2005 年，协同和厂房全部迁出，完成了原有功能的历史使命。2008 年工厂旧址被列为市级登记保护文物单位，2018 年入选首批中国工业遗产保护名录。

（二）协同和机器厂的遗产价值

中国文物学会会长单霁翔结合中国工业发展的实际情况，指出工业遗产应是一个时期一个领域领先发展，具有较高水平、富有特色的工业遗存。④

---

① 广东卷广州分册编辑组编：《中国资本主义工商业的社会主义改造 · 广东卷广州分册》，第 616—619 页。

② 《协同和机器厂工会在公私合营前、公私合营时的工作总结报告》，广州市总工会档案 · 92 卷宗 · 第 109 卷，第 134 页。

③ 协同和机器厂公私合营具体过程参见《中国资本主义工商业的社会主义改造 · 广东卷 · 广东分册》，北京：中共党史出版社，1993 年，第 619—631 页；王霞：《国家、资本家与工人：资本主义工商改造再研究》，北京：中国政法大学出版社，2016 年，第 135—144 页。

④ 单霁翔：《走过关键十年：当代文化遗产保护的中国经验（第 1 卷）》，南京：译林出版社，2013 年，第 125 页。

机械工业往往被视为“新式”“进步”或“资本主义”的性质，是国家或地区发展水平的标志。协同和机器厂作为近代华南地区机械工业的领军企业，既能体现广州机械工业发展中技术探索困境与突围，也显示出半殖民地国家工业化的路径和特征，无疑是兼具典型性与重要性的工业遗存。此外，国际工业遗产保护联合会关于工业遗产的概念中明确指出工业遗产具有“历史、技术、社会、建筑或科学”等价值维度，[1] 而后国际社会关于工业遗产保护的最新文件《都柏林准则》中，将非物质化的技术工艺知识、精神文化也纳入了工业遗产的价值范畴。[2] 由是观之，协同和工厂作为工业遗产的价值主要表现在企业史、技术史及蕴含其间的精神文化等方面。

从企业史的角度来看，协同和厂的经营策略和组织管理是其在广东机械行业中脱颖而出的重要原因。第一，协同和甫一建厂便非常重视修配业务，机器制造是随着生产发展逐年增加的，显现民营企业在内外局势动荡中的生存智慧：当遭受“一战”结束后外国机器商品倾销和资本主义世界经济危机爆发后国内市场变化时，协同和及时转回以修理为主，虽然工厂生产受到冲击，但始终能保持一定营业额支撑工厂运转；一旦情况好转，就有能力转到制造机器发展生产上。因此，工厂在全面抗战爆发前虽数次面临难关，基本仍向上发展。第二，紧紧抓住碾米和航运两个行业作为发展机器制造业务的支撑点，[3] 并根据市场需求变动转换产品结构，如制烟用的铁烟机、制糖用的榨蔗机、采矿业用的沙泵、家用的歪心轮式电力水泵等，符合经济学的比较优势（comparative advantages）原则，故能迅速壮大。第三，该厂的组织体系与同一时期其他广州机器厂相比，最为完备。经理之下分总务处，会计部、营业部、制造部、货物部、人事委员会、科学管理委员会、工厂建设委员会，[4] 留下了一批组织章程、人事动态、业务报告、奖惩制度的档案，[5]

---

① 本书编译组编译：《文化遗产监测国际文献选编》，上海：上海大学出版社，2020 年，第 148 页。

② 马雨墨译、周岚审阅：《都柏林准则》，载彭南生、严鹏主编：《工业文化研究》第 1 辑，北京：社会科学文献出版社，2017 年，第 196—197 页。

③ 中国人民政治协商会议广东省委员会文史资料研究委员会编：《广东文史资料·第 8 辑》（内部），第 6—7 页。

④ 广州立银行经济调查室编：《广州之工业》（上篇），第 7 页。

⑤ 协同和机器厂（全宗号 历字 101），广州市档案馆编：《广州市档案馆指南》，北京：中国档案出版社，1997 年，第 83—84 页。

同时是国内较早采用精密机床和正规管理方法的机器厂，1917年已使用比钻床加工精度更高的镗床，1932年还建立了制造单、记录工时制度，[①] 健全的组织管理为协同和厂的持续发展提供了保障。

从协同和厂的技术路径来看，初创时期改良米机到仿制第一台柴油机，打破了外国洋行技术封锁，显现出民族资本家强烈的技术革新意识，也能窥见当地文化与外来技术磨合状况。需要指出，协同和厂所需的生产原料，如钢材和生铁一直依靠从香港进口，同时某些机器零件如柴油机曲轴、高压油管仍需向外商购买，在技术设计方面对外依赖性大。究其原因，民国时期国家能力虚弱，没有切实可行的振兴民族工业和建立民族工业基础的计划，包括广州在内的近代中国机器业多是对西方生产设备和技术引进复引进，仿造复仿造，难以形成自己相对独立的工业生产体系。[②] 另外，协和厂车间生产还保留着相当大程度手工劳动，显示出民国时期广东地区手工业和机器工业的并行结构及互补关系。协同和厂的技术发展路径正是近代中国重工业演化史的缩影。

总体而言，协同和机器厂对民国时期华南地区的航运、碾米和矿业都起到了推动作用，又凭借一定规模和较好技术基础在新中国初期工业化建设中发挥了重要作用，改革开放后为社会主义现代化建设做出更大贡献，一百多年来的兴衰沉浮构成协同和厂工业遗产的独特底蕴。

二、实践：工业遗产的活化利用

（一）政策引导与地方推动

随着城市经济和城市建设高速发展，工业从粗放、劳动密集型向资金、技术密集型升级。旧工业代表着过时、落后和污染，在城市更新过程中遭遇“大拆大建”式清理。[③] 一些尚未被界定为文物、未受到重视的工业建筑和

① 张柏春：《中国近代机械简史》，北京：北京理工大学出版社，1992年，第53页。
② 汤国良主编：《广州工业四十年》，广州：广东人民出版社，1989年，第11页。
③ 范晓君：《双重属性视角下的工业地遗产化研究》，沈阳：辽宁人民出版社，2017年，第137页。

相关遗存，没有得到有效保护，导致工业遗产快速消失以及面临如何保留的困境。为此，在一批城市和文物相关部门的代表及专家学者呼吁下，首届中国工业遗产保护论坛于2006年4月18日在江苏无锡召开，会上讨论通过《无锡建议——注重经济高速发展的思考与探索》，明确了工业遗产内容、保护途径以及所受到的威胁，是国内第一份倡导保护工业遗产的文件。同年5月，国家文物局颁行《关于加强工业遗产保护的通知》，强调"像重视古代的文化遗产那样重视近现代的工业文化遗存"，要求在编制文物保护规划时注意增加工业遗产保护内容，并将其纳入城市总体规划，同时完善工业遗产保护体系，标志着中国工业遗产保护、管理和利用迈进实质性阶段。从两份文件的出台背景、指导理念与实施建议中不难发现，在城市用地日益紧张、产业结构亟须升级的情况下，就地保护工业建筑物的任务相当艰巨。工业遗产只有融入经济发展之中，融入城市建设之中，在新的历史条件下生成新的内涵和功能，才能以"再利用"手段达到"保护"之目的。

具体的工业遗产活化利用活动应置于动态的城市经济发展进程中考察。作为改革开放先行者，广州在高速发展过程中也消耗了大量土地资源，亟须升级产业结构，释放土地潜能。2008年，广州市人民政府公布实施《关于推进市区产业"退二进三"工作的意见》提出对规模较大、结构良好的旧厂房进行改造，发展以文化产业为主的第三产业。在《广州市区产业"退二进三"企业工业用地处置办法》中进一步明确工厂改造的产权归属，鼓励长期利用旧厂房出租或自营创意产业。广州市政府为旧工业区转型利用提供了政策支持和方向指导。

协同和厂所属的荔湾区位于广州市西南部，是广州市唯一坐拥一江两岸、百里河涌的城区。在广州近现代工业史上，荔湾区占有不可或缺的地位，有协同和厂、同盛机器厂等近代民族工业企业旧址，还有以太古仓、花地仓、油甸仓为代表的近代洋行仓库和码头旧址，均被列为市级文物保护单位。此外，荔湾区与佛山市相连接，位于广佛都市圈中心区，是广州市实施"南拓、北优、东进、西联、中调"城市总体发展布局中"西联"的桥头堡、“中调”的核心区。[①] 依托上述战略机遇，荔湾区委区政府在“十一五”规划中在全市率先提出发展创意产业的思路，按照政府主导、企业主体、产业导向、市场动员的原则，以“创意产业化、产业创意化”为目标，与产业升级和结构调整相结合，打造荔湾创意产业集聚区。[②]

创意产业包容性大、带动力强、就业效应显著，与工业遗产再利用一拍即合，碰撞出新的增长点和发展模式。深圳市宏信车业投资有限公司与广州市盛邦投资有限公司共同投入1.6亿元，挖掘、培育、提升协同和机器厂旧址资源，2009年正式建成宏信922创意园。园区占地2.92万平方米，建筑面积约4万平方米，由广州市宏信创意园投资有限公司实际运营，打造产业、文化、旅游和社区四位一体的文化产业园区，成为荔湾区重点培育企业。

（二）从遗产走向资源：文化创意园业态

美国学界将“遗产资源”（heritage resources）也称为“文化资源”（cultural resources），是描述一组范围广阔的考古遗址、历史建筑物、博物馆和传统文化场所时的通用术语。由此延伸探讨，遗产不是一种静态的过去，而是可以带动地方经济和复苏地方文化的一种资源。[③] 从这个定义来讲，工业遗产是发展文化产业的一种新型资源。关键在于，工业遗产如何链接文化产业，进而将工业遗产资源转化成文化资本。

发达工业国家的经验或许有借鉴意义。1998年英国成立“创意产业特别工作小组”（Creative Industry Task Force），专门研究后工业时代经济形势下英国发展战略。在小组发布的研究报告中，首次提出“创意产业”（creative industry）概念：“源自个人创意、技能和才华，通过思想性和知识性工作的开发和运用，具有创造财富和就业潜力的行业”，并将创意产业部门划分为广告、建筑、艺术等13个类别。[④] 城市中的旧工厂区，由于原来工业生产的

---

① 广州市对外贸易经济合作局编：《广州外经贸白皮书：2009》，广州：广东人民出版社，2009年，第170页。

② 广州市发展和改革委员会编：《广州经济社会形势与展望：2007—2008》，广州：广东经济出版社，2008年，第360—361页。

③ 方李莉：《“后非遗”时代与生态中国之路的思考》，北京：文化艺术出版社，2019年，第67页。

④ ［德］黛博拉·史蒂文森：《文化城市：全球视野的探究与未来》，董亚平、何立民译，上海：上海财经大学出版社，2018年，第11页。

集约性和系统性，有连片的厂房、集中的库房，而使许多活动具有聚焦和便于交流的特点，非常符合文化创意产业需求。当这些文化产业进入到旧工厂、旧仓库、旧建筑里面，并加以利用改造再创，[①] 就为城市经济发展注入了可持续动力。

宏信 922 创意园的“922”取自协同和主厂房竣工年份后三位数字，传达出园方挖掘和弘扬工业历史文化的美好愿景。作为一座百年老厂，协同和厂无疑具有突出的历史文化价值；但从文物建筑保护角度而言，工业建筑围绕特定生产过程而设计建造，这意味随着技术发展，不可避免变成一批面临荒废或淘汰的普通建筑。但工业建筑作为一种社会记录与技术记录，部分建筑结构具有突出美学品质和独特社会意义。[②] 协同和厂房内部采用工字钢立柱与三角钢屋架，所用钢材全为德国进口，是近代岭南低层钢结构建筑典型代表。[③] 为保留协同和厂在建筑方面的原有氛围和生产过程的行业特色，在容纳新功能的同时，尽量留用固有建筑、工业设备。园区主要采取三种再利用方式：原址保留、整修改造、拆除新建。这样既突出工业遗产原生功能延续使用和展示，又注重发掘地方文化价值，从而衍生出历史感与时代感相辉映、地域化与个性化相契合的园区空间。

方式	原址保留	改造利用	拆除新建
旧貌			

① 阮仪三：《论文化创意产业的城市基础》，《同济大学学报（社会科学版）》2005 年第 1 期。

② [南非] 迈克尔·洛编：《工业遗产保护与开发》，姜楠译，桂林：广西师范大学出版社，2018 年，第 5 页。

③ 广州市国土资源和规划委员会、广州市岭南建筑研究中心编：《岭南近现代优秀建筑（1911—1949）》，广州：华南理工大学出版社，2017 年，第 242 页。

续　图

方式	原址保留	改造利用	拆除新建
新颜			
功能置换	主厂房正面山墙系巴洛克风格，门楣上方塑有建造年代“1922”及“协同和机器厂”等字样。未开发利用，保留特有历史元素。	利用旧厂房改造建设了一座以动力机为主题的“协同和动力机博物馆”，活化再生工业遗产的历史感和真实感，2016 年成为广州市科普教育基地。	旧仓库改造为配套服务区、创意作坊、展览活动区，采用大量玻璃幕墙适应新功能要求，以现代化建筑设计风格体现进驻客户的创意特性。
入驻企业	主要以文化创意和艺术设计、动漫制作类企业为主，园区常年保持 96%以上出租率，高峰时期入驻企业 89 家。①		

图 1　宏信 922 创意园对协同和厂建筑景观打造

图 2　协同和文化街绘有十幅砂岩画讲述协同和机器厂的发展历程

值得一提的是，2014 年宏信 922 创意园利用协同和厂仓库改造建成“协同和动力机博物馆”，是国内首家专门以动力机为主题的工业博物馆。在博物馆门口陈列着 4 台“广柴”、剪铁机、摩擦压力机、C6136A 车床、油压剪床，这些都是 20 世纪 60 年代以来自主制造的各种生产机器。馆内分别陈列着人类动力史上典型性生产工具和机器，例如前动力时代的曲辕犁和风谷

① 本报记者张建军：《老厂房变身博物馆》，《经济日报》2022 年 11 月 2 日。

图 3 协同和动力机博物馆“镇馆之宝”
——美国辛辛那提立式机床

机，动力时代的柴油机和蒸汽机，后动力时代的各种新能源发动机，如风力发电、太阳能发电和磁浮技术等。最宝贵的是馆内若干协同和厂遗存设备，如底座刻有“协同和”三字的剪床、美国制造的立式车床等，是反映和见证我国近代工业发展历程的重要物证，也是触摸和理解广州城市文明变迁的实体资源。

三、价值：未来发展的两种取向

（一）文化取向：开展工业教育

19 世纪末德国作家舒尔策·加埃沃尼茨（Schulze-Gaevernitz）曾感慨：“未来的人，是为机器而出生并接受教育的，他在过去的历史中将找不到他的同类。”① 一方面，大机器生产时代为适应工业发展的需要，以培养科技型生产者为特征的现代教育迅速发展；另一方面，经历工业社会剧烈转型的人们对过往时代和空间生发了疏离之感与怀旧之情。这句话传达出身处工业化与城市化浪潮中回望与前瞻的微妙心态，为狄更斯《双城记》的经典开篇做

① 转引自［美］亚历山大·格申克龙：《经济落后的历史透视》，张凤林译，北京：商务印书馆，2011 年，第 14 页。

了注脚。尤其是对长期处于农业社会的中国而言，工业化发端有着明显殖民印记和外部力量介入的特征，[①] 还有工业化进程产生的环境污染、生态恶化、劳资纠纷等问题，一并成为工业遗产的消极底色。因此，克服“不受欢迎”的部分成为活化利用工业遗产的应有之义，这往往通过工业遗产非物质的部分发挥作用。协同和厂名取有“协力同心，和衷共济”之意，带有辛亥革命后民主共和与实业救国两股思潮相互渗透、交融互促的鲜明时代烙印。该厂曲折中前进、夹缝中壮大的发展历程生动反映出近代中国民族工业艰苦奋斗、求索富强的精神，恰恰是一笔无形的工业遗产。

进一步说，工业遗产有别于其他文化遗产的关键特质就在于工业的核心——技术。[②] 英文单词“Technology”（技术），由“techne”和“logy”两个词根构成，前者指某门手艺的奥秘，后者指有组织的、有目的、系统的知识。[③] 意味着技术本来应该作为一门专业的系统知识有组织地进行传授，这也是工业教育的核心价值。实际上，我国义务教育学段的知识体系并不包含“技术”这门学科，只有到职业教育，“技术”才会被作为一门理论及实践的知识。近十几年来，发源于美国的 STEAM 教育正成为一股不可忽视的教育发展趋势，强调将原本分散的学科内容自然组合形成整体，[④] “技术”被摆在突出地位。我国近年来的基础教育课程改革也愈发重视“技术”在课程体系中的表现和比重，旨在培养学生回归真实生活情景解决问题的能力。

对未来的想象是教育塑造一个人的方式的隐含部分。学校固定的空间无法提供关于工业技术的体验性场景，削弱了蕴含于技术之中的工业文化和工业精神在青少年群体间传播的可能，而压缩在教科书里的机器图片和描述性文字，既无法产生既往工业革命对社会生产力巨大改变的情感共鸣，也限制了学生对未来工业发展的宏伟想象。宏信 922 创意园利用遗留的厂房、机械打造协同和动力机博物馆，通过常设展览、工艺品展示、生产实景参观体验、多媒体互动等方式，科普动力发展与生产技艺，凝结着企业精神文化的

① 范晓君：《双重属性视角下的工业地遗产化研究》，第 215 页。

② 吕建昌：《近现代工业遗产博物馆研究》，北京：学习出版社，2016 年，第 93 页。

③ ［美］彼得·德鲁克：《知识社会》，赵巍译，北京：机械工业出版社，2021 年，25 页。

④ Morrison, J. Workforce and school: Briefing book. SEEK - 16 Conference. Washington, D. C.: National Academy of Engineering, 2005, pp.4 - 5.

机器设备从工业史的幕后走入现实生活，显示出启蒙般的工业文化意义——展示技术演变的轨迹，激发培养青年一代发明创新的热情。需要补充的是，虽然协同和在艰苦条件下仍孜孜钻研，不断改进和优化产品，力求更大的市场份额，但这种改进没有脱离莫基尔（Joel Mokyr）在研究工业化推进动力时提出的“小发明”范畴，即对已有技术的不断改进和精炼。由于缺少彻底革新的“大发明”，广州机器工业乃至近代中国工业整体都陷于低技术水平陷阱。当代中国工业要实现跨越式发展，必须要有根本性的技术突破，这一棒传递到了青年一代手上。

2016年协同和博物馆经市政府审定批准成为“广州市科学技术普及基地”，提供了地方工业文化传承与保护、展示与交流空间，不仅可以在义务教育阶段的劳动教育中发挥场域教育的作用，而且面向大众开放能够降低技术知识的普及门槛，从而发挥工业遗产将现代性融入民族宏大叙事的国家意识形态整合功能。[①]

（二）经济取向：城市消费空间

旧工厂的改造大都是产业结构和城市更新过程中由经济因素和政策因素推动的结果。历史遗存的工业园区、建筑物体在保留其主体结构的利用方式下，融合进创意经济产业形态元素，其开发模式的核心是将原本的工业生产场所转变为新的文化生产和消费场所，除了促进城市第三产业经济发展，还能盘活原有闲置厂房和土地资源，促进厂区资源的保护和二次利用，寻求历史文化价值延续与现代价值凸显之间的平衡点。

宏信922创意园是以文化创意为主的产业型空间与以文化休闲为主的消费型空间相结合的发展模式，实现工业遗存空间的改造升级。以文化创意为主的产业型空间强调创意产业的生产功能，将收藏品修复公司、摄影基地、动漫制作和广绣工作室等内容融为一体，保证创意设计的生产需求；以文化休闲为主的消费型空间突出创意创新产业的休闲功能，将艺术展示、科普教

---

① 严鹏：《工业文化的遗产维度：理论与实践》，《工业文化研究》第1辑，北京：社会科学文献出版社，2017年，第49页。

育、节目拍摄等内容相联系，以实现消费空间的丰富性与完整性。创建至今，宏信922创意园成为荔湾区滨水创意产业带文化企业聚集中心，累计为国家创造产值约115亿元，孵化企业800余家，向社会提供就业岗位5 200余个，对增强区域的吸引力和辐射力起到了积极的促进作用。

不过，也有不少对突出经济属性的工业遗产资源再利用的质疑和担忧。有研究者指出不少工业遗产的创意园模式主要迎合“有钱有闲”的城市中产阶层文化消费，这样的开发行为将公共空间与低收入人群割裂开来。[①]“小资化”的工业遗产再利用不仅容易滑向“同质化”，稀释地方工业的特色，也遮蔽了工业遗产中工人群体的阶级情感和集体记忆，从而对工业遗产的保护产生负面作用。特别是工人阶层的阶级情感、工业体验和集体记忆成了工业遗产保护和开发中被忽视的重要资源，社会主体集体与国家意识所铸造的社会主义中国工人阶级的自豪感、劳动模范的认同感和主人翁精神在工业遗产再利用过程中缺位了。[②] 也有学者担心园区单方面重视物质性遗产的保护利用，商业化气息过于浓厚，文化称为装饰品，园区的发展因此呈现“异化”。[③]社会学家齐格蒙特·鲍曼（Zygmunt Bauman）指出“消费型社会”导致城市空间萎缩，传统公共场所渐渐为消费场所代替，纯粹的公共场所越来越需要披以“文化”符号并进入商业运作领域，才能获得生命的延续和再生。城市经济转型之下的旧工业区如何能够更好地适应并创造现代生活方式，需要进一步从区域发展战略思考创意产业体系与城市文化基因的关系。

---

① 高祥冠、常江：《近十年我国工业遗产的研究进展和展望》，《世界地理研究》2017年第5期。

② 金磊总编：《中国建筑文化遗产：18—20世纪中国建筑发展演变的科学文化思考》，天津：天津大学出版社，2016年，第94—95页。

③ 谢涤湘、陈惠琪、邓雅雯：《工业遗产再利用背景下的文化创意产业园规划研究》，《工业建筑》2013年第3期。

企业博物馆研究综述：以历史教学视角为中心

何　淳*

摘要：本文总结了国内外学者对企业博物馆的定位和定义，更是对国内学者对企业博物馆的研究文献做了较为详细的分类和研究，并试图寻找企业博物馆未来可能的研究方向，引导学界在这些方面取得研究进展，为在未来需要建馆的企业提供帮助。

关键词：企业博物馆；学术综述；未来研究方向；教育

近年来，随着我国文化事业的飞速进步，博物馆发展迈入一个新的阶段，博物馆的建设也进入了一个新的时期。不仅在数量上有所增加，在其功能与性质上也发生了变化。2005 年国务院通过了《关于非公有资本进入文化产业的若干决定》，提出非公有资本可以进入博物馆和展览馆建设的文化领域，对企业博物馆的发展建设提供了有力的保障。

中国的企业博物馆虽相比于国外企业博物馆起步较晚，但也经历了从无到有，从单一化到专业化的转变，且其群体在日益扩大。但是企业博物馆在中国学理性的梳理很少，国外对于企业博物馆的研究也比较有限，学术性指导较为薄弱，企业博物馆背后更深层面的问题有待于我们去分析和解决。比如企业博物馆其实是一种有目的的讲故事的方式，企业博物馆的展览中蕴含

* 何淳，武汉市晴川初中英才校区。

的是一种“展览政治”，企业通过企业博物馆来定义或者重新定义企业，加强身份赋权。企业博物馆展览的真实性需要我们用辩证的眼光去看待和关注。因此，对于企业博物馆的学理性研究亟待提上日程。

一、国内外学界对企业博物馆的认识

博物馆一词最早来源于希腊语中的“Mouse bn”，意为“奉缪斯女神及从事研究的处所”。从词语的起源来看，博物馆最早与知识和艺术直接相关，并带有一定的信仰意味。随着时代的发展和社会的需要，博物馆所兼具的功能也在不断扩充，发展至今，一个完备的现代博物馆应包含搜集、保存、修复、研究、展览、教育、娱乐等七项功能。相对于“博物馆”，“企业博物馆（Corporate Museum）”显然是一个年轻得多的概念。作为一个复合词汇，基础词“博物馆（Museum ）”确定了企业博物馆本质上从属于博物馆概念，应具备博物馆应有的功能；限定词“企业（Corporate）”则是对博物馆性质的进一步补充说明，其本质应该是企业行为或者说需要企业思维。

（一）国外学者的定义

企业博物馆的基本定义最早出现于英国学者维克多·J.丹尼洛夫（Victor J. Danilov）在 1992 年所著的 Corporate Museum and Exhibithalls（企业博物馆和展览厅）。丹尼洛夫在书中对企业博物馆做了如下叙述：“企业为了自身历史的保存与传达设立的展览场所；并用此提升员工对企业的归属意识且以身为其中一员而感到骄傲；提供访客或客户了解展示企业生产的产品与服务等资讯的展示空间，同时兼具宣传企业的经营理念、产品特点、收藏或产品。为增加影响和舆论对企业技术和生产科技的了解，或为企业所在地的社区居民提供交流及获得文化、教育服务的场所，附带有一定游览功能的设施空间。”在这条定义中，企业博物馆被定义为一个展览场所、教育服务场所，其展览的内容围绕企业历史，附带功能则包括了提升员工归属感、宣传企业、影响舆论和提供游览空间。丹尼洛夫的定义最为重要的一点是确立了企业博物馆为企业服务的宗旨，其随后对企业博物馆的功能描述都是基于这一宗旨的。

丹尼洛夫的定义在企业博物馆研究中起到了奠基作用，此后学者对于企业博物馆的概念理解，尤其是对于企业博物馆功能的理解，在很大程度上受此定义影响。但他的定义缺陷在于，其采取罗列的手法叙述了企业博物馆的丰富功能，但这一罗列缺失了“教育”和“研究”等博物馆的基础功能；同时，复杂精细的描述也稀释了对于企业博物馆本质的阐释，使得企业博物馆的概念成了具体功能的混合物。

日本学者星合重男也曾对企业博物馆下过定义。他指出，企业博物馆是企业为保存、展示企业本身的历史、文物，以及增进大众对企业的理念、产业或产品的了解所设立的博物馆。这一定义相对于丹尼洛夫的定义进行了高度概括，其将企业博物馆的职能进一步归纳为“保存展示”与“增进了解”两方面，结合企业内、外两个角度对此概念进行了解释。

（二）国内学者的认识

1. 重新定义企业博物馆

国内学者对企业博物馆的概念定义同样也以丹尼洛夫的定义为基础，但结合了中国的具体实践，就企业博物馆功能、特点等作了补充。

李帅指出对企业博物馆需从社会性和功能性两个层次理解：“企业博物馆是企业弘扬自身文化的重要组成部分之一，博物馆主要收集展示企业或行业发展历史中重要的物品，讲述企业发展的历史，向公众宣传企业的文化，从而带动整个城市文化脉搏，对当地的经济和城市的精神文明有一定促进作用。”该定义将企业博物馆视为企业文化的组成部分，并将行业发展纳入企业博物馆的展示内容，强调了企业博物馆对城市文明发展的作用。

杨文贞提出企业博物馆是“由企业兴建、反映企业发展的历史，陈列、研究、保藏企业物质文化与精神文化的实物及自然标本的一种机构”。在这则定义中，企业博物馆藏品被进一步确定为实物与自然标本，博物馆的实物性被予以强调。

2. 重新定位企业博物馆

孙亚晶通过定义梳理，为企业博物馆归纳出三个特点：由企业建立；藏品和企业产品密切相关；主要功能为展现企业文化和树立企业品牌。企业博物馆的藏品来源在这里被予以了足够关注。

招商局历史博物馆的樊勇、肖斌则概括了企业博物馆的五重身份：企业历史遗存的收集、保护、管理中心；企业形象的展示中心和企业历史文化的传播基地；企业发展脉络和运行信息的主要载体；时代、社会历史的浓缩反映；具备社会教育功能的企业文化教育基地。

《企业博物馆》《企业博物馆2.0：从理论走向实践》作者王波则认为，企业博物馆之于企业的意义在于“企业文化传承”之于城市的意义在于“城市经济地标”，而之于国家甚至世界的意义在于“商业文明记忆”。

3. 重新认识企业博物馆

由以上学者们对于企业博物馆的定义描述，可以看出，学界对于企业博物馆概念的理解仍然侧重于对其功能的描述，而对企业博物馆的本质缺乏足够关注。功能描述固然重要，但企业博物馆的功能尚处于不断发展完善之中，要清晰理解企业博物馆的本质，还得从概念源头入手。

不妨从字面角度将企业博物馆概念予以拆分。作为复合词汇的“企业博物馆”实际上是通过对博物馆概念的二次限定得出的，即企业博物馆本质上仍旧是一个博物馆，它具备博物馆的一般职能和性质，但因其行为主体是企业，企业博物馆在宗旨、主题、目标等方面都有别于传统博物馆。也就是说，企业博物馆的表现形式和运作方式是博物馆式的。既然企业博物馆在本质上是博物馆，就仍然可以沿用学界对于博物馆基本概念的理解。国际博物馆协会章程中对博物馆的定义是一个理想蓝本，本研究在此参考国际博物馆协会章程的形式，为企业博物馆做出如下概念定义：

企业博物馆是由企业设立的，兼为企业及其发展、社会与社会发展服务的，非营利的开放性永久机构。企业博物馆保存与企业经营相关的具有企业文化、历史、科研价值的实物与资料，并在此基础上进行研究、展示，以传播企业文化、传承商业文明，并为公众提供教育、审美、交流、休闲娱乐的社会服务。这条定义实际囊括了企业博物馆的三个构成要素：行为主体、服务对象和基本任务。

二、企业博物馆的研究现状

通过梳理以往研究文献发现，对企业博物馆的研究大致集中在概念认知、现实状况、功能意义、规划设计、运营管理方面。

（一）企业博物馆的概念认知

关于企业博物馆概念的研究主要见于孙亚晶的《行业博物馆辨析》。文章中将企业博物馆作为行业博物馆的一种表现形式，将企业博物馆与行业博物馆等几种常见命名的概念范围作了比较，使读者和研究者对这一领域有了比较清晰的认识。樊勇、肖斌的《企业博物馆的特性与价值——以招商局历史博物馆为例》则从服务性质、文化特色等方面将企业博物馆与传统博物馆作了区分。程京生在《企业发展中的文化阵营：企业博物馆》中从博物馆基础职能的角度探讨了企业博物馆概念。郭鉴的《浙江民营企业企业文化活化经营研究——以企业博物馆为突破口》对丹尼洛夫的定义作了进一步补充诠释。

（二）企业博物馆的现实状况

关于企业博物馆现状的系统研究主要见于顾国源的《北京企业博物馆现状调查》、蔡林伶的《从“补充”到“批判”：上海私立博物馆研究》、王玮的《行业博物馆建设中存在的问题及对策》、邢致远的《坚持行业特色+发挥专业优势——从江苏省行业博物馆发展路径谈起》、史振厚的《浅析中国企业博物馆建设的问题与对策》等。以上文章从政策、人员、资金、管理、展陈水平、宣传等方面讨论了当前企业博物馆建设的不足并提出对策。孙坷的《考察北京市老字号企业博物馆的总结与思考》围绕老字号进行研究；邢小兰的《面向市场与未来的企业博物馆》对我国企业博物馆的发展阶段做了探讨；李帅的《企业博物馆展陈设计研究》则重点探讨展陈设计上的问题；黄德章的《从新〈博物馆条例〉看中国国有企业博物馆法律地位》则从法律角度分析了企业博物馆的制度环境。总体来说，博物馆的现状研究目前仍以基本描述为主，缺乏针对性分析。

（三）企业博物馆的功能意义

关于企业博物馆功能意义的系统研究主要见于顾国源的《北京企业博物馆现状调查》、杨文贞的《浅谈我国企业博物馆建设的意义与背景》、樊勇的《企业博物馆的特性与价值——以招商局历史博物馆为例》。此外，高雪的《博物馆与企业文化》特别探讨了企业博物馆和企业文化的关系。陆建松的《让行业博物馆亲近都市旅游》、张晓军的《企业博物馆在旅游业中的应用》探讨了企业博物馆的旅游功能。刘靖的《中国富豪热衷兴力、企业博物馆》提出了企业博物馆与行业文化建设的涵盖关系。李磊的《企业博物馆——传达商业氛围中的文化魔力》将企业博物馆创办动机阐释为传承文化和营销增值。在《企业博物馆的价值》一文中，王波认为企业博物馆的价值对企业而言，“首先是对企业历史遗存、文化遗存的收藏和管理；其次是呈现企业文化，对企业品牌进行一次华丽的包装，博物馆能让企业看上去更具文化内涵；再次是助力员工教育，企业博物馆作为自发的学习机构，激发成员对企业发展历程的自我吸纳、自我探究，企业文化能更容易传达；以此促进品牌营销，企业博物馆能够通过实体生产以外的方式积极、正面、有选择性地塑造企业形象。”综合来看，目前研究整体围绕着社会功能与企业文化建设功能两个方向。

（四）企业博物馆的规划设计

关于企业博物馆规划设计的研究多从建筑学、设计学角度切入。李帅的《企业博物馆展陈设计研究》提出了企业博物馆展陈设计的突出特点与空间设计的原则。胡绍学的《设计新思维的实践——武钢博物馆》从武钢博物馆建设角度介绍了空间设计的新思路。从博物馆学角度切入的研究不多，程京生先生就博物馆信息化、选址、馆徽设计、流动展览等问题发表多篇文章；沈望舒的《首都企业博物馆应追求文化精彩》则从受众角度探讨了博物馆设计的目标。此外，还有相当数量的文章以实例的形式分享了自己企业在博物馆规划设计方面的经验和成果。

（五）企业博物馆的运营管理

关于企业博物馆运营的研究方向相对分散。对管理模式的总体研究以案例分析为主，如王歌的《有关民营博物馆在当下发展之路的思考——以美特斯邦威服饰博物馆为例》、王金的《中国煤炭博物馆管理模式研究》。李媛的《企业博物馆"主题公园"式生存》以可口可乐博物馆为例介绍了国外的主题公园模式，观点较为新颖。高伟霞的《体验经济视角下台南家具产业博物馆工业旅游模式与启示》以实例探讨了工业旅游中体验经济模式在企业博物馆中的运用。此外，梁淑云的《试论企业类博物馆藏品研究工作——以北京自来水博物馆为例》分享了其在藏品管理与科研工作中的实践。孙志刚的《企业博物馆创新社教工作的实践与思考》、黄园浙的《企业所属科技类博物馆的教育功能》等系对企业博物馆社会教育领域的探讨。针对人员培训的专门研究集中在讲解服务工作上，如吴杨的《刍议企业博物馆讲解员的选拔与培训》等。

三、企业博物馆未来的研究方向

学界对企业博物馆的研究方兴未艾，虽然取得了较为丰硕的成果，但仍有一些问题需要厘清，主要包括如何理解和界定企业博物馆；如何策划具有文化特色的博物馆；企业博物馆如何规划设计、展览展陈；如何运营管理等问题，这些都是需要未来进一步思考和研究的。

（一）企业博物馆的理解和界定

企业博物馆，一般人从字面意思可能会理解为企业为自己建设的，陈列企业发展历史、企业核心文化的场馆，其实不尽然。企业博物馆的类别有很多，包括企业纪念馆、行业博物馆、企业艺术馆和企业协办博物馆等，王波在《企业博物馆》一书中就有介绍。在诸多种类中，行业博物馆的定位比较特殊。行业博物馆多有政府或行业协会联办的性质，如中国最早的企业博物馆中国煤炭博物馆就是典型的行业博物馆，该馆由山西矿业学院向当时的煤炭工业部请示举办的。这一类型的博物馆虽然不是特定的企业发起创建，但是却反映了行业文化的概貌，代表区域特色的行业，也是围绕行业文化进行展览展陈的，我们认为也是应归入企业博物馆范畴的。企业自发创办的企业展厅、企业文化中心、产品展示中心等，我们认为是可以按照企业博物馆的理念指导其建设的。综上，各类属于企业或者行业文化的展陈空间是否属于企业博物馆，是需要学界进一步论证和厘清的。

企业博物馆作为工业遗产、工业旅游的核心参观体验点的定位也是未来学界研究的重要方向之一。近年来逐渐兴起的工业旅游概念不但在学界引起强烈的共鸣，国家相关部委也相继出台了多个政策，引导、支持和扶持企业开展工业旅游项目。这种既满足了参访者的好奇心，又能大范围、高强度地宣传企业的活动是值得推广的，也有很多企业正在尝试。但企业，特别是工业企业需要正常的生产活动环境，往往不适宜出现大量的参访人员，即便是工业遗产，参访人员想看明白也需要了解很多相关知识。因此有一个设计合理且能够满足工业旅游需要的企业博物馆作为核心的参观体验点就显得十分必要。

（二）企业博物馆的文化定位

企业建企业博物馆首先要解决博物馆文化定位的问题。对企业而言要解决“要不要建馆”“如何建馆”两个核心问题，其本质是“为什么建馆”的问题。从企业发展的规律看，企业发展到一定的阶段都会思考自己存在的意义，通过创建承载自身文化的企业博物馆，向大众讲述企业的发展历程、企业的使命与价值观是企业的必然选择。然而，每个行业都是由很多企业组成的，这些企业虽大小规模不一、发展阶段不同，但必有不少企业对建馆有想法，甚至有实际的需求，如何做一个独特的、体现企业特色的馆，需要对企业做深入的研究和对企业文化做高度的凝炼，并就企业博物馆所承载的核心企业文化作准确的定位，否则就会千篇一律，毫无灵魂可言。

“博物馆并不意味一个事物的历史终结，恰恰相反，她正预示着一个新时代的到来。”做出一个有文化的企业博物馆是企业的需求，也是学界研究者努力的方向，想完美解答为什么建馆的问题，前提就是要解决企业博物馆的文化定位问题，这一问题解决了，企业博物馆就拥有了属于自己的灵魂，展览主线、展陈物品的选择也就有了方向，企业博物馆就可以通过这些展陈物向参访者准确地传递这一企业文化。比如海尔集团的展馆，为了凸显产品质量好，展陈物中有一幅张瑞敏怒砸不合格冰箱的照片，参访者看到这张照片就会很容易认同“海尔只卖好产品”这一观念。

（三）企业博物馆的规划设计与展览展陈

企业博物馆的展品无外乎建筑、设备、实物、模型和展板等，由于受展陈空间的限制，展陈物不能太多，介绍也只能简明扼要，很多重要的信息无法准确、详尽地传达给参访者，虽然企业对这些展品“茶壶煮饺子，心里有数”，但对于绝大多数的参访者而言，无法体会展品的特殊性和重要性，也无法全面、系统地了解企业。

在外面摆一摆的展陈模式对于企业博物馆来说无法满足参访者的需求，更无法引起他们对企业历史、企业文化的共鸣。要基于博物馆的“物”的视角思考企业博物馆的展陈（龚良，2019），因此只有让参访者也如同与企业一起成长起来的老员工一样了解每一件展品的来历，与之有关的人、发生在展品背后的动人故事，甚至与现在的企业、现在的人之间的关系等等，才能让每一件展品在参访者心里有温度、有厚度、有深度，才能更好地传达展品所具有的文化内涵。

随着科技的发展，展陈的方式和手段推陈出新，很多技术都能用在企业博物馆的展陈上。王波在《董事会》杂志刊发的《数字化展陈的苏宁样本》中介绍了苏宁的智慧展厅：主展区通过互联网技术、数字化、信息化等手段，直观、具体地展示了苏宁集团智慧零售的运营模式及成果；体验区则生动地展现了最前沿的互联网技术应用和产品。未来，企业博物馆能够运用的前沿技术还有很多，如5G移动通讯技术、物联网技术、人工智能技术（AI），虚拟现实技术（VR）、增强现实技术（AR）、混合现实技术（MR）、扩展现实技术（XR）等各种数字技术，如何将展品摆一摆的展陈方式转变为传递文化内涵的展陈方式，在企业博物馆的设计规划时需要着重考虑，这需要学界的思考和企业的实践。

（四）企业博物馆的运营管理

学界应该在“企业关键人物在企业博物馆运营管理中是如何起到关键和积极作用的”这一问题上做深入研究。“大海航行靠舵手”，作为企业的关键人物——企业的创始人或企业的董事长，对企业的发展和成长起着关键性的作用，他们对企业精神、企业文化、企业历史、企业发展方向的把握与理解更全面，也更透彻。建成后的企业博物馆肩负着向外界传递企业核心文化的重任，故企业关键人物在这一任务上责无旁贷，作用至关重要。2018年5月，在18届企业博物馆发展论坛上王波提出“企业创始人或企业董事长应该任企业博物馆的馆长”，这样做既能保证企业博物馆的文化定位不偏离企业的核心文化，还能保证企业博物馆在传播企业核心文化、核心价值观时有力度、不走样。总结企业核心人物如何在企业博物馆的运营管理中发挥关键、积极的作用以及产生的成效和积极的影响，是一件十分有意义而又值得去深入研究的事情。

怎样增加企业博物馆和参访者的有效互动也是企业博物馆运营管理中需要深入研究的问题。绝大多数的企业博物馆是“我来说，你来听”“我来展，你来看”的信息单向传递模式，无论形式如何新颖，充其量只是广告的另一种呈现方式。其实，企业博物馆更应该具备与参访者互动的功能，开展双向的、甚至多点的沟通工作。很多企业注重与客户、受众在微博、微信公众号上互动，甚至开发专有的App。互动能增进客户和受众对企业的了解，也能为企业搜集所需的信息，但在网络上反馈信息的人对企业的了解往往是片面的，甚至是有情绪的，反馈的信息也是需要甄别的，而一个刚刚参观完企业博物馆的人对企业的认识要全面和客观得多，他们的互动反馈更能反映企业的社会地位和大众对企业的认知。有了互动，企业博物馆不再只是简单的展厅，而会成为企业贴钱也要养好的重要的情报中心。当然，通过什么样的方式与参访者友好互动是现今企业博物馆缺乏的，也是值得学界深思和研究的。

四、结　语

综上所述，笔者认为企业博物馆是商业与博物馆所交互而形成的特殊产物。是保存企业历史见证物，塑造企业文化，宣扬企业理念，提升员工认同感并附带一定社会教育服务功能的空间。

1683 年，世界上第一家博物馆阿什莫林博物馆诞生，而世界上第一家企业博物馆于 1893 年姗姗来迟，坐落于美国西海岸的辛辛那提市，即美国乐器公司（Rudolph Wurlitzer Company）成立的鲁道夫沃立舍博物馆（Rudolph Wurlitzer Company Museum）。其以保藏乐器帝国的发迹记忆为己任。13 年后欧洲也逐渐出现了企业博物馆，并于 1921 年传到了日本，20 世纪 70 年代的中国台湾则成为企业博物馆的一片热土。随着我国改革开放和多元化商业模式的兴起，企业博物馆在中国大陆生根发芽。其中不少优秀的中国大陆企业纷纷建立了属于自己的企业博物馆，以收藏与铭记企业的峥嵘岁月。

尽管越来越多的企业博物馆使用了更为先进的展示陈列方式，场馆的规模也在逐步扩大，但是其记载创业历程，歌颂契约精神的初衷仍未改变。值得注意的是，在当下一些企业博物馆探索出让观众身临其境的类似“新博物馆”模式的参观方式，部分企业博物馆将话语权由康曼达式的企业组织下放至个人，可以期许在不久的未来，更多体现人文关怀，多棱镜视角映射新博物馆身影的企业博物馆会给我们带来异彩纷呈的商业一文化视听盛宴。

类型教育视域下职业院校建设工业文化研学教育的必要性与建设构想*

毛春晖**

摘要： 职业教育与普通教育是两种不同的教育类型。工业文化是在工业化进程中形成的与工业经济和工业社会相适应的价值观体系，相关研学教育能帮助职业院校的学生找到属于自己的文化内驱力。上海市工业技术学校已在工业文化研学教育方面作出了一定的探索。

关键词： 职业院校；工业文化；研学教育

2022 年，《职业教育法》首次以法律形式确立了职业教育类型定位以及在国民教育体系中的战略地位，但理想的丰满掩盖不了现实的骨感。2022 年全国两会讨论的“普职分流”引发社会大众对职业教育的普遍不认可和焦虑情绪；中国农业大学下属的烟台研究院迫于舆论压力，宣布停办三个职业教育本科专业，使得双一流院校试点职业本科流产。面对困境，职业院校应积极塑造新形象，探索新路径，在现实压力下突围，而实施工业文化研学教育不啻为一种行之有效的方法。

一、工业文化的内涵

工业文化是在工业化进程中形成的与工业经济和工业社会相适应的价值

* 课题项目：上海市职业教育协会 2022—2023 年度重点立项课题（课题编号：ZD202202）

** 毛春晖，上海市工业技术学校。

观体系，其内核是工业精神，包括企业决策者与管理者的企业家精神、基层工人的工匠精神两个层面，能对工业活动起到促进作用。

从结构上而言，工业文化包括工业物质文化、工业制度文化、工业精神文化三个部分。如果从工业文化自身发展角度看，工业文化的起始点与内核是支配工业活动的价值观体系，也即工业精神。在具体的生产经营过程中，将工业精神转化为行为，需要各种制度的参与和保障，在一定制度的约束下，工业企业才能生产出实体性的工业产品，而这正是工业精神在物质层面的凝结。因此，从理论上说是先形成工业精神文化作为内核，再借由工业制度文化作为中介，最终输出为工业物质文化。①

二、职业院校实施工业文化研学的现实意义

工业文化内涵丰富，而研学教育尤其注重学生对文化知识的接收、对物质文化和精神文化的真切体验，加深学生对中国文化的认知，增强爱国爱家情怀。工业文化能拓宽研学教育的领域，不论是工业文化遗产，还是工业现场，都能为研学教育提供丰富的教学资源。工业文化和研学教育的结合，还可以使得工业精神得到传承，比如和优秀老工人的接触，学生能建构自己对工业文化的理解模式，能在亲切的氛围中体味工匠精神、劳模精神、奉献精神等。②

2022 年 6 月，人社部向社会公示，增加“研学旅行指导师”这一新职业。上海市文化和旅游局也印发《关于支持和推进上海工业旅游发展的实施意见》，指出要“加大工业旅游与中小学生研学实践、大学生社会实践和上海市民终身学习体验基地等相结合，研发工业文明教育、研学旅游产品。”工业文化研学作为研学教育的一个分支，贴合当下国家经济高质量发展与制造强国战略，也贴合上海的历史和现实环境。红色文化、海派文化和江南文

① 严鹏、陈文佳：《工业旅游的文化内涵与价值体系构建——以杰克缝纫机股份有限公司为例》，彭南生、严鹏主编《工业文化研究》第 3 辑，北京：社科文献出版社，2020 年，第 10—11 页。

② 孙星、刘玥：《论工业文化与研学教育相结合的意义》，彭南生、严鹏主编：《工业文化研究》第 4 辑，上海：上海社会科学院出版社，2021 年，第 109—112 页。

化是上海三大文化品牌，但追根溯源，红色文化和海派文化是上海工业文化的衍生物。没有近现代工业化进程，工人运动、民族资本家、新旧民主主义革命，以及上海的国际视野、敢为天下先的气质、开放包容创新的城市品格等是比较难以想象的。

上海有丰富的工业资源、深邃的工业历史和深厚的文化底蕴，相关文化资源涵盖工业企业、行业博物馆、工业园区、创意产业集聚区、重大工程建设成就等五类，包括100余家工业企业、60余家行业博物馆、300余家科普教育基地、137家文化产业园以及100余处工业园区。[①] 除此以外，还有工业文化遗产290处，比如徐汇滨江、M50、1933老场坊等，其中的工业文化元素都可以加以开发利用。

当前，上海普教系统比较重视研学教育，工业文化研学教育也在起步，但在职教系统较为少见。而于职业院校而言，实施工业文化研学教育尤为迫切。不论是食品类、医药类、新闻出版，还是技术类、化工类、建筑类、制造类，职业院校或多或少和“工业”“工业生产”休戚相关，有深刻的工业基因，大多数学生也是工业建设的生力军，其工业文化素养直接决定着工业化的先进程度。但很多职业院校的学生初进企业，最大的苦恼不是技能和知识，偏偏是文化认同和基本素质不能达到企业的要求。所以帮助职业院校学生找到属于自己的文化本源，主动融入工业文化，谋求与工业文化并生共长，自觉担当起工业文化传承创新的历史责任，从而形成文化内驱力，非常有意义。[②]

三、职业院校实施工业文化研学教育的路径探索

很多职业院校直接为工业建设服务，在实施工业文化研学教育方面有得天独厚的条件。上海市工业技术学校地处徐汇滨江，是一所以加工制造、机电技术、信息技术、现代服务为特色的工科类学校，从1963年诞生之日起，

① 刘青：《上海工业旅游发展探究及模式创新》，彭南生、严鹏主编：《工业文化研究》第4辑，第118页。

② 赵学通：《高职院校文化使命：工业文化的传承与创新》，《中国高教研究》2013年第9期。

其专业设置就具有典型的“工业风”。除了数控、模具、制冷、机电技术、工业产品质检、钟表维修等传统专业外，学校还结合上海行业企业需求以及产业布局，增设了增材制造[①]、工业机器人技术、数字媒体技术等新兴专业。学校重视工业文化的教育功用，并逐渐探索出实施工业文化研学教育的方式方法。

（一）教科研引领，保证研学教育的纵深

学校的工业文化研学教育和学校课堂教学以及相关的教学研究一直保持着紧密的联系。如果为活动而活动，为研学而研学，缺乏监督、研究和反思，研学教育很容易丧失“研究性学习”的特质。学校的研学教育尝试打破教室有形的“墙壁”，打通课堂内外，保证工业文化研学一以贯之，不成为各种活动的杂烩。

2019 年，学校组织教学法评优活动，在该活动中，语文组教师“如何做一期有效的访谈——以老上海工业旧址遗迹为例”获评一等奖。2020 年，结合上海市职业教育协会课题“新课标背景下上海地域特色资源在中职语文课程中的开发与利用——以上海工业文化为例”，学校工业文化研学教育落实在“上海手表—上海市钟表文化科普馆（校本资源）—独立制表师郭鸣”和“徐汇滨江工业遗产带—油罐艺术中心”两份样本之中。学生在教师的指导下学习上海手表纪录片，收集并整理与上海手表、本校工匠郭鸣老师相关的资料；教师实施调查报告、导介词格式的课堂教学；带领学生实地考察，做好记录，指导学生撰写以上海手表兴衰变迁为主题的调查报告和油罐艺术中心导介词等。同时，教师结合课文《以工匠精神雕琢时代品质》《喜看稻菽千里浪——记首届国家最高科技奖获得者袁隆平》以及学校人物通讯《享受孤独——独立制表师郭鸣》，训练学生访谈的方法和技巧，指导学生掌握新闻评论和人物通讯的写作。该课题后被职教协会被评为 2020—2021 年度优秀重点课题。

① 增材制造是采用材料逐层累加的方法制造实体零件的技术。该技术把熔融的塑料丝、液态光敏树脂、石膏粉等材料通过喷射黏结剂或挤出等方式实现层层堆积叠加形成三维实体。

在为期一年的研究过程中，学校进一步认识到工业文化的价值以及最近的实践研究动态，确立要拓宽“工业文化”意义范畴、不局限于学科教学的认知。2022 年，学校向上海市职业教育协会申请并立项了“工业文化研学基地：类型教育视域下上海中职学校构建工业文化特色育人环境的路径研究”课题，旨在初步厘清工业文化研学基地的运作方式、教育能效、社会效应以及商业前景等，后续将尝试建设一座较为完备的工业文化研学基地，协助学校营造工业文化育人环境，培养高素质技术技能人才，并借此凸显职业教育有别于普通教育的特质。

（二）多部门合作，实现研学教育事半功倍

工业文化研学教育要避免表面化，需要学校有较为浓郁的工业文化育人氛围。虽然学校的定位及专业设置有先天性优势，但“工业文化”作为一个略新的名词，其内涵外延以及教育功用还有待被学校上下接受和理解，而被接受、被理解的最佳方式是尽可能让更多的师生和部门参与研学教育之中。

学校毗邻徐汇滨江，该地带曾是聚集“铁、煤、油、砂”的工业区，是一条封闭型的生产型岸线，现在对标巴黎左岸、伦敦南岸等，被改建为“水、绿、人、文、城”相融合的世界级滨水开放空间——上海西岸。其丰富的工业文化遗产，工业“锈带”变身生活“秀带”的建设理念，是很好的研学教育资源。

学校工业文化研学教育从设计之初，即注意和学校领导沟通，密切联系党委、团委、学工部、学生社团、班主任工作室等部门（室），在利用挖掘上海西岸工业文化资源的过程中，充分借力学校相关部门，最大程度吸纳领导、老师和学生参与。比如，学校党委牵头，团委邀请上海西岸集团相关负责人进校讲座，和师生分享徐汇滨江的前世今生；教师带领学生组织实地研学，其他相关部门各尽其力，玉成每一次研学活动。而这些研学教育活动，也将成为各部门较有特色的工作亮点，彼此成就，事半功倍。

（三）注意与外界的交流，加强宣传工作

上海职业院校各有特色。学校的工业文化研学教育重视和兄弟院校的合

作，比如一起做课题，设计并组织研学活动，邀请各校专家把脉，给思路、提建议，保证研学教育的丰富性和有效性。接下来，兄弟学校不同专业的老师将进校，结合其学校办学特色，就工业文创设计、海派老字号等主题进行交流活动。学校和上海航天有良好的合作共建基础，后续也将就工业文化研学进行探讨，共同设计研学课程，并开放给普教系统，帮助普教学生认识行业企业，进行职业生涯规划。

不论是职业教育，还是工业文化，社会大众的认识深度有待提升，所以，学校努力和社会各界保持联系，扩大影响面，提高职业教育、工业文化研学教育的知名度和认可度。除了上文所述和上海西岸集团合作外，学校还和中华艺术宫合作，积极参与“行走的课堂”系列活动，目前已完成相关研学教案的准备工作。后续，学校将和上海青少年校外活动基地（东方绿舟）研发部合作，结合上海市政府“一江一河”规划，进行深度挖掘。同时学校也注意借助上海本土新闻媒体的力量加强宣传工作，2022 年 11 月 14 日，上海《青年报》就学校研学教育刊登了题为《沉浸式体验工业文化遗产，中职生社团行走中感悟工业强国》的报道。

（四）尊重学生的意愿，落实研学教育的功用

研学教育是探究性的，实施和接受过程很重要。为了更好开展工业文化研学教育，学校开设了“工业文化研学社”，目前，该社团学生是学校研学教育的中坚力量。他们负责社团的基本运作，比如短视频制作、微新闻稿撰写、网络平台运行等。同时，学校注重发挥学生所长，鼓励工业文创设计。学生互相启发，自行设计了社团 LOGO。后续，学校将和上海西岸集团合作，搭建平台，让学生查阅、整理相关资料，尝试设计徐汇滨江各工业遗产标识等活动。通过任务式的研学教育，学生的研学活动不是被动的，而是主动的积极的，其效果最终将落实到学生身上。

四、职业院校工业文化研学基地建设构想

2022 年颁布的《职业教育法》第四十一条明确规定：职业学校开展校企

合作、提供社会服务、开展经营活动取得的收入用于改善办学条件；收入的一定比例可以用于支付教师、企业专家、外聘人员和受教育者的劳动报酬，也可以作为绩效工资来源，符合国家规定的可以不受绩效工资总量限制。职业院校在积累了一定的工业文化研学教育经验后，应尝试建设工业文化研学基地。基地一旦建设成功并投入运营，不仅作用于学校教育教学质量，提升学校知名度和影响力，还能创业创收，能更为深刻地表达职业教育的特质。

结合上海、学校实际以及前期实验性探索，现简要呈现研学基地建设构想如下：

1. 研学主题：专业职业与一江一河，沉浸式探寻上海工业文化之魂。

“一江”指黄浦江，“一河”指苏州河，行走一江一河，即寻访黄浦江和苏州河沿岸工业文化点；“认识专业职业”指立足学校特色，参访学校专业，了解相关职业，引导学生进行工业文创设计，把握上海工业文化的特质。

2. 研学项目：围绕研学主题进行四个项目的研学，探索未来研学基地的研学方式和内容，其目标指向是未来成熟完备的研学基地框架。

项目一：看见·徐汇滨江的工业遗产。组织学生参访龙华机场、北票煤码头、南浦火车站等工业遗产；完成“行走的课堂”系列研学活动，形成成熟的研学路线和教学案例，即“上海工业的筚路蓝缕与继往开来”研学教育系列。

项目二：手作·工业文创设计。通过校级联谊方式，邀请产品设计专业师生进校，交流工业文创设计经验；保证工业文创呈现形式多样化，比如明信片、手绘地图、标识牌、工业文化活动方案等，该项目预期指向是打造一支以学生为主体的工业文创团队。

项目三：走进·航天梦工厂。就某一具体工种或者某工件生产等，和上海航天合作设计相关职业体验课程，了解相关专业应掌握的知识技能以及就业前景，认识职业教育对行业企业、工业建设及国民经济的作用，并尝试推向普教领域。

项目四：品鉴·海派食之味。食品工业和国民生活息息相关，最能挑动百姓神经。上海本帮饮食有着鲜明的地域特色，带领学生参访学校相关专业，组织学生调研，品鉴上海老字号，了解上海传统食品发展脉络，认识相关专业及现代食品工业的特征很有意义且具有可操作性。

2021—2022 年华中师范大学中国工业文化研究中心发展综述

华中师范大学中国工业文化研究中心

受疫情等客观因素影响，2021—2022 年华中师范大学中国工业文化研究中心参与社会活动较少，现将发展情况简要总结。

一、参加第五届中国工业文化高峰论坛

2021 年 6 月 11 日，第五届中国工业文化高峰论坛在长春成功举办。本次论坛由工业和信息化部工业文化发展中心和吉林省工业和信息化厅共同主办。工业和信息化部总经济师许科敏，吉林省人民政府副秘书长赵海峰，中国第一汽车集团有限公司董事、总经理、党委副书记邱现东，工业和信息化部产业政策与法规司司长黎烈军、二级巡视员舒朝晖，吉林省工业和信息化厅副厅长宋晓辉等领导嘉宾出席。工业和信息化部工业文化发展中心主任罗民主持会议。华中师范大学中国工业文化研究中心副主任严鹏参加了本次论坛并在工业文化学术论坛作了报告。

6 月 11 日下午，工信部工业文化发展中心孙星副主任主持了工业文化学术论坛。华中师范大学中国工业文化研究中心副主任严鹏在学术论坛上发言，介绍了华中师范大学中国工业文化研究中心作为全国高校首家工业文化研究机构近一两年来的工作，以及“十四五”近期规划。华中师范大学中国工业文化研究中心将继续发挥学科优势，在工业文化基础理论研究上深入探

索，用马克思主义政治经济学与演化经济学理论夯实工业文化的理论基础，研究中国机床、高铁、海上风电、茶业等产业演化史，总结工业文化与产业创新间的机制，并发挥重点师范大学优势，继续助力中国工业文化研学事业的发展，从国家创新体系角度探讨劳动教育与工业文化研学的理论问题，协助相关单位活化利用工业遗产。严鹏还表示，华中师范大学中国工业文化研究中心将继续办好《工业文化研究》期刊，为广大同人提供交流的平台。

二、福州第二中学走进福建春伦集团工业文化研学

茶业是中国历史悠久的传统产业，通过引入现代技术而在当代焕发着新的生命力，是中国优秀工业文化的重要载体。2018 年，福州第二中学（以下简称“福州二中”）与华中师范大学中国工业文化研究中心共建了工业文化教育基地，目前承担着工业文化研学的相关课题。萦绕着轻盈雅淡的茉莉茶香，6 月 1 日下午，福州二中走进福建春伦集团工业文化研学活动在福州春伦茉莉花茶文化创意产业园展开。同学们依次参观了茉莉花育种资源圃、传统工艺展示与体验区、文化博物馆、“茉莉正香”展厅，体悟了古往今来劳动人民的勤劳和智慧，见证了现代科技与传统产业的有机融合，在精彩纷呈的研学活动中，切实地感受到千年闽都茉莉花茶文化的魅力。

活动初始，同学们漫步花圃，感受自然，接触到如绒茉莉、千重茉莉、台湾单瓣等众多的茉莉花品种，并亲手拾起一朵雪白，肺腑之间馥郁充盈。花儿虽美，摘采却不易。当得知茉莉花需要在夜间以及最为炎热的夏季采摘时，同学们纷纷感叹茶农采茶之艰辛，对劳动者之伟大，更添一份敬意。

在参观中，同学们认真聆听了茉莉花茶的发展历史。从古老的传统制作工艺到现代化的管理手段和生产模式，茉莉花茶这一千年行业，正随着机械化和信息化技术的运用、随着现代企业管理手段的升级，焕发出崭新的光彩。实时更新的电子屏幕，展示着茶园、茶叶生产车间和实验室内的基本情况，能够帮助企业更好地协调和管理各个部门。根据市场需求创新的速泡产品，迎合了现代人的消费习惯，也是传统行业在社会主义市场经济的新环境下积极求变的体现。

品茗间述乡情，实践中获真知。陈文佳等带队老师与同学们在品茗之间，聊起了“课堂内外的知识联系”，将学科课堂拓展到了教室之外。在华中师范大学中国工业文化研究中心求学的陈文佳老师从现代工业对传统手工业的提升出发，立足于历史当下，阐述了继承和发扬工匠精神的普遍意义，激发同学们对传统行业的现代化出路的思考。

本次研学也旨在启发学生，无论在未来从事何种行业，都要将这种永不过时的工匠精神融入自己的工作实践之中。华中师范大学中国工业文化研究中心也将继续从事工业文化研学与劳动教育的经验研究与理论总结。

三、《红色中车》获“2021十大中国商业传记好书”

2021年，中心副主任严鹏为中国中车集团撰写了党史读物《红色中车：国家名片的红色基因》，在中国中车内部掀起了学习热潮。2022年1月8日，首届登峰传记图书奖揭晓，十位专家评委共同评选出“2021十大中国商业传记好书”，《红色中车：国家名片的红色基因》成功入选。

四、《工业文化遗产》等成果出版

2021年，中心研究成果《工业文化遗产：价值体系、教育传承与工业旅游》在上海社会科学院出版社出版，该书由严鹏、陈文佳撰写，利用工业文化的新理论，引申出工业文化遗产这一概念，作为深化研究与利用工业遗产的整合性框架。该书在理论上具有创新性，在案例上具有丰富性，适合广大读者了解与认识工业遗产，也适合作为相关政策与保护利用活动的参考依据。

中心刊物《工业文化研究》2021年第4辑亦正式出版。本辑刊物主题为“多样性的工业文化：红色基因与世界遗产”。本辑刊物是中心受疫情影响后重启的第一辑，开启了新的征程。

稿　约

一、《工业文化研究》由华中师范大学中国工业文化研究中心主办，华中师范大学中国工业文化研究中心编辑。2017 年创刊，每年度出版 1 辑。

二、本刊为工业文化研究专业刊物，登载工业文化研究领域原创性的优秀学术成果，对基础理论研究、历史与案例研究以及政策与应用研究兼容并重。

三、工业文化内容丰富，本刊与华中师范大学中国工业文化研究中心特色相结合，常设专栏为：工业文化理论、工业史研究、工业遗产研究、工业旅游研究、企业家精神研究、工匠精神研究、工业文化教育研究、书评、文献翻译、工业史料等。从 2018 年起，本刊将于每年发布前一年度之工业文化发展述评。

四、本刊每年将选择一个或两个重点专题组稿，并适当刊载非专题稿件。

五、来稿字数不限。

六、来稿务请遵循学术规范，遵守国家有关著作权、文字、标点符号和数字使用的法律和技术规范。并请作者参照《历史研究》的注释规范标注征引文献调整。

七、为便于联系，来稿请注明作者姓名、工作单位、职称、通信地址、电话、电子邮箱等信息。

八、稿件寄出后三个月未收到采用通知者，请自行处理。因编辑部人手有限，恕不回复未采用稿件之电邮。

九、稿件请寄电子版至：cicsco@163.com

图书在版编目(CIP)数据

工业文化研究 ：工业文化与企业史:多样的探索. 2022年. 第5辑 / 彭南生，严鹏主编 .— 上海 ：上海社会科学院出版社，2023

ISBN 978－7－5520－4089－0

Ⅰ.①工… Ⅱ.①彭… ②严… Ⅲ.①工业—文化遗产—研究 Ⅳ.①T－05

中国国家版本馆 CIP 数据核字(2023)第041846号

工业文化研究　工业文化与企业史：多样的探索
2022年第5辑

主　　编：彭南生　严　鹏
责任编辑：章斯睿
封面设计：黄婧昉
出版发行：上海社会科学院出版社
上海顺昌路622号　邮编200025
电话总机021－63315947　销售热线021－53063735
http://www.sassp.cn　E-mail:sassp@sassp.cn
排　　版：南京展望文化发展有限公司
印　　刷：镇江文苑制版印刷有限责任公司
开　　本：710毫米×1010毫米　1/16
印　　张：14.5
字　　数：229千
版　　次：2023年4月第1版　　2023年4月第1次印刷

ISBN 978－7－5520－4089－0/T·002　　定价：88.00元